GALERIE DES NATURALISTES

HISTOIRE DES SCIENCES NATURELLES

DEPUIS LEUR ORIGINE JUSQU'A NOS JOURS

PAR

J. PIZZETTA

OFFICIER DE L'INSTRUCTION PUBLIQUE

Auteur du Dictionnaire populaire d'histoire naturelle

DEUXIÈME ÉDITION

ORNÉE DE 171 PORTRAITS HORS TEXTE

PARIS

A. HENNUYER, IMPRIMEUR-ÉDITEUR

47, RUE LAFFITTE, 47

1894

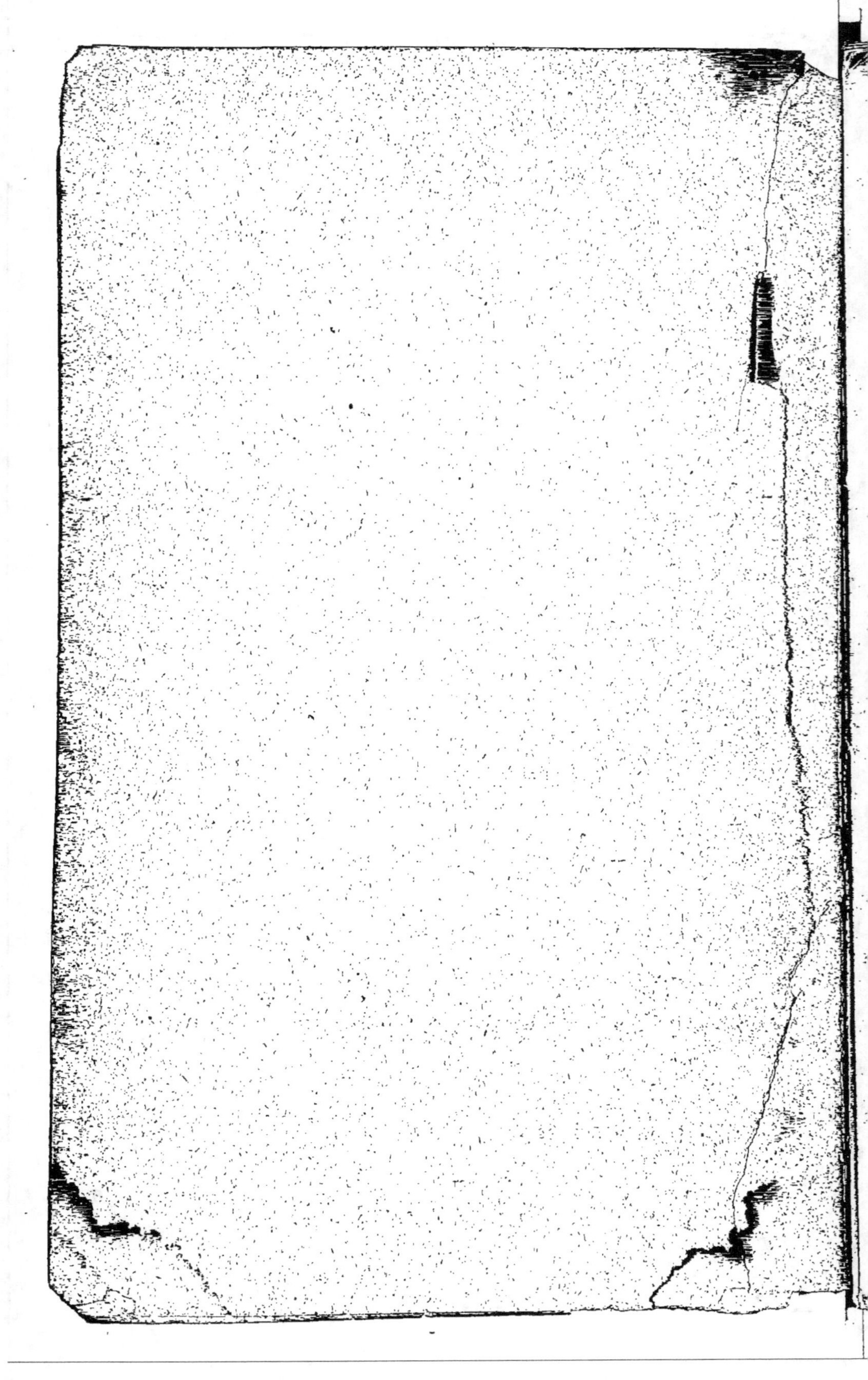

GALERIE

DES NATURALISTES

HISTOIRE DES SCIENCES NATURELLES

DU MÊME AUTEUR

Dictionnaire populaire illustré d'histoire naturelle, comprenant la botanique, la zoologie, l'anthropologie, l'anatomie, la physiologie, la géologie, la paléontologie, la minéralogie, avec les applications de ces sciences à l'agriculture, à la médecine, aux arts et à l'industrie. Introduction par M. Edmond Perrier, professeur de zoologie au Muséum d'histoire naturelle. Un fort volume in-4° à deux colonnes, de 1200 pages, orné de 1750 gravures dans le texte.

Plantes et Bêtes, causeries familières sur l'histoire naturelle. Ouvrage couronné par l'Académie française. Un volume grand in-8° jésus, illustré de 150 gravures sur bois et de 6 planches coloriées.

Le Feu et l'Eau. Un volume in-18 jésus, orné d'un frontispice dessiné par F. Lix.

Les Loisirs d'un campagnard. Un volume petit in-8°, illustré de 65 gravures, dessins de P. Kauffmann, F. Lix, Jobin.

Petit Manuel de photographie pratique a l'usage des gens du monde. Brochure in-16 avec gravures dans le texte.

GALERIE
DES NATURALISTES

HISTOIRE
DES SCIENCES NATURELLES

DEPUIS LEUR ORIGINE JUSQU'A NOS JOURS

PAR

J. PIZZETTA

OFFICIER DE L'INSTRUCTION PUBLIQUE

Auteur du Dictionnaire populaire d'histoire naturelle.

DEUXIÈME ÉDITION

ORNÉE DE 17 PORTRAITS HORS TEXTE

PARIS
A. HENNUYER, IMPRIMEUR-ÉDITEUR

47, RUE LAFFITTE, 47

—

1893

PRÉFACE

L'histoire des sciences naturelles est, à proprement parler, celle du développement de l'esprit humain et de la civilisation. C'est en étudiant la nature que l'homme a pu acquérir les connaissances nécessaires à la satisfaction de ses besoins matériels et intellectuels. Tout ce qu'il lui fallait pour se protéger contre le climat, la température et ses autres ennemis, pour se procurer sa nourriture, pour rétablir sa santé, l'homme l'arrachait à la nature. C'est donc à son étude qu'il faut reporter les avantages de la civilisation.

De tous les êtres vivants, l'homme seul a reçu la raison en partage ; mais, moins sûre et moins active que l'instinct qui domine chez les animaux, l'intelligence de l'homme hésite, tâtonne et progresse lentement. La civilisation n'est pas l'œuvre d'un jour ; elle est le résultat de ce que les siècles écoulés nous ont légué de découvertes, de science, de chefs-d'œuvre.

Chaque génération a pour tâche de conserver

les connaissances acquises, pour les transmettre,
accrues par de nouveaux efforts, aux générations
à venir. C'est un magnifique monument dont les
matériaux exigent une longue préparation, les
efforts d'une foule de travailleurs, et qui s'accumulent jusqu'à ce qu'il se présente de loin en
loin quelque cerveau puissant pour les mettre
en œuvre.

Nous avons tenté de présenter dans cet ouvrage
le tableau de ces efforts et de leurs résultats, en
retraçant l'histoire de la civilisation par les progrès des sciences naturelles à travers les siècles,
depuis leur origine jusqu'à nos jours ; en racon-
tant la vie et les travaux des savants illustres
qu'un élan noble et généreux a portés à poursuivre sans relâche, et souvent au milieu des
privations et des dangers, la science et la vérité.

L'ouvrage est divisé en trois parties.

La première est consacrée aux origines des
sciences, à leur évolution primitive dans l'antiquité. C'est une esquisse à grands traits des
événements plutôt que des hommes.

La seconde partie comprend le moyen âge et
la Renaissance, époques fécondes où les sciences,
bientôt débarrassées de leurs langes, se dévelop-
peront rapidement pour atteindre au magnifique

épanouissement qu'elles nous offrent aujour-
d'hui..

Dans la troisième partie enfin, nous avons
tenté de faire revivre les grands naturalistes
auxquels nous devons le splendide édifice de
la science moderne.

Que de nobles exemples, que de modèles de
persévérance et d'abnégation nous offrent la vie
et les travaux de ces hommes remarquables qui,
parfois issus de familles obscures, se sont élevés
au premier rang par leur travail, leur courage
et leur génie!

GALERIE
DES NATURALISTES

PREMIÈRE PARTIE
LES SCIENCES NATURELLES DANS L'ANTIQUITÉ.

I

L'HOMME PRÉHISTORIQUE; ORIGINE DES SCIENCES.

État de barbarie. — Association : premiers outils et premières armes. — La découverte du feu ; les métaux. — Les animaux auxiliaires ; le chien. — Peuples chasseurs, peuples pasteurs. — Premières observations agricoles et astronomiques. — Supériorité de l'homme sur les animaux.

Lorsque, par la pensée, on se reporte à ces temps reculés où l'homme, nouveau venu sur la terre, nu de corps et d'esprit, exposé aux injures de tous les éléments, souvent victime de la fureur des animaux féroces, traînait péniblement sa misérable existence ; où, « troupeau muet et hideux — pour nous servir des expressions d'Horace — les hommes combattaient pour du gland et des tanières, avec les poings et les onglés d'abord, puis avec des bâtons et des pierres » ; lorsqu'on compare, dis-je, cet état sauvage, où l'homme ne s'élevait sans doute guère au-dessus de la brute, avec le degré de haute civilisation auquel il est arrivé aujourd'hui, on se demande comment s'est opéré ce prodige.

Ce sont les besoins qui ont développé l'industrie, et c'est à l'étude de la nature qu'il faut rapporter les bienfaits de la civilisation.

Après un état de complète barbarie plus ou moins long, l'homme, développant l'usage de l'intelligence qu'il a reçue en partage, jeta des regards étonnés autour de lui. Il vit la terre parée de ses riches productions, les animaux qui la parcourent; il examina avec attention chacun des objets qui étaient à sa portée afin d'en reconnaître, par rapport à lui, les qualités utiles ou nuisibles. Tous les fruits n'étaient pas savoureux et propres à servir d'aliments; tous les animaux qu'il poursuivait pour en faire sa nourriture ou pour se couvrir de leurs fourrures n'étaient pas des victimes résignées à recevoir la mort sans résistance; les uns, sans défense, lui échappaient par la fuite; les autres, mieux armés, avaient souvent l'avantage dans la lutte. Alors il s'associa à ses semblables, d'abord pour se défendre par le nombre, ensuite pour s'aider et travailler de concert à se faire un abri et des armes.

Il commença par aiguiser, en forme de hache et de lance, ces cailloux durs, silex ou jade, ces pierres que l'on a crues longtemps tombées des nues et formées par le tonnerre, et qui ne sont, en réalité, que les premiers monuments de l'art de l'homme dans l'état de pure nature. Avec la hache de pierre, il coupa les arbres, menuisa le bois, façonna ses armes et ses instruments. Puis, un tendon d'animal, des fibres d'écorce, lui servirent de corde pour réunir les deux extrémités d'une branche élastique dont il fit

son arc ; il aiguisa d'autres petits cailloux pour acérer
ses flèches, et put, ainsi armé, arrêter l'animal le
plus agile dans sa course, ou attaquer de loin les plus
féroces.

Il tira enfin du feu de ces mêmes cailloux en les
frappant l'un contre l'autre. La découverte du feu,
source de chaleur et de lumière, a été, sans contredit,
une des plus précieuses conquêtes de l'homme sur la
nature. Ce fut un pas immense dans la voie de la civilisation ; avec lui devaient naître la sociabilité, les
joies du foyer domestique, toutes les industries. Il
réfléchit alors sur lui-même, sur ses forces, sa puissance ; ses yeux se dessillèrent et il reconnut qu'il
n'était pas né pour végéter à la manière des brutes,
mais pour les dominer et les assujettir.

Obéissant à cet instinct du progrès, qui est un des
plus nobles attributs de notre espèce, il améliora ses
outils et ses armes. Bientôt la terre lui livra le fer et
les métaux, instruments de force et de domination ;
les tribus des plantes lui offrirent tour à tour d'abon-
dantes nourritures, des vêtements, des abris et des
demeures, avec leur bois, leur écorce, leur feuillage,
leurs fruits ; les animaux vaincus reconnurent sa su-
prématie. Le chien vint le premier lui offrir son zèle,
son courage, sa fidélité, et l'aida à soumettre le bœuf,
le cheval, la chèvre, et, avec son aide, il put combattre avec avantage ceux que leur férocité rendait
indomptables.

Les peuples chasseurs, plus rapprochés que les
autres de la vie sauvage, étudièrent surtout les instincts propres aux animaux de proie. Les peuples

pasteurs, au contraire, menant une existence plus douce et plus régulière, furent plus portés à la contemplation et à l'observation.

L'agriculteur apprend de quelle manière le soleil et la pluie agissent sur la croissance de la plante ; il observe la germination de sa graine, son développement, sa floraison, sa fructification. De même, le pâtre recueille un grand nombre d'expériences sur la nutrition et la propagation des animaux qu'il garde ; il devient familier avec leurs maladies ; ce sont eux qui lui apprennent, par leur instinct, à distinguer les plantes nutritives des plantes vénéneuses. Il cherche des herbes médicinales pour guérir ses bêtes, et il les emploie ensuite pour l'homme. Constamment en rapport avec la nature, l'agriculteur et le pâtre observent ses phénomènes ; ils s'instruisent sur le mouvement des astres et la corrélation de leur évolution avec les saisons. C'est ainsi que s'acquirent les premières notions des sciences.

La supériorité de l'homme sur les animaux consiste surtout dans son esprit de recherche. L'observation de la nature, qui conduit à l'invention, n'a d'abord qu'un but pratique : celui de satisfaire à ses besoins matériels ; plus tard, la science, qui tire son origine des besoins intellectuels, le pousse à se rendre compte de l'essence des choses et des phénomènes de la nature. Les premières observations comparatives furent les commencements de la science, et l'histoire de ses progrès est celle de l'esprit humain et de la civilisation.

II

LA CIVILISATION EN ORIENT.

Antiquité du genre humain ; son berceau présumé ; ses migrations. —
La civilisation en Chine ; les Hindous ; les Chaldéens ; les Mèdes et
les Perses. — Antiquité de la civilisation égyptienne ; les Hébreux ;
Moïse. — Les Phéniciens.

La haute antiquité du genre humain ne fait plus
question aujourd'hui ; l'homme a laissé des preuves
indiscutables de son existence à une époque géologique antérieure à la nôtre. Il a vécu au milieu de
grands animaux aujourd'hui tous disparus, tels que
l'éléphant à crinière, le rhinocéros à narines cloisonnées, l'ours et le tigre des cavernes, le cerf gigantesque, l'aurochs. Il est contemporain de ces espèces
perdues, puisqu'on retrouve ses restes mélangés
avec les leurs, ainsi que les débris de son industrie :
haches, couteaux, lances, flèches en silex taillé.

A une époque qu'un géologue célèbre fait remonter
à cent mille ans, que d'autres font reculer à dix
mille siècles, l'espèce humaine fit son apparition sur
la terre. Quelques auteurs veulent qu'il y ait eu dans
chaque pays une population autochtone, c'est-à-dire
née sur le sol qu'elle habitait ; mais l'opinion la plus
généralement admise, c'est qu'il y a eu un centre
d'apparition unique, d'où sont parties les colonies
qui ont peuplé le globe.

Ce berceau de l'humanité serait le plateau central
de l'Asie, suivant les uns ; il serait situé bien plus au

nord, selon d'autres. D'après ces derniers, ces contrées, aujourd'hui glacées, jouissaient alors, c'est-à-dire vers la fin de l'époque tertiaire, d'un climat tout au moins tempéré ; la paléontologie botanique en offre la preuve. Le mammouth, le rhinocéros laineux, le renne, y vivaient, et, au milieu d'eux, les premiers hommes. Lorsque se produisit cet abaissement considérable de la température que les géologues ont désigné sous le nom d'*époque glaciaire*, la végétation s'appauvrit peu à peu, puis disparut dans le nord de l'Asie. Les herbivores gagnèrent des contrées plus chaudes, qui, seules, pouvaient les nourrir, et les habitants durent émigrer en masse à la fois, pour trouver un climat plus doux et pour ne pas perdre de vue les grands pachydermes et les ruminants qui constituaient leur gibier habituel[1].

Marchant surtout vers le soleil, ces voyageurs aventureux arrivèrent dans les contrées méridionales et peuplèrent l'Inde et la Chine ; et ce sont, en effet, de tous les peuples, ceux dont les monuments, les annales et la civilisation paraissent les plus anciens.

Sans nous arrêter à l'histoire mythique et légendaire des Chinois, qui embrasse une durée de cent vingt-neuf mille six cents ans, leurs annales, dont le caractère est plus authentique, semblent prouver qu'ils sont, sinon le plus ancien de tous les peuples, tout au moins celui dont la civilisation remonte le plus haut. Leur premier législateur dont il est fait mention, Fo-Hi, qui régnait 3218 ans avant notre ère,

1. Voir A. de Quatrefages, *Introduction à l'étude des races humaines,* t. I, chap. vi. Hennuyer, éditeur.

a laissé le plus ancien monument écrit, le premier livre des *Kings*, recueils où sont déposés les secrets de leur civilisation.

Son successeur, Chin-Noung ou le Divin Laboureur, inventa la charrue, enseigna à son peuple l'art de cultiver la terre et d'extraire le sel de l'eau de mer. On lui attribue l'invention de la médecine et la composition d'un traité d'histoire naturelle qui aurait servi de modèle à tous les ouvrages du même genre. Le *Penthsao-Fang-Chou* est un recueil d'observations sur les propriétés des plantes et sur tout ce qui tient aux sciences naturelles et à la médecine.

Hoang-Ti, qui régnait 2785 ans avant notre ère, fonda un collège d'astronomie, fit dresser le calendrier qui réglait les travaux agricoles suivant les saisons, et fut, dit-on, l'inventeur de la boussole. C'est à sa femme Si-Ling que l'on doit l'art d'utiliser la soie.

Yao (2357) s'occupa aussi beaucoup d'astronomie. On voit avec étonnement dans le *Chou-King*, dont on ne saurait contester l'ancienneté, qu'il connaissait la grande période ou cycle luni-solaire retrouvé par les astronomes modernes.

Le *Chou-King* nous apprend que, 2200 ans avant notre ère, Yu perfectionna les méthodes d'agriculture, et que, sous son règne, on cultivait cent espèces de grains, principalement le blé, le riz, le panis, le mil noir (sorgho?), les pois, les fèves, le chanvre, le coton. On lui attribue un ouvrage d'histoire naturelle, le *Chan-Haï-King*, qui contient, en deux cent soixante volumes, la description des productions des trois règnes en Chine.

Vers l'an 550 avant Jésus-Christ, naquit le célèbre philosophe Kong-Fu-Tsé, connu en Europe sous le nom de *Confucius*. Nous le citons, bien qu'il ait peu contribué aux progrès des sciences naturelles, comme un des bienfaiteurs de l'humanité. Il se livra de bonne heure à l'étude et à la méditation, et entreprit de réformer les mœurs de son pays. A peine âgé de vingt-cinq ans, il parcourut les provinces, prêchant la morale et la piété filiale, et fut bientôt entouré de nombreux disciples qui l'aidèrent dans sa noble entreprise. Sa réputation de sagesse et de savoir le fit appeler à la cour, et le roi le prit pour premier ministre. Il profita de son passage au pouvoir pour corriger les mœurs, réformer la justice, encourager l'agriculture et le commerce ; mais sa morale sévère et son austérité déplurent bientôt à la cour, et il quitta le pouvoir pour reprendre son enseignement et ses travaux. Il a laissé des traités de morale et de politique, des écrits sur l'histoire de la Chine ; il revisa les *Kings*, livres sacrés des Chinois. Sa philosophie, toute pratique, fait consister la sagesse dans la modération, et sa morale est des plus pures.

Les Chinois possédaient des livres d'anatomie ornés de figures. Plusieurs fois des criminels avaient été livrés aux médecins afin que leur mort fût utile à la science ; il paraît même que la circulation du sang leur était connue fort anciennement. L'examen du pouls jouait chez eux un grand rôle dans le diagnostic ; l'acupuncture (*tcha-tchin*) était un de leurs moyens curatifs les plus employés. Malheureusement, beaucoup de ces ouvrages, précieux au point de vue de l'histoire de la science, sont aujourd'hui perdus.

En 247 avant notre ère, un dominateur, Tsing-Chi-Hoang-Ti, s'empara du pouvoir ; il fit brûler les livres et persécuta les savants. Comme compensation, il donna aux Chinois la fameuse muraille qui sépare la Chine de la Mongolie.

Vers la fin du seizième siècle, l'empereur Chin-Tsong, protecteur des lettres, fit rédiger le *Penthsao-Kang-Mou*, vaste recueil d'histoire naturelle partagé en cinquante-deux livres. Il contient la description des productions des trois règnes, distribuées en classes, ordres et espèces, et près de huit mille recettes médicinales. Cette belle collection, qui a servi de base à tous les traités composés postérieurement, et notamment à la partie de l'encyclopédie japonaise qui se rapporte à l'histoire des êtres naturels, a un mérite incontestable. On est surtout étonné d'y retrouver la nomenclature binaire, principe de la classification de Linné, ce qui n'ôte rien à la gloire de ce dernier, à qui le *Penthsao-Kang-Mou* était certainement inconnu.

C'est d'ailleurs au génie de leur langue qu'il faut attribuer ce fait. On sait que les Chinois ont une écriture figurative : la tête d'un taureau, les cornes d'un bélier, les ailes d'un oiseau, les feuilles pendantes d'un bambou, le port des céréales, etc., se reconnaissent au premier coup d'œil dans les signes affectés à ces différents êtres, malgré la forme très altérée que les variations de l'écriture moderne leur ont fait prendre. Aux radicaux primitifs, répondant à l'ensemble des productions des trois règnes, ils ajoutent le nom particulier que l'objet a reçu dans la langue parlée ; de là chaque être se trouve pourvu d'une dénomination binaire : chien-chien, chien-loup, chien-renard ; cheval, cheval-âne, cheval-mulet, cheval-chameau ; métal-argent, métal-cuivre, métal-fer, etc. Ils se trouvaient ainsi, pour ainsi dire, nécessairement conduits à l'établissement de familles naturelles, imparfaites sans doute, mais qui dénotent des vues judicieuses et souvent ingénieuses.

Les Chinois, de tout temps enfermés chez eux, sont restés constamment étrangers au mouvement de la civilisation chez les autres peuples ; aussi, malgré l'antiquité de leur origine, ils ont peu fait pour le progrès des sciences. C'est à eux cependant que nous devons l'usage de la boussole, l'imprimerie stéréotype, la gravure sur bois et l'artillerie.

Les Hindous sont aussi vieux que les Chinois. Leur langue sacrée, le sanscrit, est l'une des plus riches et des plus anciennes que l'on connaisse, et les livres religieux, les poèmes épiques écrits dans cette langue, prouvent une civilisation très ancienne et très avancée.

L'esprit religieux et poétique des Hindous contraste avec le caractère sec et positif des Chinois ; mais les rêveries contemplatives de leur religion, en les enlevant à la vie réelle, et leur division rigoureuse en castes étrangères les unes aux autres ont toujours été des obstacles à leur développement scientifique.

Les brahmanes ou prêtres hindous, qui dominaient les autres castes, gardaient pour eux exclusivement toute espèce de connaissances ; cependant, sous leur influence, l'Inde prit un assez grand développement de civilisation. Les mathématiques y étaient particulièrement cultivées ; c'est aux Hindous qu'on doit les signes numériques appelés chiffres arabes, et c'est à eux également que les Arabes ont emprunté l'algèbre. Quant à l'astronomie, elle dégénéra chez eux en astrologie.

L'Inde possédait très anciennement une des littératures les plus riches ; elle se composait surtout des *Védas* ou livres sacrés, de poèmes immenses tels que le *Mahabharata* et le *Ramayana*, d'ouvrages philosophiques, etc. Les *Védas*, auxquels se rattachent les *Oupavédas* et les *Pouranas*, forment une vaste encyclopédie comprenant les hymnes religieux, les dogmes, la cosmogonie, des légendes mythologiques, des préceptes moraux ; divers livres y sont consacrés à la médecine, à la botanique, à la minéralogie, à l'histoire des animaux. On y trouve une observation assez juste de l'évolution des êtres et des phénomènes naturels ; mais tout cela souvent obscurci par des fictions mythiques.

L'Inde avait des rapports commerciaux avec les étrangers ; la Bible nous apprend qu'au temps de Salomon, vers l'an 1000 avant notre ère, les vaisseaux juifs se joignaient à ceux des Phéniciens et partaient des ports iduméens, sur le golfe Arabique, pour se rendre à Ophir, sur la côte occidentale de l'Inde, d'où ils rapportaient, après un voyage de trois ans, de l'or, des pierres précieuses, de l'argent, de l'ivoire, du bois de santal, des singes et des paons. Tout porte à croire que les Hindous eux-mêmes étaient navigateurs et qu'ils fondèrent de nombreuses colonies; les noms d'étymologie sanscrite ne laissent aucun doute à cet égard. L'Abyssinie, Madagascar et l'Égypte elle-même ont très probablement une origine indienne.

Quant aux monuments religieux des Hindous, ils datent de l'avènement du bouddhisme. Les premiers brahmanes n'avaient pas de temples; comme les druides, ils préféraient les forêts pour accomplir leurs mystères. Les merveilleux temples d'Ellora, d'Elephanta, d'Ipsamboul, ne remontent guère à plus de quatre siècles avant notre ère.

Épuisé plus tard par les révolutions, par les conquêtes, par le partage de sa religion en mille sectes différentes, le puissant empire de l'Inde s'évanouit et passa sous diverses dominations étrangères.

Dans l'Asie occidentale, entre l'Indus et la Syrie, s'étend le pays d'Iran, vaste contrée où se sont succédé plusieurs empires, ceux des Bactriens, des Assyriens, des Mèdes, des Perses.

Dans les traditions orientales, Bactres passait pour la plus ancienne cité du monde, et Babylone pour la plus grande et la plus opulente; mais l'histoire primitive de ces peuples est tellement remplie d'obscurité, qu'on cherche en vain à y faire pénétrer la lumière. Cependant, l'autorité toute-puissante des prêtres dépositaires des secrets de la science et la division de ces nations en castes semblent indiquer une origine commune avec les Hindous. L'histoire de ces peuples se résume, d'ailleurs, dans celle des Babyloniens, qui étaient arrivés au plus haut degré de la civilisation.

Babylone la Grande, dont les ruines révèlent encore l'antique splendeur, élevait sur l'Euphrate ses murailles gigantesques, qui formaient un circuit de vingt-cinq lieues et étaient assez larges pour que deux chars y pussent passer de front. On mettait au nombre des merveilles du monde ses jardins suspendus, et l'on y admirait ses quais, ses palais, ses temples et ses cent portes de bronze. Les Chaldéens, prêtres de Babylone, donnaient à cette ville une antiquité qui rivalisait avec celle des brahmanes de l'Inde. Leur empire existait, disaient-ils, depuis quatre cent mille ans ; mais, d'après la Bible, il faudrait fixer la fondation de Babylone par Nemrod, le fort chasseur, vers l'an 3000 avant notre ère. C'est à Babylone que Nabuchodonosor avait son palais ; c'est dans cette ville que régna Sémiramis, qui y éleva un mausolée à Ninus, son époux ; c'est là, enfin, qu'Alexandre fut arrêté par la mort au milieu de ses conquêtes et au moment où il voulait en faire la capitale de son vaste empire. Au temps d'Hérodote (450 av. J.-C.), Babylone était la première ville du monde, aussi bien par son étendue et son opulence que par son commerce et son industrie. Ses fabriques fournissaient des étoffes précieuses et tous les objets du luxe oriental.

Les Chaldéens, qui remplissaient à Babylone le rôle des brahmes de l'Inde ou de la caste sacerdotale, cultivaient avec succès l'astronomie. Ils avaient inventé le zodiaque et divisé, d'une manière exacte, l'année solaire. Lorsque Alexandre s'empara de Babylone (330 av. J.-C.), il y trouva un registre d'observations astronomiques suivies, qui remontaient à dix-neuf cent trois années et qu'il envoya à Aristote. Ils pos-

sédaient des connaissances assez étendues en agriculture et se livraient en grand à l'élevage du bétail.
Leur médecine était tout empirique : les malades,
lorsqu'ils recouvraient la santé, allaient en remercier
les dieux et déposaient dans le temple, avec leurs
offrandes, un tableau indiquant leur maladie et les
remèdes qui les avaient guéris. Par la suite, Hippocrate fit copier ces observations et en tira d'utiles
notions thérapeutiques.

Tout cela semble indiquer une certaine somme de
connaissances dans les sciences physiques et naturelles; mais l'on ne possède aucun ouvrage qui puisse
nous renseigner sur l'état des connaissances scientifiques à cette époque. La caste sacerdotale, comme
nous l'avons déjà dit, se réservait tout le savoir, et,
en faisant un instrument de domination, elle était
intéressée à ne pas le divulguer dans les autres castes
qui y étaient complètement étrangères. Lorsque ces
pays furent envahis et saccagés par des hordes barbares, les doctrines scientifiques confinées dans les
temples disparurent avec ceux qui en gardaient le
secret.

L'histoire des Mèdes et des Perses ne nous fournit pas davantage de renseignements sur l'état des
sciences chez ces peuples. La doctrine des mages ou
prêtres de la Perse, fondée par Zoroastre, nous a été
transmise par le *Zend-Avesta*, recueil des livres sacrés
qui présente des analogies remarquables avec les *Védas* indiens. C'est une sorte d'encyclopédie où domine
la pensée religieuse. Malheureusement ces livres ne
nous sont parvenus que tronqués ou altérés, et l'on

n'y retrouve aucune des parties qui avaient trait aux sciences naturelles.

La théologie du *Zend-Avesta* est fort simple ; elle recommande l'union des créatures entre elles et avec Dieu, en vue de la résistance au mal et de la persévérance dans le bien. Ormuzd est le dieu suprême, le bien, et Ahriman est le génie du mal. Tout ce qu'il y a de bon en ce monde est l'œuvre du premier ; tout ce qui est mal vient du second. Ormuzd, comme source de toute science, comme principe de toute lumière, avait le feu pour symbole ; de là le culte que les mages rendaient au feu, et que lui rendent encore aujourd'hui les guèbres, leurs descendants.

Les Perses et les Assyriens admettaient l'existence de bons et de mauvais génies, comparables aux anges et aux démons des chrétiens ; et cette croyance enfanta la *magie*, science chimérique qui avait la prétention de faire connaître les moyens de soumettre les démons à la volonté de l'homme et de les contraindre à accomplir des actes surnaturels.

La haute réputation des anciens magiciens donne à penser que leur connaissance des phénomènes de la nature était fort étendue, et qu'ils en tiraient un parti habile pour donner lieu à une foule de phénomènes d'apparence extraordinaire. On sait par la Bible qu'à la cour du Pharaon des magiciens luttèrent d'habileté thaumaturgique avec Moïse. En Orient, la magie s'éleva à la hauteur d'une véritable science occulte, et les jongleurs indiens, les psylles de l'Égypte possèdent encore aujourd'hui des procédés secrets et parviennent à produire des effets qui étonnent même un

Européen instruit. Mais en tenant ces connaissances constamment secrètes, en n'en faisant usage que pour produire des choses qui paraissent merveilleuses à l'imagination du vulgaire, le savoir des mages a peu contribué aux progrès des sciences.

. La plus profonde obscurité règne sur les origines de la civilisation égyptienne. On croit généralement que la vallée du Nil, longue et fertile oasis, dut servir de refuge à quelques tribus nomades du désert, auxquelles une colonie éthiopienne, ou peut-être indienne, apporta plus tard les germes d'une civilisation qui devait s'y développer dans la suite. Ce qu'il y a de certain, c'est que, pendant des siècles, le gouvernement théocratique ou des prêtres y domina, possédant et exploitant seul toutes les connaissances religieuses, scientifiques et industrielles. La division du peuple en cinq castes qui ne s'alliaient jamais, l'obligation imposée aux classes laborieuses de suivre l'état de leur père, leur sujétion absolue, tout contribuait à faire de la science, chez eux comme chez les Hindous, l'apanage d'une minorité intéressée à ne pas la répandre.

Les prêtres faisaient remonter la civilisation égyptienne à trente mille ans. Quelque exagérée que puisse paraître cette antiquité, il est certain que Ménès, le premier roi qui remplaça le gouvernement théocratique, vivait 5867 ans avant notre ère. L'authenticité des fameuses tables dynastiques de Manéthon, qui comptent trois cent trente rois, a été confirmée par les découvertes modernes, et l'on admet aujourd'hui sans conteste que l'art et la civilisation

remontent, sur les bords du Nil, à des temps antérieurs à toute histoire. Plus de soixante-dix siècles se
sont écoulés depuis la fondation de la Thèbes aux
cent portes, et l'on accorde six mille huit cents ans
d'existence à la grande pyramide de Sahkara. De
semblables chiffres sont faits pour épouvanter l'imagination ; mais, qu'est-ce que cela si l'on songe au
nombre de siècles qui ont dû s'écouler entre l'époque
où l'homme vivait à l'état sauvage en Asie et en
Afrique, n'ayant, pour habitation, que les grottes
et les cavernes, pour armes que des bâtons ou des
pierres, et celle où nous voyons une société puissamment constituée, très avancée dans les sciences et les
arts, capable d'élever des monuments immenses et
d'une indestructible solidité?

Les Égyptiens, ou, pour être plus vrai, les prêtres
de l'Égypte, cultivèrent avec soin l'astronomie et la
géométrie. Ces deux sciences devaient naître d'elles-
mêmes dans un pays où il fallait prévoir les époques
périodiques des débordements du Nil, et s'orienter
pour rétablir les limites des possessions. Ils surent
trouver très exactement l'année solaire, et firent
même de nombreuses observations d'astronomie dont
ils consignèrent les résultats sur leurs monuments,
mais dans une écriture. hiéroglyphique qu'eux seuls
pouvaient lire et comprendre.

Sur ces mêmes monuments sont souvent représentées des figures d'animaux et d'hommes de races
diverses, avec une fidélité qui dénote un esprit d'observation et un goût artistique très avancés. On y voit
également reproduits leurs procédés industriels, d'où

l'on peut déduire leurs connaissances en minéralogie et en métallurgie. On attribue à Hermès des traités d'alchimie dont nous ne connaissons pas l'authenticité ; mais les émaux et les faïences que les Égyptiens fabriquaient, la beauté et la solidité des couleurs qu'ils employaient, indiquait au moins des connaissances chimiques assez avancées dans l'application industrielle. Le culte des animaux et des végétaux, le choix qu'ils en faisaient comme emblèmes ou comme objets d'adoration ou de crainte, dénotent certaines connaissances en histoire naturelle.

L'anatomie devait avoir atteint chez eux quelque perfection ; car ils poussaient très loin l'art des embaumements, ce qui nécessitait la connaissance du corps humain, et Galien dit avoir vu en Égypte un squelette de bronze très exact. Quant à la médecine, elle était tout empirique, et l'organisation du corps médical était telle qu'elle s'opposait au progrès de la science. Ainsi, les médecins étaient tous des spécialistes ; ils ne devaient s'occuper que d'un seul organe afin de le mieux connaître. Ils ne pouvaient employer que des remèdes reconnus par la loi, et un seul pour chaque maladie ; car, si le médecin changeait le traitement et si le malade mourait entre ses mains, il était lui-même puni de mort.

Subjuguée par les Perses, puis soumise par Alexandre, qui y bâtit Alexandrie (332 av. J.-C.), l'Égypte entra en relations suivies avec les Grecs qui y importèrent leur civilisation et leurs mœurs.

Les Israélites, dont les ancêtres habitaient la Mésopotamie et n'étaient que des pasteurs d'une civilisation douteuse, n'ont exercé aucune influence sur la culture des autres peuples ; leur histoire n'a d'importance qu'au point de vue religieux, parce qu'elle est la base du christianisme. Réduits en esclavage sur la terre d'Égypte, ils croupissaient dans les bas-fonds de la société égyptienne, lorsque Moïse les tira de la servitude. Celui-ci, homme réellement supérieur, et qui, élevé par les prêtres, connaissait leurs sciences et le sens caché de leurs doctrines philosophiques, leur donna des lois.

Les livres sacrés des Hébreux, le *Pentateuque*, attribué à Moïse, dénotent une connaissance assez avancée de la nature pour l'époque. On y trouve des idées assez justes sur le soulèvement des montagnes, l'envahissement des continents par les eaux ; tout le monde connaît sa belle narration de la création, et bien qu'il ait avancé des faits erronés en histoire naturelle, Moïse, dans les nombreux exemples qu'il tire des animaux, montre une observation attentive de leurs mœurs et de leur organisation. Le livre de *Job* renferme des aperçus judicieux sur la minéralogie, la météorologie et des descriptions poétiques de beaucoup d'animaux. Le livre des *Rois* nous apprend que Salomon connaissait tous les végétaux et tous les animaux de la terre. Mais, en faisant la part de l'hyperbole orientale, il est certain que le sage monarque avait des connaissances fort étendues. Malheureusement les anciennes annales dont parle l'historien Josèphe, et qui auraient sans doute jeté un grand jour sur l'histoire scientifique de ce peuple, ne sont pas venues jusqu'à nous.

La magnificence du temple que bâtit Salomon, le commerce que faisaient les Israélites avec Tyr et Ophir, indiquent la connaissance des arts et de l'industrie ; mais après cette splendeur passagère, sans cesse attaqués par leurs voisins, le jouet et la proie de tous les conquérants de l'Orient, leurs annales pourraient se compter par les captivités et les retours de l'exil, la destruction et le rétablissement de leur temple, jusqu'à la ruine de Jérusalem par Vespasien qui les raya du nombre des nations. Depuis, dispersés sur toutes les routes du globe, à tous les coins de l'horizon, comme les feuilles sèches que chasse le vent d'automne, ils sont mêlés à toutes les civilisations.

Derrière la Syrie, sur les bords de la Méditerranée, resserrée entre les montagnes et la mer, s'étend une côte à peu près stérile sur laquelle vinrent s'établir de bonne heure quelques peuplades de race chananéenne. L'aridité du sol, sans doute, les contraignit bientôt à construire des navires pour aller chercher ailleurs de quoi fournir à leur existence. Ils se répan-dirent dans toutes les îles de la mer Égée, mais ils n'abandonnèrent pas la contrée d'où ils étaient partis et qui, protégée par les montagnes et la mer, semblait devoir être à l'abri des révolutions qui agitaient l'Asie occidentale.

Le commerce était la seule occupation de ce peuple, qui devint une école de navigateurs habiles, et comme, à cette époque, les nations isolées ne communiquaient guère entre elles, les Phéniciens — c'est ainsi qu'on appelait ce peuple — firent seuls, pendant longtemps et sans concurrence, le commerce, non seulement dans toutes les parties de la Méditerranée, mais jusqu'en Asie et dans l'Inde orientale où ils pénétraient par la mer Rouge et l'océan Indien......

Du dix-neuvième au treizième siècle avant notre ère, les Phéniciens couvrirent les côtes et les îles de la Méditerranée de leurs colonies : Carthage, Hippone, Utique, Gadès, étaient les plus importantes. Ils bâtirent des villes superbes, telles que Tyr, Sidon, Byblos, et y accumulèrent d'immenses richesses qui leur attirèrent l'envie et l'invasion des Assyriens. Tyr, la reine des mers, où, comme dit le prophète, l'or et l'argent étaient plus communs que le cèdre et le figuier, Tyr fut pillée et détruite.

Outre les inventions et les perfectionnements qu'ils apportèrent dans l'art nautique, les Phéniciens, qui, dans leurs longs voyages, se guidaient d'après les astres, devaient posséder des connaissances astronomiques assez étendues. Leur industrie était renommée, surtout pour la teinture de la pourpre, et c'est à l'un d'eux, Cadmus, que l'on attribue l'invention de l'écriture, invention qu'ils eurent au moins le mérite de répandre dans tout l'Occident. Mais l'histoire se tait à leur égard sous le rapport scientifique, et il ne reste d'eux aucun monument qui fasse connaître la part qu'ils ont prise aux progrès de l'humanité.

Telle est, en abrégé, l'histoire des sciences chez les anciens peuples de l'Asie et de l'Égypte ; histoire bien incomplète, qui tire son principal intérêt de ce que c'est chez ces peuples primitifs que les sciences eurent leur berceau et que c'est de là qu'elles ont été importées dans l'Europe barbare.

L'histoire de l'humanité est remplie de récits de peuples qui, après avoir grandi et jeté un vif éclat dans le monde, se sont éteints peu à peu et ont fini par disparaître, laissant la place à des civilisations nouvelles. Après Persépolis, Babylone remplit l'Orient de sa gloire ; Thèbes et Memphis, après Babylone, sont à leur tour éclipsées par Tyr, puis vient Alexandrie. Ensuite viendra la civilisation grecque sur laquelle dominera Rome. Et toutes ces grandes individualités populaires, florissantes et vaincues tour à tour, vont, comme de grands fleuves, se perdre dans l'océan de l'oubli. Mais la civilisation, fin dernière des sociétés humaines, ne perd pas ses droits ; la guerre, la conquête, la servitude, ces fléaux de l'humanité, ont souvent été les moyens les plus sûrs pour la diffusion des lumières, soit que les vainqueurs aient apporté aux vaincus de nouveaux éléments de civilisation, soit que, moins avancés sous ce rapport, ils se soient assimilé les connaissances de ces derniers.

Les sciences suivent dans leurs accroissements et dans la suite des temps une marche naturelle, enchaînée, une marche pour ainsi dire forcée, suivant laquelle, au milieu de tâtonnements plus ou moins nombreux, d'oscillations et même quelquefois de rétrogradations réelles ou apparentes, chaque peuple, chaque siècle, sont venus ajouter une pierre au monument déjà fondé, monument qui n'est et ne peut être le fait d'un seul homme, mais qui appartient tout entier à l'esprit humain, héritier actif et toujours vivant des traditions du passé.

III

LES SCIENCES ET LA CIVILISATION EN GRÈCE.

Les Pélasges et les Hellènes. — Poètes et philosophes grecs : Homère,
Hésiode, Esculape, Thalès, Pythagore, Démocrite, Hippocrate, etc.
— Aristote et Théophraste. — Résultat des conquêtes d'Alexandre.
— Ptolémée-Lagus ; l'école et la bibliothèque d'Alexandrie. —
Archimède ; Hipparque. — Le papyrus et le parchemin.

Par sa position géographique, la Grèce semble un
pont jeté entre l'Europe et l'Asie pour faire passer de
l'une à l'autre la civilisation. D'antiques traditions et
même des observations physiques ont fait supposer
qu'une terre ferme réunissait autrefois les deux continents au sud ; ce qui aurait facilité aux tribus asia-
tiques l'entrée de l'Europe. Depuis lors, un tremble-
ment de terre suivi d'une inondation aurait englouti
sous les eaux cette contrée, n'en laissant subsister
que les points culminants, qui forment aujourd'hui
les nombreuses îles de l'archipel. C'est peut-être là
l'origine de la légende du déluge d'Ogygès.

Quoi qu'il en soit, c'est de l'Asie que venaient les
populations qui se répandirent en Grèce, en Italie et
dans le reste de l'Europe. Les premiers habitants
dont on ait connaissance sont les Pélasges, race
active mais peu guerrière, qui, persécutée partout où
elle s'était établie, disparut peu à peu et se fondit
dans les populations nouvelles. Les nombreux canaux
du lac Copaïs percés à travers les montagnes, les
murs cyclopéens qu'on retrouve en Grèce et en Italie,

nous montrent déjà, chez les Pélasges, une industrie assez développée.

Des peuplades belliqueuses, venues du nord, envahirent le territoire occupé par les Pélasges ; elles chassèrent peu à peu ceux-ci devant elles ou les soumirent en esclavage, en effaçant jusqu'à leur nom. La contrée prit en effet, de ces dernières venues, les Hellènes, le nom d'*Hellade* et, plus tard, d'une de leurs tribus, les Graïci, celui de *Grèce*.

Ces premiers temps de la Grèce, tels que les peint Thucydide, nous montrent une agglomération de peuplades barbares, sans établissements fixes, sans agriculture, sans industrie, vivant en état d'hostilité perpétuelle et ne reconnaissant d'autre loi que la force. Des colonies, parties des côtes de l'Asie Mineure, de la Phénicie et de l'Égypte, vinrent déposer tour à tour, sur le sol de la Grèce, les germes d'une civilisation nouvelle. C'est à Cécrops l'Égyptien, le premier chef dont il soit fait mention dans les marbres de Paros et qui vint s'établir dans l'Attique, c'est à Deucalion, venu de la haute Asie en Thessalie, à Danaüs qui, après l'invasion des Hyksos, quitta l'Égypte pour venir s'établir dans l'Argolide, et à beaucoup d'autres Orientaux, que les Hellènes furent redevables des premières connaissances auxquelles, plus tard, ils durent leur supériorité sur les autres nations.

Cécrops fonda Athènes, Inachus bâtit Argos, et Cadmus Thèbes ; à l'état nomade succède l'état agricole et stationnaire, et dès lors les habitants de la Grèce avancent rapidement dans la civilisation.

L'expédition des Argonautes, la guerre de Troie, établirent entre les Grecs, les peuples de la Colchide et ceux des côtes de l'Asie, des relations qui, quoique violentes, initièrent rapidement les premiers aux mystères des sciences de l'Orient. D'un autre côté, exempte de la domination de la caste sacerdotale et jouissant d'une certaine liberté de penser, cette terre natale du génie permit aux sciences de se développer sans entraves et fut féconde en grands hommes. Tandis que des héros tels qu'Hercule et Thésée parcourent la Grèce pour la délivrer des bêtes sauvages et des brigands, d'autres s'appliquent à policer les mœurs et à répandre les connaissances utiles.

Déjà, au temps d'Homère, nous voyons les connaissances en histoire naturelle assez répandues ; nous trouvons dans ce poète, qui vivait neuf siècles avant notre ère, des descriptions de végétaux et d'animaux, des détails anatomiques, agricoles et industriels.

Hésiode, qu'on croit postérieur à Homère, donne dans sa *Théogonie* une explication symbolique de la création du monde, où l'on retrouve les idées orientales ; dans son *Poëme des travaux et des jours*, il décrit les principales opérations de l'agriculture, les divers procédés de l'économie rurale, et il énumère un certain nombre de plantes dont il indique les propriétés.

L'astronomie fut cultivée dès les premiers temps chez les Grecs ; l'*Iliade* et l'*Odyssée* en font foi, et la médecine fut également en honneur. Esculape et Chiron la personnifient le plus anciennement. Le premier, chef de la famille des Asclépiades, devint le dieu de la médecine ; on lui éleva des temples qui furent des écoles, et ses descendants conservèrent, par droit d'héritage, la science et l'art de guérir. Parmi ceux-ci, Homère nous a transmis les noms de Machaon et de Podalyre, qui assistèrent à la guerre de Troie. La métallurgie, l'art de fondre et d'allier, de sculpter et de graver les métaux étaient très avancés, si l'on en juge par les travaux de Vulcain décrits par Homère.

Mais les troubles occasionnés par les divisions intestines, puis par l'invasion du Péloponèse par les Héraclides, arrêtèrent pendant près de trois siècles les progrès de la civilisation. Cependant, vers le sixième siècle avant notre ère, une paix relative permit aux sciences de reprendre leurs droits. Des philosophes tels que Thalès, Anaxagore, Pythagore, Démocrite, qui avaient visité l'Égypte ou voyagé en Asie, revinrent dans la Grèce répandre leurs doctrines et fonder des écoles.

Thalès de Milet, que l'on met au nombre des sages de la Grèce, vivait environ 636 ans avant notre ère. Ce fut lui qui jeta les véritables fondements de l'astronomie. Le premier, il fonda une école philosophique connue sous le nom d'*école ionienne*. Il enseignait que l'eau est le principe de toutes choses ; que tous les êtres ont été produits par elle. Il démontra la sphéricité de la terre, expliqua les éclipses et fixa l'année solaire à trois cent soixante-cinq jours.

Thalès eut pour disciple Anaximandre. Celui-ci admettait que tout avait été plongé dans l'eau à l'origine, mais qu'un principe infini, qui est la nature, avait débrouillé ce chaos primordial. Comme son maître, il enseignait que la terre était ronde et qu'elle occupait le centre du monde. On attribue à Anaximandre l'invention des cartes géographiques et de la sphère, ainsi que celle des cadrans solaires.

ANAXAGORE, contemporain de Périclès, voyagea en Égypte, puis vint se fixer à Athènes, où il ouvrit une école philosophique devenue célèbre ; il compta au nombre de ses disciples Périclès, Euripide et Socrate. Il enseignait que, dans l'origine, tous les éléments étaient mêlés et confondus dans le chaos, et qu'il fallut une intelligence suprême pour les séparer et rassembler les parties homogènes qu'il nomme *homœoméries*. Il fut ainsi le premier qui s'éleva d'une manière philosophique à l'idée d'un esprit pur, d'un Dieu distinct du monde matériel. Ayant osé dire que le soleil était une masse incandescente et que la lune était une terre comme la nôtre, qui recevait sa lumière du soleil, il fut accusé d'impiété et condamné à mort par les Athéniens. Périclès parvint, non sans effort, à faire commuer cette peine en celle de l'exil. Anaxagore se retira à Lampsaque, où il mourut la même année où naquit Platon (429 av. J.-C.). Ce philosophe laissa des écrits dont parle Aristote, sur les plantes, sur les animaux et sur les phénomènes de la nature, mais qui ne nous sont pas parvenus.

PYTHAGORE, contemporain d'Anaxagore, naquit à Samos. Il parcourut la Grèce et l'Italie, passa vingt ans en Égypte, où il fut admis aux enseignements des prêtres, et vint se fixer à Crotone, où il fonda l'école italique ou pythagoricienne, qui jouit d'un grand renom. Sa métaphysique, tout empreinte des formes égyptiennes, est une sorte de panthéisme spiritualiste. Il enseignait l'immortalité de l'âme après plusieurs transmigrations dans les plantes, les animaux, les corps humains ; c'est la doctrine de la métempsychose, et c'est pourquoi il défendait à ses disciples l'usage des viandes.

Pour lui, le monde est un tout mathématiquement ordonné, dont le soleil est le centre, et les autres corps célestes se meuvent autour de lui en formant une musique divine. Il écrivit sur l'hygiène, sur les plantes, sur la culture et sur divers autres sujets ; mais aucun de ses ouvrages ne nous est parvenu. Pythagore mourut dans un âge très avancé, presque centenaire, disent ses biographes, et ce fait est toujours invoqué par les végétariens en faveur du régime végétal.

Démocrite, né à Abdère, vers l'an 450 avant Jésus-Christ, était disciple d'Anaxagore et contemporain de Socrate et de Platon. Maître d'une grande fortune dans sa jeunesse, il voyagea pour s'instruire et parcourut la Grèce et l'Italie, s'arrêtant tour à tour dans les diverses écoles qui y florissaient. Il visita ensuite l'Égypte et l'Asie Mineure, puis revint à Abdère où il consacra le reste de sa vie à recueillir les fruits de ses voyages et à étudier la nature. Il mourut à quatre-vingt-dix ans, laissant de très nombreux écrits qui formaient comme une encyclopédie des connaissances de son temps. Surpassant ses prédécesseurs, qu'il semble résumer, il embrasse tout le cercle de la philosophie, semblable en cela à Aristote auquel peut-être il prépara les voies.

Comme Leucippe, un de ses maîtres, Démocrite croyait que l'univers est composé d'atomes dont le mode d'agrégation suffit pour constituer les différents corps de la nature. Il étudia l'organisation d'un grand nombre d'animaux, découvrit les conduits biliaires et le rôle que joue la bile dans la digestion, observa les plantes et disserta sur l'agriculture. Il s'occupa aussi d'astronomie, reconnut que les taches de la lune sont produites par l'ombre de ses montagnes et, le premier, affirma que la voie lactée est formée par la réunion d'une multitude d'étoiles.

Nous passerons sous silence l'école éléatique, fondée par Xénophane, et qui ne s'appliqua qu'à la philosophie spéculative.

A cette époque, l'art de guérir était tout empirique et accompagné de pratiques superstitieuses dont les prêtres avaient le monopole.

Alors parut HIPPOCRATE, considéré comme le père de la médecine. Né dans l'île de Cos, l'an 416 avant Jésus-Christ, il appartenait à la famille célèbre des Asclépiades. Il voyagea d'abord en Grèce et dans l'Asie Mineure, puis vint à Athènes où il enseigna et pratiqua la médecine. Le premier, il éclaira l'expérience par le raisonnement, rectifia la théorie par l'observation et se rendit au chevet des malades, qu'avant lui on transportait au temple d'Esculape, quel que fût leur état. Il fut, en réalité, le créateur de la séméiologie en établissant l'histoire naturelle des maladies chez l'homme. Il consigna, dans ses écrits, le fruit de ses observations et divulgua généreusement les méthodes curatives jusque-là restées secrètes. Il recommanda les remèdes les plus simples et voulut que le médecin suivît et imitât la marche de la nature. Il a laissé de nombreux traités, notamment : de *la Nature de l'homme*, des *Aliments,* du *Pronostic*, des *Airs, des Lieux et des Eaux*, ouvrages pleins de sagacité et d'observation. Il joignit l'exercice de la chirurgie à celui de la médecine ; mais, n'étant pas anatomiste, le peu qu'il en a laissé est rempli d'erreurs. A peine avait-il disséqué quelques animaux, et jamais l'homme ; les préjugés religieux des Grecs s'y opposaient, et leur infraction eût entraîné la mort. Il mentionne, dans ses ouvrages, beaucoup de plantes employées en médecine ou comme aliment, et fait connaître l'état des connaissances botaniques à son époque.

Nous citerons encore XÉNOPHON, philosophe et historien qui, sous le nom de *Cynégétiques*, a composé sur la chasse un ouvrage qui traite de l'éducation des chiens et des ruses des animaux ; il nous apprend que, de son temps, la Macédoine et le nord de la Grèce renfermaient des lions, des panthères et quelques autres animaux qui ont cessé d'exister en Europe ; et CTÉSIAS, attaché en qualité de médecin à l'expédition des Dix-Mille, qui a écrit un ouvrage sur l'Inde, dont il ne nous reste qu'un fragment. On y trouve des descriptions de plantes et d'animaux souvent très exactes ; mais son ouvrage est rempli de fables ridicules qui montrent sa crédulité et son manque absolu de critique.

Socrate et Platon, ces deux génies dont s'honore l'humanité, n'appartiennent pas à notre cadre. Tous deux négligèrent la recherche des phénomènes naturels pour transporter les efforts de la philosophie à enseigner la vertu et les devoirs de l'homme. Toutefois, bien qu'on ne doive à Socrate aucun travail sur les sciences naturelles, il leur rendit un service immense en repoussant les théories qui ne s'appuyaient pas sur des données positives et en créant, en quelque sorte, la méthode expérimentale.

A cette époque, la Grèce antique était arrivée à l'apogée de sa gloire et de sa puissance ; elle avait peuplé de ses colonies les rivages de la Méditerranée et ceux du Pont-Euxin ; elle avait triomphé de l'Asie et dominait le monde par son intelligence. Foyers éclatants du savoir, de la politesse et des arts, ses cités, et surtout Athènes, attiraient les étrangers qui y recevaient la civilisation avec les sciences.

Toutefois, les sciences naturelles étaient loin de présenter le degré de perfection auquel étaient arrivées les sciences philosophiques et morales. L'esprit poétique et métaphysique des penseurs grecs leur faisait chercher la base de leurs théories beaucoup plus dans le monde immatériel que dans la nature, et ces études, trop souvent stériles, avaient entravé les progrès de l'observation. Ébauches incomplètes, dénuées de méthode, entachées d'erreurs et de superstitions, telles étaient les sciences naturelles lorsque parut Aristote, le plus vaste génie des temps anciens, le véritable créateur des sciences naturelles et d'observation.

ARISTOTE naquit à Stagyre, aujourd'hui Stavro,

petite ville maritime de Macédoine, l'an 384 avant notre ère. Il appartenait, par son père Nicomaque, à la famille des Asclépiades, chez lesquels était héréditaire la profession de médecin. Son père lui-même était médecin du roi Amyntas, père de Philippe de Macédoine, et destina son fils à cette carrière. Mais, ayant perdu ses parents de bonne heure, et maître d'une belle fortune, Aristote résolut de satisfaire son goût pour l'étude de la philosophie, et se rendit à Athènes pour y suivre les leçons de Platon dont il devint bientôt le disciple favori. Il avait alors vingt ans, et demeura près de lui dix-sept années. A cette époque, les Athéniens ayant déclaré la guerre à Philippe, Aristote quitta la ville et se retira chez Hermias, petit prince de Mysie, dont il épousa la sœur.

Ce fut en 343 que Philippe l'appela à sa cour pour le charger de l'éducation de son fils Alexandre, alors âgé de douze ans. Il sut prendre sur ce fougueux caractère un ascendant qu'il ne perdit jamais, et lui inspira une affection sincère, dont il lui donna plus tard des preuves en mettant à sa disposition des sommes énormes pour faciliter ses études en histoire naturelle. Il resta six ans auprès de son élève ; puis il retourna à Athènes, et ouvrit, dans le Lycée, sa célèbre école péripatéticienne, où une grande affluence d'auditeurs se porta bientôt. Aristote resta treize ans à la tête de cette école, et ce fut pendant ce temps qu'il composa la plupart de ses ouvrages.

La faveur de Philippe et d'Alexandre, la célébrité de son école et sa renommée scientifique ne tardèrent pas à lui attirer la jalousie et la haine des sectes qu'il combattait. L'hiérophante Eurymédon se fit leur interprète et accusa publiquement Aristote d'impiété. Instruit par le sort de Socrate, et voulant, disait-il, épargner aux Athéniens un second attentat contre la philosophie, il se retira à Chalcis, en Eubée, où le suivit la plus grande partie de ses disciples. Il y mourut l'an 322 avant Jésus-Christ, à l'âge de soixante-deux ans, léguant à son disciple Théophraste sa riche bibliothèque et ses manuscrits.

Aristote embrasse dans son œuvre toutes les sciences ; il conçut une véritable encyclopédie des connaissances humaines de son temps : grammaire, logique, dialectique, rhétorique, métaphysique, météorologie, physique, géologie, minéralogie, zoologie, botanique, politique, morale, etc., il a touché à tout et porté partout la lumière de son génie. Ses travaux, sur toutes les branches des connaissances humaines, sont immenses ; peu de savants ont autant vu et autant produit que lui.

Ce grand homme, à qui ses prodigieux travaux ont valu l'immortalité, appliqua le premier, à l'histoire naturelle, la méthode expérimentale. Il fit cesser l'anarchie qui régnait dans les sciences, en les classant avec un ordre admirable. Toutes ses connaissances sont fondées sur l'observation, jamais il n'établit de théorie *a priori;* il généralise les faits qu'il a lui-même observés. Sans doute, il a puisé chez les philosophes qui l'ont précédé ; il a exposé leurs opinions et a toujours cité ses sources, mais avec une saine critique. Du reste, il n'a presque rien pris de ses prédécesseurs pour l'histoire naturelle, par la raison qu'il y avait fort peu de choses à prendre en fait d'observations exactes et sérieuses. Son *Histoire des animaux* restera toujours comme un des monuments de la puissance du génie.

Tous les ouvrages d'Aristote ne sont pas parvenus jusqu'à nous ; ainsi Pline cite : « Les cinquante volumes admirables qu'Aristote a laissés sur les animaux. » Il est vrai que les *volumina*, ou rouleaux de papyrus manuscrits, étaient loin de représenter le contenu de nos volumes modernes. On connaît l'*Histoire des animaux*, en dix livres; le traité des *Parties des animaux*, en quatre livres; le traité de *Biologie*, en trois livres ; le traité de la *Génération* des animaux, en cinq livres ; de la *Vie* et de la *Mort*, de la *Respiration*, plusieurs autres petits traités, et le traité des *Plantes* en deux livres.

Dans son *Histoire des animaux,* Aristote commence par des prolégomènes et des définitions générales, par des considérations sur la subdivision et la classification des animaux. On n'y trouve pas une véritable classification méthodique des êtres organisés ; mais il fait entrevoir les caractères fondamentaux sur lesquels repose la méthode naturelle.

Les animaux sont d'abord divisés en deux classes : ceux qui ont du sang et ceux qui n'en ont pas. La première classe répond à notre embranchement des vertébrés comprenant les mammifères, oiseaux, reptiles et poissons ; il divise la seconde, les *exsangues*, en mollusques, crustacés, insectes ou articulés et testacés. Il reconnaît parfaitement que les cétacés ne sont pas des poissons, et ont de grands rapports avec les mammifères. Sa classification des oiseaux se rapproche beaucoup de celle des ornithologistes modernes ; elle est fondée sur la conformation des pieds et le nombre des doigts. Ses connaissances en ichtyologie sont très avancées. Il entre dans des développements étendus sur les migrations des poissons, et donne sur leurs mœurs des détails exacts. Il reconnaît le principal caractère des insectes : celui d'avoir le corps formé d'une suite d'anneaux, d'où le nom d'*entoma* qu'il leur donne et que les Latins ont traduit par *insecta*. Il décrit les différentes parties dont leur corps est composé, et les divise en insectes ailés et en aptères ; puis il répartit les ailés dans divers ordres, suivant qu'ils ont deux ou quatre ailes, et que celles-ci sont membraneuses ou coriaces. Comme on le voit, ce sont encore là les principales coupes de nos méthodes modernes. Il donne des détails intéressants sur les abeilles, les fourmis, les guêpes et les bourdons ; décrit les grillons, les sauterelles, les cigales, les mylabres, sorte de cantharides employées en médecine ; il parle des pyrgolampis (vers luisants), des calandres qui attaquent le blé, des scolytes qui détruisent les arbres, etc.

Mais, malgré son génie, Aristote ne put découvrir le lien qui rattache la larve rampant sur le sol à l'insecte ailé qui voltige dans l'air ; les métamorphoses des insectes restèrent inconnues pendant des siècles, aussi bien que leur mode de génération. Il expliquait leur apparition par la génération spontanée ; les chenilles naissaient des feuilles et des fleurs, les vers et les insectes étaient engendrés par le limon de la terre ou les matières corrompues ; les ostracodermes, les orties de mer, les éponges, naissaient des matières demi-putréfiées qui forment le fond de la mer.

Dans son anatomie, Aristote donne une excellente description des parties externes de l'homme, en nommant chaque partie, et il y compare les parties analogues des animaux. Les parties internes lui sont moins familières ; mais il faut se rappeler que les croyances des Grecs s'opposaient à la dissection du corps humain. Cependant il a donné une bonne description du cerveau et étudié avec soin le trajet des veines et des artères, la composition du sang, du lait, de la moelle, etc. Il examine la peau, les poils, les plumes, les ongles et la corne.

Son *Traité d'anatomie comparée*, qui, de l'aveu de Cuvier, n'a pas été surpassé, est plein d'observations fines et profondes. Il décrit l'œil de la taupe que, longtemps après lui, on a encore crue privée de la vue, et constate l'existence de la faculté auditive chez les poissons et les insectes. Dans son traité de la *Voix*, il reconnaît fort bien le mécanisme vocal qu'il attribue à l'expulsion de l'air à travers le larynx, et refuse la voix aux insectes, chez qui le bruit est produit, soit par le frottement des pattes sur les élytres (criquets, grillons), soit par un appareil vibrant (cigale).

Le livre huitième de l'*Histoire naturelle des animaux* renferme toutes les particularités de mœurs et d'habitudes. Il entre dans de longs détails sur les migrations des oiseaux, suit les phases de l'évolution du poulet dans l'œuf, traite en maître du sommeil hibernal des animaux.

Le traité de la *Génération* est un chef-d'œuvre ; Aristote y étudie les organes et les phénomènes de la reproduction dans les animaux vivipares et dans les ovipares ; il examine l'œuf dans les oiseaux et les poissons, et remarque que, parmi ces derniers, quelques-uns sont vivipares. Il crée, en réalité, l'embryologie, comme il a créé la zoologie. Une de ses erreurs est d'avoir cru à la génération spontanée des êtres inférieurs, opinion qui persista d'ailleurs jusqu'au dix-septième siècle, époque à laquelle Redi combattit cette croyance, et qui n'a été réellement déracinée que dans ces dernières années par les belles expériences de Pasteur.

Les écrits du grand naturaliste sur les végétaux ne nous sont pas parvenus, ou du moins, reproduits d'après des manuscrits latins ou arabes, nous ne les possédons qu'incomplets et dénaturés.

Aristote fut le génie le plus vaste de l'antiquité ; il embrassa toutes les sciences connues de son temps et en créa même plusieurs. On vit ce cerveau puissant refondre le système des connaissances humaines, remonter aux premières sources de la pensée, tracer des règles éternelles aux poètes et aux orateurs, changer la face de la physique de son temps, donner de savantes leçons aux législateurs et aux hommes politiques, approfondir l'homme physique et intellectuel, observer le premier l'organisation des animaux et leurs mœurs, fonder la biologie, l'embryologie, l'anatomie comparée, et créer cette vaste encyclopédie qui, pendant de longs siècles, jouit d'une autorité absolue et posa les bornes du savoir humain. A sa merveilleuse sagacité, Aristote joignit l'excellence de sa méthode, qui était la méthode expérimentale. D'un bout à l'autre de son *Histoire naturelle*, il ne cesse de préconiser, avant tout, l'observation des faits, et d'en faire la condition primordiale de la science.

THÉOPHRASTE, né à Érèse, dans l'île de Lesbos, vers l'an 371 avant Jésus-Christ, fut d'abord disciple de Platon, puis d'Aristote, qui lui légua, avec sa bibliothèque, la direction de son école. Il y continua l'enseignement des doctrines de son maître, dont il se montra le digne représentant. Possédant comme lui toutes les connaissances de son temps, doué d'une éloquence douce et persuasive, Théophraste maintint l'éclat de l'école péripatéticienne. Comme son maître, il eut à subir, pour ses doctrines, malgré leur pureté, quelques accusations banales d'impiété ; mais il en sortit victorieux, et jouit d'un long repos qui lui permit de se livrer, sans obstacle, à l'étude des merveilles de la nature. Il mourut centenaire, dit-on.

Théophraste avait beaucoup écrit ; le nombre des traités dont on trouve les titres cités dans les auteurs anciens monte à deux cent vingt-neuf ; malheureusement, il nous en reste fort peu de chose. Des ouvrages qu'il avait composés sur l'histoire naturelle, on ne connaît aujourd'hui que neuf livres de son *Histoire des plantes*, six livres d'un traité sur les *Causes de la végétation* et un traité des *Pierres*.

Théophraste a fait pour la botanique ce qu'Aristote avait fait pour la zoologie ; il observa par luimême et s'efforça de former une science là où il n'y avait que désordre et vaines hypothèses. Il montre les rapports intimes de la botanique avec l'économie rurale et domestique, son emploi en médecine et ses nombreuses relations avec l'industrie. Il applique à la structure, à l'organisation des plantes les lois de la physiologie ; il suit les phénomènes de l'existence des végétaux depuis la plantule sortant de la graine jusqu'au germe fécondé transmettant à une nouvelle génération le principe vivificateur qu'il a reçu. Il compare la plante à l'animal et établit que les caractères généraux et essentiels offrent un rapport remarquable entre eux : ils sont l'un et l'autre soumis aux mêmes lois pour l'organisation et le développement, pour la nutrition et la reproduction. Il voit dans la graine un œuf végétal, indique les sexes différents dans les plantes, la fécondation des germes par le pollen et l'intervention du vent ou de la main de l'homme lorsque les deux sexes ne sont point réunis sur le même pied ; il cite l'exemple du dattier, et parle de la sensibilité de certains mimosas.

Dans son *Histoire des plantes*, Théophraste énumère toutes celles connues de son temps, environ cinq cents. Il en décrit quelques-unes avec une rare perfection, notamment celles de l'Inde, le bananier, le figuier des pagodes, le cotonnier, le lotus, le citronnier, etc. Dans la partie de son ouvrage qui traite des arbres forestiers, il parle des insectes qui les dévorent, ce qui prouve qu'il observait beaucoup.

Moins profond qu'Aristote, Théophraste échoua lorsqu'il s'occupa de la classification ; il divisa les végétaux en deux grandes classes : les arbres et les herbes, et répartit ces dernières dans plusieurs groupes, en potagères, céréales, médicinales, oléagineuses et d'agrément ; système plus économique que scientifique et qui, tout faux qu'il est, fut cependant le seul adopté jusqu'à la renaissance des lettres.

Aristote n'avait pas autant profité qu'on l'a dit des conquêtes d'Alexandre. Les résultats des explorations maritimes de Néarque, les récits des compagnons d'Alexandre, ne furent connus qu'après la mort du conquérant auquel Aristote survécut peu. Théophraste profita de quelques-uns de ces documents et donna quelques livres de zoologie pour servir de supplément à l'*Histoire des animaux* d'Aristote ; ils sont surtout relatifs aux productions de l'Inde.

Le traité des *Pierres* est le premier que nous connaissions sur cette matière. Théophraste y divise les minéraux en *pierres* et en *terres*, et les groupe d'après leur densité et la manière dont ils se comportent au feu. Il les décrit, énumère leurs propriétés et leur emploi dans les arts et l'industrie ; parle de la fabrication du verre, de l'usage en peinture des oxydes métalliques, de celui du plâtre dans le moulage, etc. Il donne des détails intéressants sur les pierres précieuses, et cite les propriétés attractives de l'aimant et de l'ambre jaune.

Théophraste est un des écrivains grecs dont le style est le plus pur et le plus élégant ; la plus connue de ses œuvres littéraires est le livre des *Caractères*, fine analyse des travers de l'esprit humain, imité et surpassé par notre admirable La Bruyère.

Le plus beau résultat des conquêtes d'Alexandre fut d'ouvrir des communications plus faciles et plus

larges entre les nations, de préparer la fusion plus
intime des connaissances particulières des divers
peuples, grec, égyptien, persan, hindou; union que
son génie méditait, mais qu'il ne put que préparer. Il
bâtit Alexandrie pour en faire la capitale du commerce du monde et l'entrepôt de l'Europe, de l'Afrique
et de l'Asie ; et cette ville devint, pour plusieurs siècles, le centre de la civilisation et du commerce, le
foyer de toutes les sciences.

Les troubles qui ensanglantèrent la Grèce après la
mort d'Alexandre, par suite des rivalités de ses généraux qui se partageaient l'empire, arrêtèrent un instant l'essor des sciences. L'Égypte échut heureusement à Ptolémée Lagus, compagnon d'Alexandre et
disciple d'Aristote. Il remplit Alexandrie de monuments et de temples, fonda la célèbre bibliothèque
du Sérapion qui contenait, dit-on, quatre cent mille
volumes, et créa le *Musée*, institution consacrée aux
travaux scientifiques. Il appela auprès de lui les savants grecs, qui s'empressèrent d'aller chercher à
Alexandrie le calme et la sécurité que ne leur offrait
plus leur patrie. Mais, malgré les efforts de Ptolémée,
l'impulsion progressive imprimée aux sciences par
Aristote et Théophraste s'arrêta ; la méthode expérimentale fit place aux théories et aux commentaires ;
on ne s'occupa plus que des livres, et l'École d'Alexandrie produisit nombre de savants érudits, mais pas
un observateur, pas un naturaliste. L'influence d'Aristote ne se fit plus sentir pendant un certain temps,
et l'on ne possédait même plus ses ouvrages.

Après Théophraste, la riche bibliothèque et les

manuscrits d'Aristote avaient été transmis à Nélée,
leur disciple ; mais après la mort de ce dernier,
ses parents, gens ignorants, les tinrent longtemps
cachés de peur qu'on ne les leur enlevât. Ils les vendirent enfin un prix élevé à un certain Apellicon,
bibliophile d'Athènes, qui, lui-même, céda plus tard
sa bibliothèque à Sylla, lequel l'apporta à Rome où il
en fit faire des copies. Les ouvrages d'Aristote ne
furent donc véritablement publiés que deux siècles
environ après sa mort, et c'est à Cicéron et à Pline
qu'ils durent de reprendre l'influence qu'ils méritaient si justement.

Cependant, bien qu'elles eussent décliné, les sciences
n'étaient pas mortes en Grèce, surtout la physique et
l'astronomie. ARCHIMÈDE, de Syracuse, s'occupa avec
un très grand succès de mécanique et d'hydrostatique,
et l'on peut dire qu'il en est le véritable créateur. On
lui doit la vis qui porte son nom et qui sert à monter
l'eau, la théorie du levier et les principes de l'hydrostatique, les moufles, les roues dentées et, peut-être,
le miroir ardent. On sait que, par son moyen, il in-
cendia la flotte romaine qui assiégeait sa patrie, et
qu'il prolongea la résistance pendant trois ans par
ses prodigieuses inventions. Ctésibius inventa les
pompes ; son disciple Héron fit de nombreuses découvertes en hydraulique et en pneumatique.

Vers le même temps, Ératosthène et Pithéas, de
Marseille, enseignaient le double mouvement de la
terre et l'obliquité de l'écliptique. Hipparque fixait
l'année solaire à 365 jours 5 heures 35 minutes et
12 secondes, découvrait la précession des équinoxes,

dressait des tables du Soleil et de la Lune, et entreprenait une nomenclature des étoiles fixes.

Jusqu'alors, le papyrus égyptien était la principale substance employée pour écrire ; mais bientôt l'engouement pour les livres et la quantité prodigieuse de papyrus que consommaient les copistes amenèrent la disette de ce produit, et Ptolémée Évergète, roi d'Égypte, en défendit l'exportation. Cet événement, qui pouvait avoir des conséquences funestes, eut au contraire un résultat heureux ; il fit inventer le parchemin, peau de mouton ou de chèvre amincie et préparée. L'invention eut lieu à Pergame, d'où cette substance prit le nom de *pergamin* dont nous avons fait *parchemin*. C'est à cette découverte précieuse que nous devons la conservation des trésors de l'antiquité, dont un si grand nombre, confiés aux fragiles membranes de papyrus, n'ont pu arriver jusqu'à nous.

Nous aurons à peine à citer, pour les sciences naturelles, quelques découvertes anatomiques des médecins grecs, qui trouvaient en Égypte la liberté de disséquer des cadavres humains. PROXAGORAS, ÉROPHILE, ÉRASISTRATE, dont les écrits ne nous sont pas parvenus, sont cités par Galien, qui, plus tard, résuma leurs travaux. MÉGASTHÈNES, après un séjour de plusieurs années dans l'Inde, donna un récit de ses voyages où, parmi des descriptions assez exactes des productions du pays, il mêle beaucoup de choses merveilleuses et extraordinaires. NICANDRE, médecin d'Attale III, a laissé deux ouvrages : l'un, *Theriaca*, traitant des animaux venimeux, serpents, crustacés, aranéides ; l'autre, *Alexipharmaca*, ayant rapport aux poisons végétaux, et dans lequel il mentionne quelques plantes dont ne parle pas Théophraste.

Mais bientôt devait finir le règne des sciences en Grèce et en Égypte ; ces deux pays, livrés à l'anarchie et aux troubles suscités par l'astucieuse politique de Rome, devinrent des provinces romaines, et alors dans le monde il n'y eut plus que Rome.

IV

Fondation de Rome; les Étrusques. — Caton l'ancien ; Varron. —
Corruption de l'empire romain. — Jules César, Lucrèce, Ovide,
Strabon, Dioscoride, Pline, Elien, Galien. — Chute de l'empire
romain.

Suivant les traditions romaines, Saturne, chassé
de Crète par son fils Jupiter, vint se réfugier en Italie,
auprès de Janus, roi du pays, à qui il enseigna l'usage
des lettres et de l'agriculture. Plus tard, vint s'établir
dans la contrée une colonie d'Arcadiens sous la conduite d'OEnotrus, et ce fut un de ses successeurs,
Italus, qui donna au pays le nom qu'il a conservé depuis. Après la destruction de Troie, Énée, à la tête
d'une troupe de Troyens échappés au massacre,
aborda à l'embouchure du Tibre ; ses descendants
fondèrent Rome vers l'an 753 avant Jésus-Christ, et
soumirent l'un après l'autre tous les peuples de l'Italie : Étrusques, Osques, Liburnes, Sicules, etc.

Les Étrusques, qui descendaient des Pélasges et
habitaient le pays aujourd'hui connu sous le nom
de Toscane, avaient une civilisation assez avancée,
comme le prouvent leurs travaux architectoniques,
leurs sépultures, leurs poteries. C'est à eux que les
barbares guerriers de Rome empruntèrent les premiers arts et les cérémonies du culte ; ce fut beaucoup plus tard qu'ils reçurent des Grecs leurs connaissances scientifiques.

Voué tout entier à l'esprit de conquête et de domination despotique, le peuple romain ne fit rien pour les sciences. La législation, l'éloquence de la tribune et du barreau furent les seules connaissances qui fleurirent à Rome. Virgile et Horace, ces deux gloires latines, ne lui appartenaient même pas : Virgile était de Mantoue et d'origine gauloise; Horace était fils d'un affranchi de Venouse, en Apulie, et tous deux avaient étudié les lettres grecques. Ses premiers historiens furent des Grecs, et si, plus tard, Rome eut des historiens, ils s'étaient formés à l'école des Grecs, sauf peut-être César et Tacite, qui furent, en histoire, les vrais représentants du génie latin.

Caton l'Ancien fut le premier et longtemps le seul qui s'occupa des sciences naturelles; il écrivit un petit traité *De re rustica*, contenant des préceptes d'agriculture et d'économie rurale. Après lui, Varron et Columelle parlèrent des plantes et des animaux, mais simplement au point de vue agricole; Virgile les chanta en poète né aux champs; mais aucun ne s'en occupa au point de vue scientifique.

Cependant la science grecque pénétra peu à peu dans Rome ; Sylla y apporta les œuvres d'Aristote, et il fut de mode que tous les enfants des grandes familles fussent élevés par des maîtres grecs; dans les derniers temps, ce fut même l'usage d'aller achever ses études à Athènes.

Les Phocéens, chassés de l'Asie Mineure par Cyrus, étaient venus sur les rivages des Gaules, vers l'an 600 avant notre ère, fonder la célèbre colonie de *Massilia* (Marseille). La cité grecque s'était rapidement distinguée par le commerce, les lois et les lettres, et son opulence et sa renommée s'étaient accrues de siècle en siècle. Ses écoles étaient devenues si florissantes, que Cicéron les mettait au-dessus de celles de Rome et d'Athènes.

A *Augustodunum* (Autun), également fondé par les Phocéens, et qui devint l'une des villes les plus importantes de la Gaule, existaient aussi des écoles fameuses. Par la fréquentation de ces écoles et surtout par la fusion des Gaules avec Rome, dont elles embrassèrent les lois et les mœurs, la science gauloise et la science grecque venaient s'amalgamer dans Rome. Mais, malgré tous ces éléments de progrès, le peuple roi n'en fit aucun. Ces maîtres de la terre, longtemps renommés par leur sage tempérance et leur rigorisme, n'étaient plus ; leur constante fortune les avait perdus. Ces immenses conquêtes n'avaient abouti qu'à ramasser dans la capitale du monde le luxe de l'univers, la débauche de tous les peuples et le mépris de l'humanité. Les Romains dégénérés ne sont plus qu'un peuple voué au culte des sens. Leur puissance intellectuelle, absorbée par cet esprit de domination poussé à l'excès, ne s'applique qu'à satisfaire leur ambition, ou leur imagination dépravée, leur sensualité blasée. On voit les patriciens, fatigués de conquêtes et gorgés d'or, engloutir, en de scandaleuses et folles profusions, les tributs des provinces dépouillées. Ce luxe insensé, qui a rendu célèbres les noms des Lucullus, des Crassus, des Scaurus, fut nul pour les sciences et n'eut pour objet que de procurer des jouissances matérielles, et de dépenser cet or dont ils ne savaient plus que faire. Il faut lire dans Pline l'effrayante dégradation, la corruption profonde du peuple romain qui, décimé par les factions intestines des Marius et des Sylla, des César, des Antoine et des Pompée, tombe enfin sous les pieds de ses infâmes empereurs.

Parmi les rares auteurs qui ont écrit sur l'histoire naturelle, nous citerons d'abord Jules César, observateur attentif et écrivain judicieux, dont la plume aussi active que l'épée nous donne, dans ses *Commentaires*, des renseignements très curieux sur les animaux de la Germanie et de la Gaule. Il nous apprend qu'à l'époque où il pénétra dans les sombres forêts de ces contrées sauvages, elles étaient peuplées d'aurochs, d'élans et de rennes, animaux qui se sont retirés, devant la civilisation, dans les régions septentrionales.

Contemporain de César, Lucrèce représente les doctrines d'Épicure et les chante dans un poème célèbre : *De natura rerum*, ouvrage qui offre des beautés de premier ordre, mais dont les principes sont fondés sur le matérialisme et l'athéisme. Il renferme un système complet de philosophie naturelle. Il forme la terre, les mers et l'atmosphère de la réunion d'atomes élémentaires, mus par les lois de l'affinité ; tous les phénomènes de la nature sont les effets du choc et du mouvement perpétuel et varié des éléments dans l'immensité de l'espace. Il fait un admirable tableau de la faiblesse et des misères de l'espèce humaine à sa naissance ; puis des premières inventions, des arts qui se perfectionnent par l'expé-

rience et par les révélations du besoin, sans le secours d'aucun dieu.

MUSA, médecin d'Auguste, était, dit-on, savant botaniste ; il a laissé un traité *De herba botanica.* Mais
il était d'origine grecque.

Dans son poème sur la pêche, *Halieuticon,* dont il
ne nous reste que des fragments, OVIDE décrit de
nombreuses espèces de poissons. Il cite, entre autres,
le *physis* (gobie noire), qui se construit un nid comme
les oiseaux ; fait déjà mentionné par Aristote et parfaitement exact.

Le géographe STRABON, qui vivait au temps d'Auguste, était né en Cappadoce et écrivit en grec ; mais
il vécut longtemps à Rome, après avoir voyagé en
Asie, en Égypte et en Grèce. On lui doit une *Géographie* restée célèbre, et dans laquelle on trouve des
renseignements précieux. Il joint à la description de
chaque pays une esquisse de leurs productions naturelles. Il a décrit le premier la canne à sucre et mentionné la soie ; mais il croit que cette dernière substance est le produit d'un arbre. Il a donné également
une description des poissons du Nil, assez exacte
pour que les savants de l'expédition française en
Égypte les aient reconnus.

DIOSCORIDE, médecin des armées romaines sous
Néron, était Grec. Il a laissé un traité sur la *Matière
médicale,* dans lequel sont décrites environ six cents
plantes ; toutefois, ses descriptions sont inexactes, à
ce point qu'on ne peut en reconnaître à peine un
quart. Il leur attribue, en outre, une foule de vertus
imaginaires.

Tel était le maigre tribut fourni aux sciences par le peuple romain. Mais le fait même des conquêtes romaines et le luxe inouï qu'elles firent naître produisirent une immense collection d'éléments en tout genre, de matériaux précieux. Le faste déployé par les patriciens dans leurs banquets mettait à contribution la terre entière ; les paons, les faisans, les gangas, les grues, les cigognes, les autruches, étaient élevés dans des volières. Des viviers d'eau douce ou d'eau salée, construits à grands frais et amenant le poisson jusque dans les salles de festin, étaient remplis de truites, de daurades, de soles, de mulets et d'autres espèces savoureuses; le cruel Pollion nourrissait les murènes de la chair de ses esclaves, et l'on vit Vitellius dépenser deux cents millions pour le seul entretien de sa table, pendant les huit mois que dura son règne.

Le peuple, sans participer à ces orgies, avait les siennes à lui : c'étaient celles du cirque, et ses maîtres avaient soin d'entretenir ses goûts barbares pour détourner son attention des affaires publiques. Du pain et des spectacles, *panem et circenses*, c'était là tout ce qu'il demandait.

Ces spectacles avaient commencé d'abord, comme chez les Grecs, par des luttes et des jeux en l'honneur des dieux ; puis vint l'usage d'introduire dans le cirque des animaux qu'on tuait à coups de flèche ; ensuite on livra aux bêtes les condamnés à mort, prisonniers de guerre ou criminels, et ce devint un métier de combattre dans l'arène soit des bêtes féroces, soit des hommes. Le goût de ces sanglants spectacles s'accrut jusqu'à la démence, et ce fut à qui ferait paraître dans le cirque le plus grand nombre d'animaux et les moins connus, que l'on faisait venir à grands frais d'Afrique et d'Asie. Ce furent d'abord des lions et des panthères, des taureaux sauvages, des ours et des sangliers ; puis on y vit des hippopotames et des crocodiles venus d'Égypte, des éléphants, des rhinocéros, des hyènes, des girafes, des antilopes, des autruches, etc. Cette folie du massacre alla si loin, qu'on vit en un seul jour, sous Auguste, périr un millier d'animaux. Ces fêtes barbares continuèrent sous les empereurs chrétiens ; mais, au milieu de cette affluence d'animaux curieux, de ces occasions si fréquentes d'étudier leurs mœurs et leur organisation, il ne se présenta pas un observateur, pas un ami des sciences disposé à en tirer parti.

Tel était l'état des sciences naturelles au commencement de l'ère chrétienne. Les Romains n'avaient rien fait pour en activer les progrès ; mais les immenses matériaux qu'ils avaient rapportés des pays conquis n'attendaient qu'un esprit ingénieux et laborieux pour les mettre en œuvre.

Ce fut alors que parut Pline.

PLINE (*Caius Plinius Secundus*), dit l'*Ancien*, naquit à Vérone l'an 28 de Jésus-Christ, la septième année du règne de Tibère, et vécut sous Caligula, Claude, Néron et Vespasien. Appartenant à une famille riche et puissante, il vint à Rome faire ses études, puis il entra dans la carrière navale, fit des voyages en Afrique, en Égypte, en Grèce, et prit part à l'expédition de Germanie. Envoyé en Espagne comme procurateur par Néron, il quitta cette province et revint à Rome lors de l'avènement de Vespasien qui l'avait connu en Germanie et l'honorait de son amitié. C'est à ce prince que Pline dédia son *Histoire naturelle*. Il commandait la flotte chargée de garder les côtes de la Méditerranée, lorsque arriva la fameuse éruption du Vésuve qui, en l'an 79, la première année du règne de Titus, engloutit les villes d'Herculanum et de Pompéia. Pline, voulant observer de plus près le terrible phénomène, se fit descendre à Stabies; mais, atteint par une pluie de cendres et de pierres, il ne put se retirer à temps et périt suffoqué par les vapeurs sulfureuses.

Pline était un grand travailleur; il ne perdait pas un instant, se faisant faire la lecture pendant ses repas et même lorsqu'il était au bain, et toujours accompagné d'un scribe pour écrire sous sa dictée. Aussi, quoique mort dans un âge peu avancé — il n'avait que cinquante-six ans lors de l'éruption du Vésuve — a-t-il laissé sur différentes matières de nombreux ouvrages : histoire, art militaire, jurisprudence, plaidoyers, etc. Il ne nous reste que son *Histoire naturelle*, ouvrage immense pour la composition duquel il nous apprend lui-même qu' « il a extrait vingt mille choses dignes d'attention de la lecture de deux mille volumes, et qu'il les a consignées dans trente-six livres, en y ajoutant plusieurs choses qui ont été découvertes de son temps ».

Ce qu'il faut admirer dans cet immense recueil, c'est d'abord la patience qui rassembla et coordonna un aussi grand nombre de faits, l'art et le style brillant qui animent les descriptions, les anecdotes curieuses, les traits piquants que lui fournissent ses lectures immenses. Ce qu'on lui doit, c'est de nous avoir laissé un grand nombre d'extraits d'auteurs dont, sans lui, les travaux auraient été perdus pour nous. Malheureusement, il puise dans les mauvais comme dans les bons, sans nulle critique ; il copie les récits les plus étranges, les mensonges les plus effrontés de prétendus voyageurs ; il accepte sans conteste l'affirmation d'hommes sans tête ou sans bouche, de pygmées, de peuplades à pieds d'autruche, à oreilles d'éléphant, de femmes au corps de poisson, de dragons, de chevaux ailés, de sphinx, de licornes, de mantichores et cent autres monstruosités pareilles, sorties de l'imagination grecque ou asiatique. Il raconte sur les hyènes une foule de merveilles, dit qu'elles changent alternativement de sexe et imitent la voix humaine pour appeler les bergers par leur nom et les dévorer. Il enseigne que les chèvres respirent par les oreilles et que les lièvres sont blancs dans les Alpes, parce qu'ils mangent de la neige. Il confond, sous le nom d'*animaux aquatiques*, tous ceux qui vivent dans l'eau : cétacés, poissons, mollusques, crustacés, si bien distingués par Aristote, et qui ne sont plus, pour Pline, que la classe des poissons, classe qu'il place avant celle des oiseaux, parce qu'ils sont plus gros.

Il rapporte tout au long les fables débitées sur le fameux Phénix, consacre vingt chapitres intéressants à l'histoire des abeilles, mais admet avec Virgile qu'on peut les faire naître par les entrailles d'une génisse en putréfaction. Il attribue une large part à la géné ration spontanée, et prétend que la chenille est formée par de la rosée épaissie, et se recouvre d'une croûte (la chrysalide) d'où sort le papillon.

Les écrits de Pline offrent une lecture agréable, mais il n'y faut pas chercher de la science sérieuse ; tout ce qu'on y trouve de bon a été copié dans Aristote, et encore l'a-t-il souvent mal interprété. Il en est de même pour Théophraste et Dioscoride ; il applique souvent à une espèce ce qu'ils ont dit d'une autre.

Sa zoologie et sa botanique sont sans valeur, si l'on en excepte toutefois le neuvième livre, qui renferme des détails intéressants sur les cétacés de la mer du Nord et de la Méditerranée. Nous y voyons que, de son temps, ces animaux venaient jusque dans le golfe de Gascogne.

Sa minéralogie est intéressante sous le rapport technique et comme histoire des beaux-arts ; car il nous a transmis les noms d'un grand nombre de sculpteurs, de peintres et de graveurs, et donne la description de monuments, de statues et de pierres gravées qui n'existent plus. Il nous fait connaître le mode d'extraction des métaux, l'emploi du mercure pour l'exploitation des mines d'or et d'argent, la fabrication du laiton, de l'acier, du bronze, celle du blanc de céruse et du minium ; il parle des propriétés de l'aimant et de la pierre de touche, etc.

Les dix livres qu'il consacre à la médecine ne sont qu'une sorte de répertoire des recettes, des remèdes, emplâtres et pratiques étranges qui avaient cours de son temps. C'est de l'empirisme pur, auquel se

mêlent même la magie et la nécromancie. On y voit
les remèdes les plus singuliers, dont quelques-uns se
retrouvent encore parfois, dans les campagnes, chez
de vieilles bonnes femmes qui ont acquis ces prétendues recettes par tradition.

Pline est athée et matérialiste; le fond de sa philosophie est un esprit frondeur et chagrin qui ne laisse
jamais échapper l'occasion de quelque réflexion dé-
courageante contre l'homme et la divinité. A vivre
sous les Tibère, les Caligula et les Néron, il se prit
à douter de la Providence. Dieu et la nature sont pour
lui synonymes. Toutefois, la noblesse et la gravité de
ses sentiments, son amour pour la justice, son hor-
reur pour la corruption et la cruauté, commandent
l'estime, et si son livre ne peut le placer au rang des
grands naturalistes, il n'en reste pas moins un des
monuments les plus curieux de l'antiquité, et des plus
remarquables par la noblesse du style.

A partir de Pline, l'empire romain ne nous offre
plus que quelques compilateurs ou poètes, mais rien
d'important pour les sciences. Dans son *Banquet des
sages*, ATHÉNÉE fait raconter à chacun des convives
tout ce qu'il sait sur les mets qui paraissent sur la
table. De là la description d'une centaine de poissons
et d'un grand nombre d'oiseaux, le tout mêlé d'anecdotes. Mais ce n'est là que de la compilation; il n'y a
aucune observation nouvelle. Il en est de même
d'ÉLIEN dans son traité *De natura animalium*. Il cite
soixante-dix espèces de mammifères, entre autres le
bœuf sans cornes, le yack, le babiroussa; il mentionne
cent neuf espèces d'oiseaux, cinquante espèces de

reptiles et cent trente poissons, dont quelques-uns sont décrits pour la première fois ; mais il est aussi crédule que Pline.

Enfin OPPIEN, sous Caracalla, écrivit deux poèmes : les *Cynégétiques* et les *Halieutiques*, dont le premier nous fait connaître les races de chevaux et de chiens employés à la chasse, et le gibier qu'on chassait ; et le second, relatif à la pêche, donne des détails intéressants sur les divers genres de pêche, décrit le lieu d'habitation et les mœurs des poissons, entre autres de la raie, de la torpille, de la baudroie, puis de la seiche qui teint l'eau de son encre pour échapper à ses ennemis. Ces trois auteurs ont écrit en grec, langue qui tendait alors à remplacer le latin comme langue scientifique.

Après la mort d'Aristote et de Théophraste, leurs disciples s'étaient dispersés dans toutes les parties de l'empire grec où dominaient les successeurs d'Alexandre, et plusieurs s'étaient fixés à Alexandrie, qui était devenue le centre de la civilisation et de la sciences Ils s'étaient efforcés de répandre les doctrines de leurs maîtres ; mais bientôt les rhéteurs et les sophiste. avaient pris le dessus ; le néoplatonisme et la philosophie indienne avaient occupé les esprits, et de vaines arguties, de stériles études, firent oublier les sciences d'observation. Il appartient à Galien d'avoir remis en honneur les doctrines aristotéliennes.

GALIEN (*Galenus Claudius*) naquit à Pergame, capitale du royaume de Pont, vers l'an 131, dans une famille très aisée. Son père, nommé Nicon, était architecte, et, de plus, habile géomètre et grand ami des lettres. Pergame possédait un temple célèbre dédié à Esculape, et une bibliothèque, fondée par les Attales, qui pouvait le disputer à celle d'Alexandrie. Le milieu était donc favorable à la science, et Nicon ne négligea rien pour l'instruction de son fils.

A l'âge de dix-sept ans, Galien commença l'étude de la médecine; mais ayant perdu son père deux ans après, il se trouva maître d'une assez belle fortune et résolut de voyager pour s'instruire. Il visita la Grèce, la Lycie, la Palestine, l'Égypte, allant écouter les médecins et les philosophes en renom, et s'arrêta à Alexandrie, où l'anatomie avait fait des progrès parce qu'on y pratiquait la dissection du corps humain, ce qui, partout ailleurs, était regardé comme un sacrilège. Il y resta cinq ans pour y compléter ses études médicales et philosophiques, puis revint à Pergame où il commença à pratiquer l'art de guérir par la chirurgie. Chargé de soigner les gladiateurs, il s'acquit rapidement une grande réputation dans le traitement des plaies et des blessures.

Il se rendit alors à Rome, où sa renommée s'accrut en peu de temps. Mais sa réelle supériorité, dont il avait conscience, et qui le rendait peut-être un peu hautain et dédaigneux pour les médecins romains ses confrères, tous empiriques et la plupart fort ignorants, ne tarda pas à lui attirer leur inimitié, et il dut quitter Rome dans la crainte qu'on n'attentât à ses jours. Il retourna alors à Pergame, mais n'y fit pas un long séjour. Appelé par Marc-Aurèle à Aquilée, où avait éclaté la peste, pour y soigner Lucius Vérus, son collègue, qu'avait atteint le fléau, il ne put le sauver. Il n'en conserva pas moins la confiance du prince, qui le ramena avec lui à Rome, et lui confia son fils Commode, lorsqu'il partit pour la Germanie. Assuré de la protection impériale, il se fixa définitivement dans cette ville, où il ouvrit un cours de médecine et composa la plupart de ses ouvrages. Il mourut à l'âge de soixante-dix ans.

Génie puissant, doué de toutes les qualités d'un observateur profond et d'une érudition immense, Galien devait exercer l'influence la plus étendue sur la médecine, et, en effet, cette influence s'étendit comme celle d'Aristote sur le monde entier pendant de longs siècles. Fort des connaissances puisées dans toutes les sectes philosophiques et médicales, tout en exaltant le génie d'Hippocrate et celui d'Aristote, il entreprit de refondre en une seule les doctrines des principales écoles qui avaient régné jusqu'alors, mais en les soumettant au critérium de l'observation.

Galien a considérablement écrit et a suivi, dans ses travaux, un ordre méthodique ; il commence par l'anatomie, puis viennent la physiologie, l'hygiène, la pathologie, la séméiotique et la thérapeutique. Ses ouvrages constituent une véritable encyclopédie médicale, tous écrits en grec, dans un style sobre, mais plein de clarté et de précision. Malheureusement, une partie de ces ouvrages a été perdue pour nous, ayant été détruite dans un incendie du temple de la Paix, où ils étaient déposés.

Son anatomie, *De anatomicis administrationibus*, est pleine d'observations d'une merveilleuse sagacité;

mais, sauf les dissections auxquelles il put assister pendant son séjour à Alexandrie, il ne disséqua que des animaux et surtout des singes du genre magot, qu'il pouvait se procurer en assez grand nombre à Rome ; aussi ses descriptions ostéologiques et myologiques rapportent souvent à l'homme des détails organiques qui ne sont vrais que pour le singe. Ses livres sur la *Digestion* et la *Respiration* contiennent beaucoup de faits curieux sur l'anatomie comparée.

Dans son traité *De usu partium*, sur l'usage des parties du corps, qui est, comme il le dit lui-même, un hymne à l'auteur du corps humain, Galien signale le premier la perforation du cœur dans le fœtus ; il décrit aussi, le premier, les nerfs et les couches optiques, la distribution générale des nerfs, des artères et des veines, et donne une description du cerveau très remarquable. Il dit que ce sont les nerfs qui distinguent l'animal de la plante et admet des nerfs distincts pour le mouvement et le sentiment.

Une fois l'anatomie et la physiologie étudiées, il envisage l'histoire naturelle en général, pour l'appliquer à la médecine ; puis il traite des tempéraments divers, de la vertu des remèdes simples et de la composition des médicaments, des soins à employer pour conserver ou rétablir la santé. Galien fit sortir la médecine de sa véritable source, en la tirant immédiatement de l'observation ; c'est dans ses mains qu'a commencé cette belle idée des moyens d'indication sur lesquels repose la médecine scientifique.

Les ouvrages de Galien jouirent, même de son vivant, de la plus grande réputation, et son art médical, *Techné iatriché*, devint un manuel que tous les médecins durent avoir entre les mains. Ses ouvrages, traduits en latin, en hébreu, puis en arabe, furent les seuls, avec ceux d'Aristote, qui, pendant tout le moyen âge et jusqu'au seizième siècle, firent autorité pour l'étude des sciences.

V

ÉTAT DE LA CIVILISATION ET DES SCIENCES EN EUROPE
JUSQU'AU SIXIÈME SIÈCLE.

État de la Gaule ; sa conquête par Jules César. — Les druides. —
Décadence de l'empire romain et de la société ancienne. — Naissance du christianisme ; ses progrès. — Invasion des barbares ; ses
résultats.

La civilisation venue sur le sol de l'Europe y avait
suivi l'ordre des presqu'îles de la Méditerranée, par
la Grèce, l'Italie, l'Ibérie. De là elle remonta au nord,
par la Gaule et par les pays teutoniques et slaves ;
mais en décroissant de telle sorte que, pendant que la
Grèce jetait la plus vive lumière, la Slavonie était en-
foncée dans l'obscurité la plus sauvage ; la Gaule
avait une existence intermédiaire.

Les Phocéens, après avoir fondé Marseille, avaient
fini, par des empiétements successifs, par dominer
tout le littoral jusqu'au Var ; Ampurias, Roses, Agde,
Antibes, Nice, furent fondées ou conquises par eux.
Cette colonie grecque, célèbre par sa civilisation, son
amour pour les arts, ses grands hommes, non moins
que par ses richesses commerciales, tenta d'établir
sa domination sur la Gaule ; elle y fonda des comp-
toirs, fit le commerce avec l'intérieur, lui donna son
alphabet, des médailles, quelques monuments ; mais
elle n'exerça, par ses institutions politiques et religieuses, qu'une médiocre influence sur ce pays et

resta, pour les Gaulois, une étrangère campée sur le bord de leur territoire.

A la suite de contestations avec les Ligures, les Phocéens appelèrent à leur aide les Romains, leurs alliés, et ceux-ci saisirent avec empressement l'occasion de faire la guerre à ces anciens ennemis. Ils battirent les Ligures, s'allièrent ou soumirent les plus proches tribus, y implantèrent des colonies romaines, dont la première fut Narbonne, suivie de Nîmes, Béziers, Arles, Avignon, etc.

Appelé plus tard par les Gaulois de l'est contre les Germains et les Helvètes, qui envahissaient leur territoire, Jules César les battit et les rejeta au delà du Rhin. Mais bientôt, sous divers prétextes, il tourna ses armes contre ceux qui l'avaient appelé et, après huit ans de combats sanglants, malgré l'héroïque résistance de Vercingétorix, il conquit la Gaule entière. Toutefois ce n'était là que le prélude de la conquête que méditait l'ambitieux Romain, celle du pouvoir suprême. Et lorsque le Sénat, inquiet de sa puissance, ordonnait à César de renvoyer ses légions, lui passait le Rubicon et entrait triomphant dans Rome.

La Gaule, avant la conquête, était moins barbare que la Germanie et la Slavonie; César, qui en fut l'historien comme le conquérant, nous apprend qu'elle connaissait les arts utiles, ignorait les beaux-arts, avait des villes grandes et fortes, était régie par des institutions régulières, possédait des mines très riches, un territoire couvert de forêts et de marécages, peu de routes, plus d'industrie que de commerce ; enfin, sans avoir le luxe des Grecs et des Romains, elle ne différait point d'eux pour tous les usages de la vie. La religion gauloise était celle des *druides* (hommes des chênes), sorte de panthéisme, qui avait une grande analogie avec les cultes de l'Orient.

Le pouvoir des druides était une théocratie analogue à celle de l'Égypte, tyrannique mais éclairée ; entre leurs mains étaient le gouvernement, la législation, l'éducation publique, l'administration de la justice, la garde des mœurs, la divination, le soin des malades. Ils n'écrivaient rien ; loi vivante et intelligence de la nation, ils étaient les dépositaires de toutes les sciences, de toute l'histoire, de toute la poésie, contenues dans des pièces de vers qu'ils apprenaient par cœur, et faisaient parler le ciel et la nature à leur gré. Ils n'avaient pour temples que les plus sombres forêts ; le chêne était leur arbre sacré, et le gui du chêne leur symbole mystique et leur remède universel. Leur religion avait pour base l'éternité de la matière et de l'esprit, ainsi que la transmigration des âmes ; elle inspirait à ses sectateurs une croyance ardente dans un autre monde, et par conséquent le mépris de la vie.

Auguste, voulant établir l'unité de la religion avec l'unité d'administration dans tout l'empire, s'efforça de combattre le druidisme, et plus tard Claude proscrivit ses prêtres et les fit mettre à mort. Ceux qui échappèrent se réfugièrent en Bretagne où leur culte, de plus en plus caché, disparut bientôt. Aujourd'hui il ne reste d'eux que quelques monuments grossiers formés de pierres droites gigantesques (menhirs), de pierres levées ou horizontales (dolmens), de tumulus de terre.

Après la conquête des Gaules par César, Rome dominait tout l'Occident ; la terre s'appela le monde romain, et l'on ferma le temple de Janus. Mais Rome, en cessant de conquérir, cessait d'être Rome ; ses destinées étaient accomplies. La société ancienne, dont elle était la dernière et la plus vaste expression, société basée sur l'esclavage et la vileté des femmes et des enfants, avait fini sa carrière. Les vices du monde ancien, l'égoïsme, la cruauté, la débauche, arrivèrent à leur apogée sous les Tibère, les Caligula, les Néron.

Quelque temps avant, sous le règne d'Auguste, était né le Christ, dans une étable d'une petite ville de Judée, et dix ans après, les Germains portaient le premier coup au colosse romain par le massacre des légions de Varus. Le Christ et les Germains allaient renouveler moralement [et matériellement l'humanité. Ici commence le temps de décomposition sociale qui prépare la grande époque de transition de la civilisation ancienne à la civilisation du moyen âge.

Dans l'antiquité, il n'existait que deux espèces d'hommes : les possesseurs et les possédés, les maîtres et les esclaves. Les premiers étaient sacrés, avaient le nom, le culte, la terre et la famille ; les seconds étaient, suivant la loi romaine, « non pas seulement vils, mais nuls » ; ils n'avaient ni nom, ni dieux, ni biens, ni famille ; les maîtres c'étaient des hommes, les esclaves c'étaient des choses qui,

au gré du maître, étaient exploitées comme machine,
vendues comme bétail, détruites comme ennemies ;
et même chez les Gaulois, l'esclave était sacrifié sur
le tombeau de son maître pour aller le servir dans
l'autre monde. L'esclavage était, pour la société ancienne, le moyen le plus puissant d'activité, l'instrument de ses richesses et de sa domination ; de là les
guerres perpétuelles pour se les procurer.

L'organisation domestique était calquée sur l'organisation sociale. Le père de famille existait seul :
c'était le maître, le dieu de la maison ; les enfants, la
femme, étaient sa chose, lui appartenaient ; il avait
droit de vie et de mort sur eux, comme sur ses
esclaves. Les mœurs domestiques, l'amour de la
famille, n'existaient pas. En Gaule, les femmes
étaient considérées comme esclaves ; elles travaillaient plus que les hommes, et seules elles cultivaient
la terre. Quant aux enfants, partout on tuait ceux qui
naissaient infirmes ou maladifs, partout on les exposait pour arrêter l'excès de la population. En résumé,
le monde ancien ignorait presque entièrement les
trois grandes passions du monde moderne : la foi,
la liberté et l'amour.

Tel était l'état social, lorsque douze hommes
pauvres et ignorants, mais remplis de l'esprit divin,
partent de la Judée pour aller instruire toutes les
nations. Ils proclament l'amour de Dieu et des
hommes, et jettent au milieu de ce monde, classé
par le glaive et basé sur l'esclavage, le dogme de la
paix et de la fraternité universelles. La pauvreté, la
faiblesse, la souffrance, y trouvaient une consolation

et un appui. La foi, l'amour et la liberté, ces vertus
à peine entrevues par le monde ancien, apparaissent à l'homme pour régénérer ses sentiments et
ses idées, changer son cœur et sa raison. A l'idolâ-
trie, qui divinisait la forme, l'égoïsme, les sens, suc-
cédait une religion de sentiment, d'abnégation, d'esprit plébéien.

Comme le christianisme n'était pas une réforme
scientifique et spéculative qui dut se renfermer dans
une école ou dans un temple, mais une réforme morale, pratique, universelle, qui avait un caractère
éminemment humain et social, ceux qui l'embrassèrent les premiers furent les pauvres, les ignorants,
les esclaves, les femmes ; tous apprenaient à mépriser
cette « vallée de larmes », avec l'espoir d'une autre
vie éternelle. Aussi les commencements de la nouvelle religion furent très rapides ; ni les persécutions
ni les supplices ne purent arrêter la propagation
évangélique.

Les peuples de l'antiquité étaient volontiers tolé-
rants en matière de religion. Ils avaient tant de
dieux, dit Egger, qu'il leur coûtait peu d'en admettre
un de plus dans leurs temples. L'autorité publique
ne se montra chez eux rigoureuse que contre les
athées de profession, et contre ceux qui tentaient de
changer l'ordre de choses établi. Le polythéisme
toléra, de la part de ses hardis philosophes, une liberté de discussion et d'interprétation que ne com-
portait pas le dogme chrétien. Épicure, Lucrèce,
Pline, avaient vécu tranquilles malgré leurs doctrines
matérialistes, et les persécutions exercées contre les

chrétiens par les empereurs romains eurent plutôt des causes politiques que religieuses.

Mais, après le triomphe du christianisme, les docteurs chrétiens furent moins indulgents pour les philosophes et les hérétiques qui s'attaquaient à leur théologie; ils les signalaient au mépris et à la défiance des fidèles, et leurs écrits frappés d'anathème étaient soigneusement détruits.

En dehors de l'enseignement religieux, les lettres et les sciences étaient nulles. Au quatrième siècle appartiennent les écrits des premiers pères de l'Église : saint Jérôme, saint Augustin, saint Jean Chrysostome, œuvres superbes sans doute ; mais l'histoire naturelle, l'astronomie, et, en général, la connaissance du monde physique, se réduisaient de plus en plus à des notions superficielles. Saint Basile louait éloquemment les beautés de la création, « l'œuvre des six jours », dans son *Hexameron ;* mais on n'étudiait plus la nature comme l'avaient étudiée les éminents philosophes de l'antiquité grecque.

Tout devait se trouver dans les écritures saintes. C'est ainsi que, dans la question des antipodes, les pères, tout en reconnaissant la sphéricité de la terre, déclarèrent que ces contrées ne pouvaient être habitées, puisque l'Écriture ne parlait pas de ces peuples.

Lorsque les Germains eurent détruit le prestige des armes romaines en massacrant les légions de Varus, les peuples barbares, refoulés jusqu'alors à l'extrême nord, franchirent les barrières, fondirent en longs torrents sur l'Europe et l'Asie, et par une guerre incessante, une guerre sans pitié, firent ployer le vieil empire sous leur verge de fer. On peut se figurer tout ce que la civilisation dut perdre par l'irruption de ces millions d'hommes sans aucune culture, sans aucun goût pour les lettres ni pour les arts.

Dès lors, l'Occident, en proie aux horreurs de la guerre, tomba, pendant huit siècles, dans la plus affreuse barbarie. Durant cette période d'obscurité, vrai deuil de la civilisation, les Huns, les Vandales, les Hérules, les Goths, les Lombards, uniquement guerriers et regardant les sciences et les arts comme propres seulement à énerver le courage, les interdisaient à leurs fils et ne les tolérèrent que dans l'exil des cloîtres. Mais là, leur étude fut bornée à la transcription des livres saints et des liturgies, pour la reproduction desquels, vu la rareté du parchemin, on détruisit souvent par le lavage des manuscrits précieux.

Avec la décadence de l'empire d'Occident et l'invasion des peuples du Nord, les notions acquises par l'antiquité dans le domaine des sciences se perdirent complètement en Europe. Dès le cinquième siècle, la barbarie règne partout, jusque dans des pays qui, auparavant, s'étaient distingués par une haute culture ; et malgré les efforts de quelques rares esprits, tels que Boèce et Cassiodore, l'ignorance ne fait pour ainsi dire qu'augmenter dans les siècles suivants.

L'empire d'Orient, devenu le berceau de la foi chrétienne depuis que Constantin avait transporté à Byzance le siège de son empire, recueillit les vestiges de la philosophie et des sciences. En un temps où les hommes d'Occident avaient oublié la Grèce, les Byzantins gardèrent le dépôt des œuvres de l'antiquité ; les chefs-d'œuvre des écrivains grecs seraient perdus pour nous, sans les manuscrits conservés et recopiés par les érudits et les moines de Constantinople. Les Byzantins furent, en quelque sorte, les bibliothécaires du genre humain. Mais, quoique moins éprouvé par la guerre, l'Orient n'en fut pas moins agité par les querelles religieuses et les passions politiques, qui persécutaient tantôt le catholicisme, tantôt l'hérésie.

DEUXIÈME PARTIE

LES SCIENCES NATURELLES AU MOYEN AGE ET A LA RENAISSANCE.

I

L'EUROPE DU SIXIÈME AU DOUZIÈME SIÈCLE.

Mahomet fonde l'islamisme. — Influence des Arabes. — Les bénédictins. — Charlemagne. — La féodalité ; l'an 1000. — La Trêve de
Dieu. — La chevalerie et les croisades ; leur influence. — La scolastique.

Pendant que les empereurs du Bas-Empire, usur-
pant le ministère des docteurs de la foi, perdaient à
dogmatiser un temps qui eût été mieux employé à la
défense de l'État, une nouvelle puissance s'élevait
dans l'ombre. Profitant des dissensions religieuses,
de la fermentation des esprits, en même temps que
du caractère guerrier des Arabes, Mahomet fondait
l'islamisme qui, en moins de dix ans, soumettait sous
sa loi une grande partie du globe (630). Tant que
dura la propagande armée, les sectateurs de Mahomet
ne s'occupèrent guère de science ou d'art ; mais lorsqu'ils se furent assis sur les bords enchantés de la
Méditerranée, qu'ils occupèrent en maîtres la Grèce,
l'Espagne, quelques parties de l'Italie et de la France,
ils se montrèrent généreux, hospitaliers ; ils s'incor-
porèrent aux familles vaincues, encouragèrent le goût
des sciences, les plaisirs de la paix et l'activité agri-

cole, que la domination des Romains et les invasions des hommes du Nord avaient anéantis depuis long-temps.

Sous le règne des Abassides, on vit renaître les sciences naturelles, médicales et astronomiques, et Bagdad devint le centre des études et la source où l'on venait puiser, en même temps que le grand marché des produits de l'Arabie, de l'Inde, de la Perse et de l'Europe. Prenant pour guides les travaux des anciens, les savants arabes traduisirent les œuvres d'Aristote, de Théophraste, de Galien, de Pline, et les commentèrent. Mais trop souvent leur imagination brillante suppléa à l'observation, et leur goût pour l'astrologie, la magie et l'alchimie, entrava les progrès des études positives.

Parmi les doctes arabes, EL KINDI fut l'un des plus féconds : on lui attribue plus de deux cents ouvrages sur la médecine, la toxicologie, la pharmacologie, la physiologie, etc. BENÉ-MSUÉ écrivit plusieurs traités de médecine et d'anatomie comparée. EL DCHADIDH, célèbre par l'étendue et la variété de ses connaissances, a laissé une histoire des animaux. ABU-HANIFA écrivit sur l'agriculture, l'hippiatrique et la botanique. EL RAZI ou RHAZÈS donna d'excellentes monographies anatomiques et un cours complet de médecine. Enfin parut AVICENNE, savant médecin et philosophe. Embrassant dans ses écrits un plan aussi vaste que celui d'Aristote, qu'il prend pour modèle et dont il adopte presque toutes les opinions, il établit son autorité parmi les Arabes.

L'influence arabe ne fut pas moindre en Espagne;

on vit des académies s'élever à Cordoue, à Séville, à Grenade, à Tolède, à Valence, dans presque toutes les villes soumises aux Sarrasins, et partout ce furent les doctrines d'Aristote et de Galien qui dominèrent. La médecine et l'agriculture y étaient particulièrement en honneur. Le code agricole des Arabes d'Espagne est un modèle de perfection.

Les Arabes pratiquaient toutes les cultures qu'ils avaient trouvées dans leur empire. Bien des plantes ont été apportées par eux en Sicile, en Espagne, et se sont acclimatées dans le midi de l'Europe, si bien qu'on pourrait les croire indigènes : le riz, le safran, le chanvre, l'abricotier, l'oranger, le cédrat, le palmier, l'asperge, le melon, le jasmin, le coton et la canne à sucre, leur sont dus, ainsi qu'une foule d'industries, entre autres celles des cuirs cordouans, des maroquins, des tapis, des aciers damassés, et surtout du papier.

Les Juifs, proscrits par Wamba, roi des Wisigoths, persécutés par les califes d'Orient, refluèrent sur l'Espagne et la France méridionale. En même temps qu'ils s'adonnaient au négoce, ils cultivaient les sciences avec succès, surtout la médecine, et le vulgaire leur attribuait volontiers des connaissances surnaturelles. C'est ainsi que les sciences revinrent dans l'Europe méridionale, par les Arabes et par les Juifs.

Le reste de l'Europe, inondé par les hordes barbares venues du Nord, est complètement fermé à l'étude. Le glaive seul y domine, et la terre ensanglantée ne produit pas un homme de science. Les apôtres de l'Évangile eux-mêmes s'efforcent en vain de prêcher la paix et la charité.

Au sixième siècle, saint Benoît avait fondé l'ordre des bénédictins, qui, pendant de longs siècles, a si puissamment aidé la civilisation dans sa marche. « L'ordre de Saint-Benoît, dit Michelet, donna au monde ancien, usé par l'esclavage, le premier exemple du travail accompli par des mains libres. Pour la première fois, le citoyen, humilié par la ruine de la cité, abaisse les regards sur cette terre qu'il avait méprisée. » Les moines bénédictins ont été les défricheurs de l'Europe; ils l'ont défrichée en grand en associant l'agriculture à la prédication. Ils préservèrent aussi les lettres et les sciences au milieu de l'invasion de la barbarie; c'était encore un des modes de travail que leur imposait leur institution.

Vers la fin du huitième siècle parut un homme qui, sous tous les rapports, mérita réellement le surnom de *Grand* : ce fut Charlemagne. Il conquit l'Occident, refoula la double invasion du nord et du midi, et entreprit de réveiller l'esprit humain, assoupi à cette époque de ruine et de détresse. Il appela de l'Italie, de l'Angleterre, tous les savants capables de seconder ses desseins; fonda partout des académies et des écoles, rassembla à grands frais tous les livres grecs et latins échappés au naufrage des lettres, et fit recopier tous les manuscrits précieux sous la direction d'Alcuin, moine anglais, qui fut son maître et son ami. Il protégea l'architecture, et voulut faire d'Aix-la-Chapelle, sa résidence, une nouvelle Rome, en l'ornant d'édifices, de statues et de marbres enlevés à l'Italie. Il poussa même si loin l'amour des sciences, qu'il changea son propre palais en une académie, et, au dire d'Éginhard, Charles lui-même était, après Alcuin, le plus savant homme de son empire. Il marchait à grands pas, et il voulait que les hommes de son siècle le suivissent; mais, malgré ses efforts, les Francs répugnaient à se livrer à l'étude, et Alcuin, qui comprenait son impatience, lui écrivait : « Il ne dépend ni de vous ni de moi de faire de la France une Athènes chrétienne. » En effet, le mouvement donné aux intelligences comme à la société était hâtif et superficiel, et l'œuvre de Charlemagne devait finir avec lui ; mais le mouvement qu'il avait imprimé devait reprendre son cours dans les siècles suivants.

Sous les faibles successeurs du grand empereur, les peuples, soumis et maintenus par la main ferme et le génie puissant de Charlemagne, se remuèrent pour se séparer de l'empire et recouvrer leur indépendance, et bientôt la guerre éclata sur toutes les frontières. Puis vinrent les ravages des Normands au nord, des musulmans au sud ; le mouvement des esprits vers le progrès s'arrêta de nouveau, et les sciences retombèrent dans l'obscurité.

Le dixième siècle fut une époque de luttes et de violences ; non seulement les seigneurs, mais encore les évêques guerroyaient les uns contre les autres, et la papauté elle-même était plongée dans le sang. C'est le siècle de fer. Partout s'élevaient des châteaux et des forteresses, vrais repaires de brigands, d'où le châtelain fondait sur les voyageurs et les paysans pour les rançonner. La force brutale dominait seule, et perpétuait les misères et l'anarchie. La guerre était toute l'existence des ducs et des barons, qui couraient sans cesse par les chemins pour vider une querelle ou chercher du butin. Le peuple des vilains et des serfs était livré à des souffrances perpétuelles ; les champs restaient incultes et déserts, et les famines décimaient la population. L'Occident paraissait retourner à l'état sauvage ; cette époque est absolument nulle pour les sciences.

Une fausse interprétation des Évangiles avait fait croire à la fin du monde en l'an 1000. Cette croyance, qui semblait justifiée par les pestes, les famines, les calamités de tout genre dont l'Europe était désolée, répandait une atonie universelle. Toute entreprise avait cessé ; un morne repos avait succédé à l'agitation ; tout était glacé d'effroi à l'attente du jour fatal. On redoublait de ferveur religieuse, on se pressait dans les couvents, on donnait ses biens à l'Église. Celle-ci en profita pour prêcher la concorde, l'oubli des injures, la fraternité, et Gerbert, archevêque de Ravenne, l'un des hommes les plus savants de son époque, ayant été élu pape sous le nom de Sylvestre II, s'efforça de réformer les mœurs et fut le précurseur des grands papes du moyen âge.

Avec le onzième siècle, on voit les mœurs s'adoucir ; la Trêve de Dieu amène la noble institution de la chevalerie dont les membres juraient de consacrer leur épée à combattre l'injustice, à défendre la veuve et l'orphelin, à protéger le faible et l'opprimé, et d'obéir à leur dame et à leur roi. Alors apparaissent au milieu des mœurs débauchées et cruelles, restes de la

corruption romaine et de la férocité germanique,
l'honneur, la loyauté, la foi du serment, l'amour dé-
licat et respectueux des femmes, la sainteté du mariage, les douceurs de la vie domestique, la courtoisie
et l'élégance des manières. La population croît rapidement ; les villes s'agrandissent ; le commerce et
l'industrie répandent l'aisance chez les vilains et les
serfs. La langue se forme ; la poésie renaît avec les
troubadours et les trouvères ; des universités se fon-
dent ; le pays se couvre de châteaux et d'églises,
monuments admirables, où l'ogive et le gothique
commencent leur glorieux règne.

Le temps des croisades fut l'époque la plus glorieuse de la chevalerie. Du onzième au treizième
siècle, les croisades, qui avaient pour but de délivrer
les chrétiens d'Orient de l'oppression des musulmans
et de reconquérir la ville sainte, eurent sur la civilisation et le progrès des sciences la plus heureuse
influence. Elles furent le dernier terme de l'invasion
barbare et musulmane, qui fut refoulée en Asie ; elles
opérèrent la fusion intime de l'ancien monde vaincu
et du nouveau monde devenu vainqueur, en réunissant l'un et l'autre dans un but commun, une pensée
commune ; elles rapprochèrent les nations et les
classes ; toutes les populations avaient marché sous
une même bannière ; le serf et le seigneur avaient eu
mêmes fatigues, mêmes souffrances durant la croi-
sade, et les sentiments de fraternité évangélique furent réveillés entre eux par la communauté de but et
d'existence.

Les progrès matériels et intellectuels furent très

rapides ; le commerce connut de nouvelles routes, l'industrie de nouveaux moyens. On fit le pèlerinage d'Orient non plus seulement par dévotion, mais par curiosité de voyageur ou par intérêt de marchand. Le monde grec et le monde arabe firent une impression profonde sur l'esprit des croisés ; le premier conservait encore les titres de son ancienne splendeur intellectuelle ; le second était alors dans tout l'éclat de sa gloire scientifique, et l'on chercha à les imiter.

Les livres, rares en Occident, se trouvaient dans les bibliothèques de Constantinople au nombre de plus de deux cent mille volumes ; les ouvrages grecs et arabes, traduits en latin, se répandirent en Italie, en France, en Allemagne, en Angleterre, et trouvèrent de nombreux copistes dans les couvents. D'un autre côté, l'Orient étant devenu le théâtre de la guerre et n'offrant plus de retraites paisibles à l'étude, une foule de savants grecs et arabes s'en exilèrent et vinrent chercher un asile dans l'Occident, qui sentit bientôt l'influence de ces hôtes illustres.

Au douzième siècle, la philosophie aristotélienne dominait dans les écoles ; mais, détournée de son vrai sens, elle forma cette philosophie théologique qui porte le nom de *scolastique*. En vain quelques voix crient dans le désert : « Ce n'est pas à Aristote, ni à des hypothèses subtiles, ni à la Bible, que nous devons nous adresser pour obtenir la connaissance de l'univers, mais à une étude directe de la nature par l'observation et l'expérience. » On n'enseigne plus dans les universités ni la théologie, ni la philosophie, ni les sciences ; mais l'art de disputer sur ces matières au

moyen des subtilités de la dialectique. La voie de
l'observation, totalement abandonnée, fait place à la
logomachie; il n'est plus question de rechercher la
vérité, mais de défendre son opinion vraie ou fausse
et de la faire triompher par son habileté. Les mots
constituent seuls la science, et sous un jargon obscur
se masque une érudition vaniteuse, unie à l'ignorance des phénomènes les plus vulgaires.

De tous les arts, l'architecture est le seul qui ait
atteint, au moyen âge, un haut degré de perfection.
Le zèle religieux du temps devait se plaire à embellir
les églises, et, dès le douzième siècle, nous voyons
l'Europe se couvrir de monuments admirables. Quant
aux sciences naturelles, elles sont presque considérées comme de la sorcellerie.

A peine trouve-t-on quelques noms à citer comme
auteurs d'écrits sur les sciences naturelles. C'est
d'abord l'abbesse HILDEGARDE DE PINGUA, à qui l'on
doit un traité complet d'histoire naturelle, sous le
titre de *Physica Sancta Hildegardis* (1180); Alexandre
NECKAM, poète anglais, qui écrivit sur la nature des
choses; SAINT BONAVENTURE qui, dans ses œuvres
théologiques, consacre quelques chapitres à la nature
du corps humain et à la physionomie de l'homme.

II

LES SCIENCES NATURELLES EN EUROPE DU TREIZIÈME
AU SEIZIÈME SIÈCLE.

Le papier de chiffon. — L'Université de Paris. — Roger Bacon. —
Raymond Lulle. — Albert le Grand. — Vincent de Beauvais. —
Rubruquis. — Marco Polo. — Nicolas Flamel. — Gutenberg invente
l'imprimerie. — Christophe Colomb découvre l'Amérique. — Développement des sciences et de l'industrie au quinzième siècle.

Le treizième siècle fut signalé par quelques nouveaux progrès; l'un des plus grands fut la substitu-
tion du papier de chiffon au parchemin, puisqu'il
mettait désormais à la portée de tous un produit précieux qui, jusqu'alors, n'avait été accessible qu'à un
petit nombre, Gioja Flavio, d'Amalfi, inventa ou du
moins perfectionna la boussole, qu'il divisa en trente
deux parties ou rumbs de vent, et fixa l'aiguille ai-
mantée sur un pivot; cet instrument, en facilitant la
navigation, favorisa les progrès des sciences géographiques, si puissantes auxiliaires des sciences naturelles, et l'on vit naître à Paris l'Université qui, sous
la protection du roi Philippe-Auguste, devint l'école
la plus célèbre de l'Europe.

Un des hommes les plus illustres de ce siècle est
Roger Bacon, moine anglais, qui tint longtemps le
sceptre de la philosophie hermétique, et se fit remarquer par l'universalité de son savoir. On trouve dans
ses écrits, et surtout dans l'*Opus majus*, l'idée de
découvertes qui n'ont eu lieu que fort longtemps après

lui et qui semblent faire allusion à la vapeur, aux aérostats, à nos instruments d'optique. On lui attribue l'invention de la poudre à canon, de la pompe à air, des verres grossissants, dont il avait peut-être lui-même trouvé l'idée dans les ouvrages orientaux qu'il pouvait lire. Quant à ses propres écrits, malgré leur valeur incontestable, ils sont empreints de toutes les erreurs de l'alchimie et de l'astrologie. Quoi qu'il en soit, on lui doit d'avoir ramené les sciences dans la voie de l'expérience et de l'observation, fait immense pour le progrès des sciences naturelles. Ses connaissances en astronomie étaient fort étendues, et il signale dans ses écrits l'erreur qui existait dans le calcul de l'année solaire, depuis Jules César ; erreur qui ne fut rectifiée que trois siècles plus tard.

Son contemporain, Armand DE VILLENEUVE, médecin de Montpellier, a laissé de nombreux écrits sur la médecine et la pharmacologie, où l'on trouve beaucoup d'observations intéressantes ; on lui doit la découverte de l'alcool. Son disciple, Raymond LULLE, a produit un nombre considérable d'ouvrages sur la médecine, la physique, la chimie et l'alchimie, la théologie, etc., remplis de rêveries sur la recherche de la pierre philosophale et la transmutation des métaux, mais remarquables, cependant, par l'érudition et la méthode qui y règnent. On lui doit l'acide nitrique ou eau forte. Raymond Lulle avait entrepris de convertir les infidèles par le raisonnement et d'abolir l'esclavage ; il consacra la dernière moitié de son existence à atteindre ce but, mais sans y réussir, et mourut victime de son apostolat, lapidé par le peuple de Tunis.

C'est alors que parut ALBERT LE GRAND, qui fut une des gloires du treizième siècle. Né à Lavingen, en Souabe, dans les premières années du treizième siècle, au sein de la riche et puissante famille des comtes de Bollstœdt, il montra, dès l'enfance, un goût très prononcé pour l'étude des sciences, et fréquenta les écoles les plus renommées de France, d'Allemagne et d'Italie. Il entra dans l'ordre des dominicains ou frères prêcheurs, et ne tarda pas à s'y faire remarquer par son savoir et son éloquence. Il fut envoyé à Paris pour y enseigner la théologie et les sciences naturelles ; puis à Cologne. Nommé par le pape au siège épiscopal de Ratisbonne, il se démit de son évêché au bout de trois ans et se retira à Cologne pour s'y livrer tout entier à l'étude. Il mourut dans cette ville en 1280.

Albert le Grand a embrassé toutes les branches de la science connues de son temps. Doué du génie le plus heureux, il s'assimila les travaux d'Aristote, les commenta, les fit connaître, et les compléta en y ajoutant tout ce qu'avaient découvert après lui les auteurs grecs, latins et arabes. C'est surtout comme philosophe et comme théologien qu'il jeta le plus vif éclat ; mais ses travaux d'histoire naturelle sont également remarquables. A l'*Histoire des animaux* d'Aristote, il joignit la description des animaux du Nord, dont on n'avait pas encore parlé avant lui ; il donna une savante dissertation sur les faucons et sur l'art de la fauconnerie, chose très importante de son temps, et écrivit sur les minéraux un ouvrage rempli de remarques judicieuses qui indiquent un homme familier avec les procédés métallurgiques connus de son temps.

Au milieu de l'ignorance profonde où végétaient les masses à cette époque, tout homme qui se distinguait par un savoir supérieur était considéré comme magicien. Albert n'échappa pas à cette accusation, qui, pendant des siècles, pesa sur sa mémoire.

Parmi ses contemporains, citons VINCENT DE BEAUVAIS, qui, par les ordres de saint Louis, écrivit, sous le titre de *Speculum majus* (le Grand Miroir), une encyclopédie des connaissances de son temps; le moine franciscain RUBRUQUIS, qui, envoyé par Louis IX pour convertir le khan des Tartares, donna une relation intéressante de son voyage; et surtout MARCO POLO, célèbre voyageur vénitien, qui parcourut l'Asie, la Chine, le Japon, et a laissé des relations de ses voyages qui sont, pour la géographie et les sciences naturelles, les plus précieux documents du treizième siècle. Homme d'un profond savoir, ses observations sur les pays qu'il a parcourus sont d'une exactitude remarquable.

Au quatorzième siècle règnent surtout les alchimistes, dont les recherches pour trouver la pierre philosophale et la transmutation des métaux amenèrent quelques découvertes utiles en chimie. Nicolas FLAMEL, entre autres, a laissé un nom célèbre. Il acquit une fortune considérable, on ne sait par quels moyens; mais le peuple lui attribuait le pouvoir d'un puissant magicien. Quoi qu'il en soit, il fit de sa fortune le plus noble usage, car il fonda plusieurs hôpitaux et des églises.

MUNDINUS, de Bologne, habile médecin, dissèque trois corps humains et fait paraître un traité d'anatomie qui jouit, pendant un siècle, d'une grande réputation ; Giacopo DE DONDIS, médecin de Padoue, publie, sous le titre d'*Herbier vulgaire*, un traité de botanique descriptive comprenant les plantes d'Italie.

Le quinzième siècle fut l'aurore de l'émancipation de l'esprit humain ; GUTENBERG créa l'art de l'imprimerie, qui a tant servi à la diffusion et à la communication des idées (1440). Les chefs-d'œuvre antiques, écrits sur du papyrus ou du parchemin et reproduits en très petit nombre par des copistes souvent inexacts ou ignorants, étaient si rares et tellement coûteux, que seuls les gens riches pouvaient se les procurer à prix d'or. L'art typographique, en en facilitant largement la reproduction, les garantit d'une ruine complète et mit les trésors de la science à la portée de tous les hommes.

Barthélemy DIAZ, parcourant la vaste étendue des côtes occidentales de l'Afrique, atteignit le cap de Bonne-Espérance (1486), qu'il nomma cap des Tourmentes, et six ans après, Christophe COLOMB, cherchant un passage aux Indes, découvrit le nouveau monde. Ce fut, pour l'histoire naturelle, une mine féconde. Des animaux inconnus, des végétaux curieux, presque tous nouveaux et en grand nombre, se présentèrent à l'observation et vinrent compléter l'admirable échelle des êtres. L'usage de la poudre et des armes à feu facilita les moyens de se procurer des animaux pour former des collections. L'art de la gravure, qui multiplie les êtres dans leurs formes et leurs images, vint, avec l'imprimerie, faciliter la publication des ouvrages d'histoire naturelle.

La découverte de l'Amérique et les autres entreprises hardies qui la suivirent exercèrent une influence considérable sur le développement des sciences et par contre-coup sur la civilisation. La cosmographie et la géographie reçurent de grands perfectionnements, et la nécessité de donner plus de précision à l'astronomie pratique contribua peu à peu, sans aucun doute, à faire trouver le véritable système du monde.

Les découvertes que firent les navigateurs, en se multipliant sur tous les points de l'océan, poussés le plus souvent par la soif de l'or ou des produits précieux, n'en produisirent pas moins les plus heureux résultats. A l'intérieur des îles et des continents débarquaient des hommes de science en même temps que des aventuriers, et ceux-là réduisaient à leurs vraies proportions les fables que l'imagination des poètes et les récits fantaisistes de certains voyageurs du moyen âge avaient accréditées. La physique du globe, la météorologie, les sciences naturelles, s'enrichissaient de faits nouveaux; enfin, des denrées nouvelles, d'une importance inestimable au point de vue de leurs usages, et dont nos climats septentrionaux sont privés, fournissaient au commerce l'occasion de se développer comme il ne l'avait jamais fait.

A cette époque eut lieu la prise de Constantinople par les Turcs (1453), le plus illettré et le moins civilisable de tous les peuples. Les savants grecs, fuyant la persécution et la ruine de leur patrie, se réfugièrent au sein de la civilisation occidentale, qui les reçut avec empressement, consola leur exil et les éleva parfois même aux plus hautes dignités. Ils remirent en honneur les trésors de la langue grecque, en donnèrent de nouvelles traductions ou corrigèrent les éditions latines et arabes trop souvent fautives.

Un grand développement de la civilisation s'était manifesté en Europe pendant le quinzième siècle. Nous y voyons le système décimal appliqué au calcul, le calendrier réformé, un grand progrès dans l'exploitation des mines, dans les procédés qu'on emploie aux forges, dans l'art de teindre, de tisser, dans le tannage et la fabrication du verre, dans le domaine de la chimie industrielle. On inventa le papier, les armes à feu, les montres, les fers à cheval, les cloches, l'imprimerie, la gravure sur bois et la gravure sur acier, l'étamage des glaces, les moulins à vent, etc. Ces inventions nous donnent une idée de la civilisation dans l'Europe occidentale; c'est à elles et aux découvertes géographiques que se rattachent toutes les conquêtes faites dans le domaine intellectuel du quinzième siècle.

Un commerce florissant se répand de l'Italie sur toute l'Europe et la met en communication avec l'Orient, l'Arabie et les Indes ; une industrie étendue dans les villes manufacturières des Pays-Bas, de l'Allemagne, de la France et de l'Angleterre, sert de base à ce commerce. On voit alors s'élever dans les villes une bourgeoisie libre, opulente, habile et honnête, et dans son sein se développe, comme une conséquence naturelle des richesses accumulées, la classe intelligente de la société. C'est alors qu'on se mit à étudier avec fruit l'œuvre de la civilisation antique.

LES SCIENCES NATURELLES AU SEIZIÈME SIÈCLE.

La Renaissance. — Influence de la Réforme. — Copernic, André
Vesale, Pierre Bélon, Guillaume Rondelet, Agricola, Conrad Gesner,
Ulysse Aldrovande, Ch. de Lécluse, Césalpin. — Les jardins botaniques. — Nicolas Houel, Camerarius, Fabius Colonna, Lobel, Jean
et Gaspard Bauhin, Olivier de Serres, Bernard Palissy.

Quoique souvent troublé par les ardentes querelles
de la Réforme, le seizième siècle, riche des heureuses
découvertes du siècle précédent, nous offre le spectacle d'une révolution intellectuelle qu'on a caractérisée en lui donnant le nom de *Renaissance.* Le mouvement de critique et de résistance provoqué contre
la papauté et l'Église romaine par les fougueuses
prédications de Luther amena dans les esprits une
fermentation qui se traduisit par une grande liberté
de penser, une tendance d'examen et de contrôle
sur toutes les autorités ; l'observation et l'expérience
vont remplacer le dogmatisme.

Soumis jusqu'alors aveuglément à l'autorité des
anciens, les hommes de science commencent à discuter leurs opinions et à relever leurs erreurs. Sous le
règne de François Ier, la cour de France attira en
foule les artistes et les savants. Lascaris, de Constantinople, y fit revivre l'étude de la langue grecque, et
eut pour émules Guillaume Budé, Érasme, Robert
Estienne, Ramus, Turnèbe, Rabelais et vingt autres,
qui revisèrent les textes ou en donnèrent de nouvelles

traductions. L'érudition et la philologie y firent des progrès immenses, et François Ier fonda le Collège de France pour l'étude des langues, en même temps qu'il commençait le Louvre, bâtissait Chambord et Saint-Germain, embellissait Fontainebleau et élevait une foule de monuments gracieux qui sont la gloire de son règne.

C'est alors que le chanoine COPERNIC, choqué de la contradiction que présentait le système de Ptolémée avec les lois physiques, en faisant tourner les planètes autour de la Terre, établit les véritables lois astronomiques en plaçant au centre du monde le Soleil, autour duquel il fit tourner toutes les planètes, y compris la Terre. Il rangea celle-ci parmi ces dernières, en lui donnant deux mouvements : l'un de rotation sur elle-même, l'autre de circonvolution autour du Soleil. Ce système, si simple et si logique eut, comme toute vérité, beaucoup de peine à se faire accepter ; les astronomes de l'époque, Regiomontanus et même Tycho-Brahé plus tard, le combattirent, et, craignant la censure ecclésiastique, Copernic ne publia ses idées qu'à la fin de sa vie, et les mit sous la protection du pape Paul III, en lui dédiant son livre, qui a pour titre : *De revolutionibus orbium cœlestium* (1543).

L'anatomie fit un pas immense.

BÉRENGER, de Carpi, anatomiste italien, qui avait pu disséquer des cadavres humains, porta les premiers coups à l'autorité de Galien ; mais ce fut André VESALE qui combattit le plus ardemment son influence sur les études anatomiques.

Chez les peuples anciens et jusqu'à la fin du moyen

âge, les préjugés religieux s'étaient opposés à la dissection du corps humain, que l'on considérait comme
un sacrilège. Plusieurs papes, à l'exemple de Boni-
face IV, avaient même fulminé contre ceux qui ose-
raient attenter à la dignité de l'homme en disséquant
son cadavre. Aristote, Galien et leurs successeurs,
n'avaient disséqué que des animaux, et tout ce qu'ils
rapportaient à l'anatomie de l'homme se trouvait souvent ainsi entaché d'erreur. Au commencement du
seizième siècle, les papes Jules II et Léon X, protecteurs des sciences et d'un dogmatisme très modéré,
permirent la dissection des corps humains. Leur suprême autorité fut à peine assez forte pour contre-
balancer le préjugé, et Charles-Quint crut devoir
s'adresser aux docteurs en théologie de Salamanque
pour savoir si l'on pouvait, sans péché mortel, disséquer le corps d'un chrétien.

André Vesale put donc disséquer des cadavres, et
fort de ses études et de son expérience, il s'efforça de
prouver que les descriptions anatomiques de Galien se
rapportaient à des animaux et non à l'homme. Mais
tel était encore, à cette époque, le prestige dont jouissait le célèbre médecin grec, que, lorsque Vesale osa
l'attaquer et démontrer ses erreurs, il souleva contre
lui une véritable tempête et fut en butte à de longues
persécutions auxquelles il finit même par succomber.
André Vesale était né à Bruxelles, en 1514, d'une
famille consacrée depuis longtemps à la médecine.
Il étudia l'anatomie en Italie, à Paris, à Louvain ;
acquit bientôt une grande réputation d'habileté, et fut
appelé à Pavie pour y professer cette science dans

laquelle il s'illustra. Considéré à juste titre comme le fondateur de l'anatomie humaine, il en établit les principes dans son grand ouvrage *De corporis humani fabrica* (1543), œuvre admirable par sa science et par les magnifiques planches dont elle est ornée. Sa vie ne fut qu'une longue polémique contre les partisans de Galien et contre les envieux que lui suscitèrent son génie et sa position de médecin de Charles-Quint et de Philippe II, dont la faveur ne put cependant le garantir de la haine de ses ennemis. Accusé par eux d'avoir disséqué le corps d'un gentilhomme encore vivant, il fut contraint, pour expier ce prétendu crime, de faire un pèlerinage en terre sainte. A son retour, jeté par la tempête sur les côtes de l'île de Zante, il y mourut de faim (1564).

Les travaux de Vesale eurent une influence considérable et donnèrent à l'anatomie une impulsion qui ne s'arrêta plus. Après lui, ses disciples, FALLOPE et EUSTACHE, s'acquirent une juste célébrité par leurs découvertes. Le premier, qui succéda à Vesale à l'école de Padoue, donna l'anatomie détaillée du fœtus, la description de l'organe de l'ouïe, celle de divers appareils qui portent encore son nom. Ses *Observations anatomiques* furent publiées à Venise en 1564. Eustache a laissé de nombreux mémoires et des *Tables anatomiques* d'une admirable exactitude. FABRIZIO, d'Aquapendente, s'occupa avec succès d'anatomie comparée. COLOMBO, et, après lui, Michel SERVET, que le fanatisme religieux fit périr sur un bûcher, étudièrent les fonctions du cœur et découvrirent la circulation pulmonaire. Mais c'était à HARVEY qu'était

réservée la gloire de démontrer, par la méthode
expérimentale, la grande circulation du sang. Vers
le milieu du seizième siècle, la France possédait Am-
broise PARÉ, qui mérita le titre de *Père de la chirurgie*.

Moins favorisées que l'anatomie, la zoologie et la
botanique eurent cependant leur part dans le progrès. Marchant sur les traces de Colomb, d'Améric
Vespuce, de Pinzon, de Magellan, une foule de navigateurs explorèrent des régions inconnues, en rap-
portèrent des trésors nouveaux, et publièrent des relations de leurs voyages. OVIÉDO, D'ACOSTA, HERNANDEZ
chez les Espagnols, THÉVET et Jean DE LÉRY parmi
les Français, visitèrent l'Amérique ; BREIDENBACH et
GUILANDINUS parcoururent le Levant; Prosper ALPIN,
envoyé en Égypte par la république de Venise, donna
l'histoire naturelle de cette contrée et fit connaître le
premier, en Europe, le café et le baume de la Mecque ;
POSSEVIN écrivit sur la faune et la flore de la Mos-
covie. Des collections particulières se formèrent; puis
les villes et les gouvernements fondèrent à leur tour
des musées et des jardins botaniques. De là des études
et des ouvrages nouveaux qui eurent pour les sciences
naturelles les résultats les plus favorables.

Parmi les naturalistes de cette époque se distingue
Pierre BÉLON, médecin français, né à la Soultière,
dans le Maine, en 1518. Issu d'une famille obscure et
pauvre, ses heureuses dispositions lui valurent l'appui
de Réné du Bellay, évêque du Mans, grâce auquel il
put faire de bonnes études et entreprendre des voyages fructueux; il visita l'Allemagne, l'Italie, la Grèce,

l'Égypte, la Palestine, et publia des relations de ses excursions dans lesquelles il décrit un grand nombre d'animaux. Il donna une *Histoire des poissons marins* (1551), qu'il range par groupes assez naturels, avec de bonnes descriptions accompagnées de figures; puis une *Histoire de la nature des oiseaux avec leurs descriptions et naïfs pourtraicts* (1555), où ils sont distribués en familles, d'après leurs mœurs ou le lieu de leur habitation. Ce livre, où l'on trouve de bonnes observations d'anatomie comparée, et auquel est joint un *Traité de la chasse au faucon*, alors fort en vogue, fut dédié au roi Henri II, qui accorda à son auteur un logement au petit château de Madrid, dans le bois de Boulogne. Bélon s'y occupait de la traduction de Théophraste et de Dioscoride, lorsqu'il fut assassiné sur la route, en 1566.

En tête de son traité des oiseaux, Bélon figure le squelette d'un oiseau en face du squelette d'un homme; il osa les comparer, et désigner par des signes communs toutes les parties communes de l'un et de l'autre. Le parallèle qu'il établit entre le squelette de l'homme et le squelette de l'oiseau est un trait de génie; c'est le premier essai tenté pour la démonstration de l'unité de composition organique. Cependant, cette idée féconde ne fut pas comprise, et il faut arriver à Vicq d'Azyr et à Geoffroy Saint-Hilaire pour voir proclamer avec netteté le principe de l'unité de composition. On lui doit, en outre, un traité, en latin, *Des arbres conifères, résinifères et autres à feuillage toujours vert* (1553), avec leurs figures d'après nature, et un recueil de *Pourtraicts d'oiseaux, animaux, serpents, plantes, hommes et femmes d'Arabie et d'Égypte* (1557).

Quelques années après, Guillaume RONDELET, médecin naturaliste, né à Montpellier en 1509, et professeur en cette ville, publia une histoire des poissons : *De piscibus marinis* (1554), en dix-huit livres, plus complète et plus savante que celle de Bélon, et accompagnée de belles planches. Il y établit ses coupes sur les rapports naturels existant entre les espèces, et ses descriptions sont d'une grande exactitude. Rondelet jouissait, en outre, d'une certaine réputation comme médecin et comme anatomiste.

Paul JOVE, évêque de Nocéra, donna, en 1560, la description des poissons qui se trouvaient sur les marchés d'Italie ; mais c'est une simple nomenclature.

Nous ne citerons que pour mémoire des ouvrages sur la chasse et sur les chiens, de Michel-Ange BLONDUS, médecin vénitien, et de Jean CAÏUS, médecin anglais. A cette époque, les médecins, presque seuls, s'occupaient des sciences naturelles, et ils écrivaient en latin, langue familière à tous les savants de l'Europe, et qui offrait l'avantage de les mettre en communication ; mais qui, d'un autre côté, était un obstacle à la diffusion des lumières.

La botanique, plus cultivée que la zoologie, offre un plus grand nombre d'auteurs ; mais beaucoup d'entre eux sont de simples commentateurs des anciens. MATTIOLI ou *Matthiole*, docteur italien, doit à son commentaire sur Dioscoride d'avoir transmis son nom à la postérité. Cet ouvrage, d'une grande érudition, résume tout ce qu'on savait sur les plantes à cette époque, et y ajoute un grand nombre de descriptions

nouvelles. RUEL, médecin français, publie son *De natura stirpium*, volumineux traité de botanique, compilation des auteurs anciens où, trop souvent, il confond les espèces.

Jérôme TRAGUS, de son vrai nom BOCK, introduisit le
premier l'observation méthodique dans la botanique.
Il rejeta l'ordre alphabétique employé jusqu'alors,
établit l'importance de la nomenclature et fit ainsi les
premiers pas vers la méthode naturelle. On lui doit
le *Nouvel Herbier d'Allemagne* (1539). Léonard FUCHS,
médecin et professeur à Tubingue, fit connaître avec
exactitude les plantes usitées en médecine, éclaircit
l'histoire de celles qu'avaient connues les Grecs, et
publia son ouvrage *De historia stirpium commen-
tarii* (1542). DODOENS, savant hollandais connu sous
le nom de *Dodonæus*, suivant l'habitude du temps de
latiniser son nom, publia, de 1550 à 1585, plusieurs
ouvrages de botanique fort estimés; entre autres son
Histoire des plantes, en trente livres.

Georges BAUER, dit *Agricola*, médecin allemand,
fut un des fondateurs de la minéralogie. Il abandonna
la pratique de la médecine pour se livrer tout entier à
l'étude des métaux, et vint se fixer à Chemnitz, près
des mines. Là il vécut au milieu des ouvriers, s'en-
quérant auprès d'eux des procédés métallurgiques et
observant par lui-même. Aussi rencontre-t-on dans
ses ouvrages des connaissances pratiques fort étendues. Son principal ouvrage, *De re metallica*, en douze
livres, eut de nombreuses éditions.

Comme on le voit, l'observation pénétrait dans
toutes les sciences et l'étude changeait de marche;

les matériaux devenant plus abondants, on abandonnait les conceptions générales, les ouvrages d'ensemble pour les travaux spéciaux n'embrassant qu'une partie plus ou moins limitée de la science. La merveilleuse invention de l'imprimerie, en plein exercice depuis un siècle, fournissait amplement aux auteurs les moyens de publier eux-mêmes leurs ouvrages au fur et à mesure qu'ils les composaient. De loin en loin paraissent de puissants génies qui coordonnent tous ces travaux, leur donnent un lien commun et en font une œuvre d'ensemble qui résume les connaissances de leur époque.

Tel fut Conrad GESNER, le flambeau du seizième siècle.

Conrad Gesner naquit à Zurich, le 26 mars 1516, dans une famille pauvre, et dut à son oncle, Jean Frich, ministre protestant, ses premières leçons de belles-lettres et de sciences. Il montra dès l'enfance les plus heureuses dispositions, et le docteur Amman, chirurgien de Zurich, charmé de son amour pour l'étude, le recueillit chez lui. A l'âge de quinze ans, il avait déjà une connaissance parfaite du latin et du grec. Ayant perdu son père et son oncle, il reçut des magistrats de Zurich quelques secours, avec lesquels il gagna Strasbourg. Là, il fut obligé, pour vivre, de donner des leçons et de faire des traductions, tout en travaillant avec ardeur à l'étude des langues et de la médecine. Il publia quelques travaux philologiques, et se fit bientôt connaître parmi les savants. Il n'en poursuivait pas moins ses études médicales qu'il termina à Bâle, où il se fit recevoir docteur-médecin en 1541. Il fut alors rappelé à Zurich pour y exercer et enseigner la médecine.

Venu dans un siècle où l'observation commençait à reprendre une grande importance, et l'estimant lui-même au plus haut degré, Gesner faisait de nombreux voyages, surtout dans les Alpes, pour y recueillir des plantes et des minéraux. Il rassembla un herbier de plus de cinq cents espèces de plantes nouvelles qu'il dessina et décrivit, et donna un catalogue synonymique des végétaux connus en quatre langues, où il fait preuve d'une érudition très étendue. Pendant ce temps, il recueillait des matériaux pour son histoire naturelle, recevant des observations, des notices et des dessins des nombreux amis et correspondants qu'il s'était faits dans toutes les parties de l'Europe. En 1557, il fut nommé professeur de philosophie naturelle à Zurich où ses leçons attirèrent un nombreux auditoire.

Malheureusement, Gesner ne devait pas fournir une longue carrière ; mais sa mort fut digne de sa vie. Une maladie pestilentielle ayant éclaté dans sa ville natale, en 1564, il prodigua ses soins à ses compatriotes avec le plus grand dévouement. Victime de son zèle, il fut atteint lui-même de ce terrible mal, et pressentant sa fin prochaine, il se fit transporter dans sa bibliothèque, où, pendant les cinq derniers jours qui lui restaient à vivre, il s'occupa de mettre en ordre ses manuscrits, qu'il légua à son élève Gaspard Wolff, pour qu'il les publiât. Conrad Gesner mourant à l'âge de quarante-neuf ans, c'est-à-dire à l'époque de la vigueur du corps et de la puissance de

GONRAD GESSNER

D'APRÈS UNE ESTAMPE DE LA BIBLIOTHÈQUE NATIONALE.

l'esprit, était loin d'avoir accompli sa carrière scientifique ; cependant, peu d'hommes ont plus et mieux produit que lui, tant étaient grandes son intelligence et son activité. Que n'eût-il pas fait si le terme d'une vie ordinaire de savant lui eût été accordé ?

Comme Aristote et Albert le Grand, Gesner a touché à toutes les branches de la science, bien que cela devînt plus difficile à cause de leur accroissement progressif. Après avoir approfondi les langues et la bibliographie, il publia son *Mithridates de differentiis linguarum*, étude comparative de deux cent trente langues. Il embrasse dans ses recherches tous les êtres naturels. Il donne un traité des eaux minérales de la Suisse et de l'Allemagne, écrit le premier sur la cristallographie, décrit un grand nombre de minéraux, et démontre que les fossiles sont des corps organisés, sans toutefois sentir la portée de ce fait.

En botanique, il recueille, décrit et dessine un grand nombre de plantes nouvelles, et publie son *Historia plantarum*, malheureusement restée incomplète, dans laquelle il indique, comme base de la classification des végétaux, les organes de la fructification, point de départ de la botanique moderne. Ce principe si fécond ne fut cependant adopté que plus tard, et lui-même ne l'appliqua pas. Mais de tous ses travaux, son œuvre capitale est son *Histoire des animaux*, en cinq gros volumes in-folio (1556), vaste traité de zoologie, le plus complet et le plus savant qu'on eût publié jusqu'à lui. Il ne se contente pas, comme tant d'autres, d'y copier les anciens, mais il les résume avec une critique pleine de justesse et de sagacité, et

7

y ajoute une foule de détails tirés de sa propre observation. Il n'y donne pas de classification positive, mais indique des rapprochements ingénieux et les bases sur lesquelles elle peut être établie. Bien qu'il ait suivi l'ordre alphabétique, comme plus avantageux pour ranger commodément les objets divers, il le déclare peu philosophique et rompant trop les affinités, les parentés. Aussi sa distribution en familles, accompagnée de nombreux tableaux synoptiques des genres, marque un premier pas vers la méthode naturelle qui ne s'établira pourtant qu'en passant par les degrés des systèmes artificiels. Dans ses descriptions, il emploie la nomenclature binaire, qui consiste à ajouter un adjectif qualificatif au nom générique, principe qu'adoptera plus tard Linné en le généralisant.

Gesner avait une érudition prodigieuse; on en jugera par ce fait que sa *Bibliotheca universalis* énumère tous les ouvrages grecs, latins, arabes, hébreux connus de son temps, et donne un jugement motivé sur chacun d'eux. On lui doit, en outre, de nombreuses traductions d'auteurs anciens, entre autres celle des œuvres complètes d'Élien avec des notes, et les commentaires de Barbaro sur Pline.

Parmi les naturalistes de cette époque, il faut citer Ulysse ALDROVANDE, né à Bologne en 1527, d'une famille patricienne, qui consacra sa vie et sa fortune à l'étude de l'histoire naturelle. Contemporain de Gesner, il ne montra ni le savoir ni la sagacité de ce dernier, sur lequel il eut cependant l'avantage de posséder une certaine fortune. Il fit de nombreux voyages

dans lesquels il recueillit beaucoup de faits qu'il consigna dans ses ouvrages, mais souvent sans critique.
Il entreprit une *Histoire naturelle générale*, ouvrage
immense, en treize volumes in-folio, dont il ne publia
lui-même que les quatre premiers. Il fut atteint de
cécité et mourut, dit-on, à l'hôpital de Bologne en 1605.
Barthélemy Ambrosinus et Thomas Dunster publièrent après sa mort, et d'après ses documents, les neuf
volumes qui forment le complément des quatre premiers. Bien qu'on trouve dans cet ouvrage quelques
faits nouveaux et des figures originales, c'est, au dire
de Cuvier, une énorme compilation sans goût et sans
génie. On n'y trouve pas trace de classification, et il
se contente de suivre l'ordre adopté par Aristote.

Vers la même époque, OLAUS MAGNUS, archevêque
d'Upsal, chassé de la Suède à Rome par la Réforme,
y publia une *Histoire des nations septentrionales* (1555),
dans laquelle on trouve des détails curieux sur la
zoologie des contrées du Nord. Mais son livre est
rempli de faits merveilleux, et il y parle fort sérieu-
sement du fameux poulpe Kraken dont les longs bras
enlaçaient les plus gros navires et les entraînaient au
fond de l'Océan.

La botanique eut de nombreux adeptes au seizième
siècle. Charles DE LÉCLUSE, en latin *Clusius*, né à Arras
en 1526, se destina d'abord à la jurisprudence ; mais
il abandonna bientôt l'étude du droit pour celle de la
médecine et surtout de la botanique. Il parcourut
l'Allemagne, la Suisse, la France, l'Espagne, l'Italie,
et y recueillit un grand nombre d'espèces nouvelles
qu'il décrivit dans son *Rariorum plantarum historia*

(1576-1583). C'est dans cet ouvrage qu'on trouve la première description et la figure de la pomme de terre, qui était connue en Italie avant que Raleigh l'eût importée en Angleterre. Nommé directeur des jardins de l'empereur à Vienne, il y resta quatorze ans et quitta ces fonctions pour occuper la chaire de botanique à Leyde. C'est là qu'il termina sa longue carrière, en 1609.

De Lécluse fut un des savants de ce temps qui contribuèrent le plus à propager le goût de la botanique. Ses ouvrages sont remarquables par la sagacité d'observation, la clarté et l'exactitude des descriptions, l'élégance du style ; mais ils manquent de méthode. Il donna, en 1605, sous le titre de *Exoticorum libri decem quibus animalium plantarum historia describitur*, un ouvrage fort intéressant, où sont décrits beaucoup de plantes et d'animaux exotiques. On lui doit aussi l'introduction, en France, du marronnier d'Inde, du laurier-cerise, du platane d'Asie et de plusieurs autres plantes étrangères.

La botanique dut encore plus à André Césalpin, qui publia la première classification méthodique; l'étude de la fleur et du fruit lui fournit des caractères bien plus importants que ceux tirés de la grandeur ou des propriétés des plantes adoptés par ses prédécesseurs. Né en 1519 à Arezzo, en Toscane, André Césalpin, philosophe, médecin et naturaliste, professa longtemps la médecine et la botanique à Pise. Ses écrits sur la philosophie d'Aristote : *Quæstiones peripateticæ* (1569), le firent accuser d'impiété, ce qui n'empêcha pas le pape Clément VIII de l'appeler à

Rome pour y remplir auprès de lui les fonctions de premier médecin. Son livre *De plantis* (1583) est remarquable au point de vue scientifique ; mais on peut lui reprocher d'avoir négligé la synonymie et de n'avoir employé, dans ses descriptions, que les noms vulgaires usités en Italie. Comme physiologiste, il soupçonna la circulation du sang, mais sans la démontrer. La préface de son livre est d'une haute philosophie scientifique ; il y recommande par-dessus tout l'observation naturelle. Il mourut à Rome en 1603.

Le seizième siècle vit s'établir dans les principales villes de l'Europe des jardins botaniques qui répandirent le goût de l'horticulture et firent progresser la phytologie. De l'Italie, où les créa le grand-duc Cosme I\ :sup:`er`, l'usage s'en répandit en Hollande, en Allemagne, puis en France. En 1577, Nicolas HOUEL, apothicaire de Paris, dont le nom, aujourd'hui oublié, méritait de passer à la postérité, fonda en cette ville, à ses frais, la *Maison de la charité chrestienne*, et y joignit un *Jardin des simples*, « lequel était rempli de beaux arbres fruitiers et plantes odoriférantes rares et exquises de diverses natures ». Ce jardin, destiné à l'étude des plantes médicinales et de la pharmacie, fait encore aujourd'hui partie de l'École de pharmacie de Paris, et devait servir, plus tard, de modèle au *Jardin du roi*. En 1597, l'Université de Montpellier eut le sien. Ces établissements permirent d'étudier sur la nature des plantes qui n'étaient guère connues jusque-là que par ce qu'en avaient dit les anciens.

Joachim CAMERARIUS, fils du savant philologue et dont le véritable nom était Liebhart, exerça, à Nurem-

berg, la médecine avec succès et cultiva avec passion
la botanique. Il fonda aux portes de cette ville un
jardin resté longtemps célèbre par la beauté et la rareté des plantes qui y étaient cultivées, et y forma de
nombreux élèves. Après la mort de Conrad Gesner,
il fit l'acquisition de sa bibliothèque botanique et de
la collection des figures de plantes, au nombre de plus
de quinze cents, que ce savant avait fait graver sous
ses yeux pour le grand traité de botanique qu'il méditait. Il les publia dans une nouvelle édition de Matthiole, qu'il donna en 1588. On lui doit, en outre, l'*Hortus medicus et philosophicus*, catalogue raisonné de
son jardin, dans lequel on trouve la description et la
figure du dattier, de l'agave et de plusieurs autres
plantes rares.

Fabius COLONNA, ou, en latin, Columna, né à Naples,
en 1567, descendait de Pompée Colonna, vice-roi de
Naples. Il fit de brillantes études et se destina à la
carrière du droit; mais, ayant subi plusieurs attaques
d'épilepsie, il se mit à étudier les moyens de combattre cette terrible maladie. Il rechercha à cet effet
ce qu'en avaient dit les anciens, et trouva, dans Dioscoride, le nom d'une plante qu'il désignait sous le nom
de *phu*, et dont il vantait les propriétés merveilleuses.
Après de nombreuses recherches, il reconnut que
cette plante était la *valériane*, et lui dut en effet un
grand soulagement. Appréciant, par les difficultés
qu'il avait éprouvées, combien était obscure la synonymie botanique des anciens auteurs, il résolut d'y
porter la lumière, et fit en effet paraître, en 1592,
sous le titre de *Phytobastanos*, un ouvrage qui le plaça

au rang des plus grands botanistes de son siècle. Il cherche dans ce traité à déterminer toutes les plantes dont ont parlé les anciens, joint à ses descriptions de belles planches, et y montre une grande érudition. Dans un second ouvrage, il décrit les végétaux de la Sicile, et pose les vrais principes de la botanique en établissant des genres naturels. Malheureusement, vers l'âge de cinquante ans, ses attaques d'épilepsie le reprirent avec une telle violence que ses facultés intellectuelles en furent profondément altérées, et qu'il passa ses dernières années dans un état d'hébétude. Il mourut en 1650.

Vers la même époque, les frères BAUHIN apportèrent, par leurs travaux, de nouvelles lumières à la science des végétaux. Fils d'un médecin français qui fut obligé de se réfugier à Bâle pour avoir embrassé la religion réformée, ils naquirent dans cette ville et embrassèrent la carrière de leur père, tout en s'occupant spécialement de botanique.

L'aîné, Jean BAUHIN (1541-1613), étudia sous Gesner, et fit de nombreux voyages. Appelé comme médecin, par le duc Ulric de Wurtemberg, à Montbéliard, où il possédait de superbes jardins, Jean Bauhin put se livrer en paix à son étude favorite. Il y composa son *Historia universalis plantarum*, en trois volumes in-folio, qui ne furent publiés qu'après sa mort, en 1650, et qui résument les connaissances de son temps. On lui doit encore un *Traicté des animaux ayans aisles qui nuisent par leurs piqûres ou morsures*.

Son frère, Gaspard BAUHIN (1550-1624), voyagea en France et en Italie, puis revint à Bâle où il occupa les chaires d'anatomie et de botanique. Il publia sous le titre de *Pinax theatri botanici* (1623), après quarante années de travail, un traité de botanique qui contient la description de près de six mille espèces, classées par genres, avec la synonymie des divers auteurs, et il caractérise chaque espèce dans une phrase très courte, analogue à la diagnose des descriptions modernes. Cet ouvrage remarquable jouit d'une grande faveur et servit de guide aux botanistes jusqu'à Linné.

Olivier DE SERRES (1539-1619), surnommé le *Père de l'agriculture*, fut le promoteur de la culture du mûrier blanc et de l'industrie de la soie en France. On lui doit un *Traité de la cueillette de la soie* (1599), et l'ouvrage demeuré célèbre, intitulé : *Théâtre d'agriculture et ménage des champs* (1604), deux volumes in-4°.

Nous ne pouvons quitter le seizième siècle sans parler d'un autre Français illustre, Bernard PALISSY, plus connu par son génie artistique que comme savant. Pauvre artisan sans instruction, il dut à son intelligence et à son énergie, après quinze ans d'efforts et de souffrances, la gloire de doter son pays des merveilleuses faïences émaillées si recherchées dans le monde entier. Observateur profond des merveilles de la nature, il se forma seul et, dans son étude continuelle des terres et des pierres qu'il employait dans ses travaux, il recueillait avec soin les minéraux, les pétrifications et les fossiles. En 1575, il fit à Paris un cours de minéralogie, et combattit l'opinion, dominante alors, que les fossiles étaient de simples jeux de la nature. Il soutint que les coquilles marines qui se trouvent en grand nombre au sommet des montagnes prouvent que les mers ont jadis couvert les continents, vérité aujourd'hui hors de doute, mais qui fut vivement combattue à cette époque et même encore beaucoup plus tard. Son principal ouvrage est un traité *De la nature des eaux et fontaines, des métaux, des terres, émaux, etc.* (1580). Il a également écrit sur l'agriculture, et c'est à lui qu'on doit l'emploi de la marne pour amender les terres.

Malgré les disputes religieuses et philosophiques qui, à cette époque, entravèrent les études, le seizième siècle vit éclore des travaux importants dans toutes les branches des sciences. Copernic, Vesale, Gesner, tentèrent hardiment de s'affranchir de la domination des anciens et ouvrirent une nouvelle voie à la science. L'impulsion était donnée, et les souverains eux-mêmes lui accordaient un généreux appui. Cependant, une barrière s'élevait encore dans les restes de la philosophie scolastique que n'avait pu renverser le scepticisme de Montaigne, de Charron et de Sanchez; elle dominait encore dans les écoles, étouffant la pensée dans son cercle étroit et dogmatique. Ce fut alors que parurent, en Angleterre et en France, deux puissants génies, Bacon et Descartes, qui donnèrent pour fondements aux sciences l'expérience et la spéculation.

TROISIÈME PARTIE

LES SCIENCES NATURELLES DANS LES TEMPS MODERNES.

I

LES SCIENCES NATURELLES AU DIX-SEPTIÈME SIÈCLE.

Bacon et Descartes. — Influence de Molière. — Galilée et Kepler. — Harvey découvre la circulation du sang. — Guy de la Brosse fonde le Jardin des plantes. — Les voyageurs naturalistes. — Sociétés et académies scientifiques. — Invention du microscope. — Malpighi, Ruysch. — Rédi et la génération spontanée. — Leuwenhoëck, Swammerdam, Lister, Morison, Grew, Séba, J. Ray, Willoughby. — État des sciences en Europe et en France. — Guy Fagon, Pitton de Tournefort, Sébastien Vaillant. — La minéralogie et la géologie.

Le dix-septième siècle va nous offrir un magnifique spectacle, celui du monde moderne qui se développe ; les nations se dessinent avec leurs intérêts nouveaux ; les grands capitaines, les grands hommes d'État apparaissent ; enfin la philosophie, les sciences, les beaux-arts, se renouvellent complètement. Le seizième siècle, si hardi réformateur, n'avait pas songé à appliquer à la science l'idée luthérienne ; plein d'admiration pour les trésors de l'antiquité, il avait dévoré les livres anciens sans critique et sans raisonnement ; il s'était contenté d'amasser de l'instruction, d'être érudit, et repoussait toute innovation, toute atteinte à ses idoles. Copernic et Vesale faillirent payer cher l'audace d'y avoir porté la main ; cependant leurs efforts ne furent pas vains, et après eux

d'autres hommes de génie firent une application positive et scientifique du principe qui porta Luther à
réclamer le droit de contrôler l'autorité. Ces hommes
furent Bacon, Galilée et Kepler.

On regarde à juste titre François BACON, grand
chancelier d'Angleterre sous Jacques Ier, comme le
réformateur de la philosophie à cette époque; et le
père de la méthode expérimentale. Il conçut l'idée
d'une restauration complète de la science et voulut
qu'on construisît l'édifice des connaissances humaines
non sur les notions de l'entendement à l'aide de la
dialectique, mais sur l'expérience au moyen de l'in-
duction ; c'est-à-dire que l'on n'arrivât à la généralisation qu'après avoir rassemblé des faits assez
nombreux pour qu'il fût permis d'en tirer des conséquences. Ses principes sont développés dans l'*Instau-
ratio magna* (1606) et le *Novum Organum* (1620).
Bien qu'il ne fût pas naturaliste, Bacon a laissé, sous
le titre d'*Historia naturalis*, un recueil d'observations
et d'expériences qui fut publié après sa mort.

Mais c'était chez le peuple le plus avancé en civilisation et dans une langue qui achevait alors sa formation que devait se compléter la révolution du libre
examen dans la science.

René DESCARTES fut, lui aussi, un réformateur
de la philosophie. Né à la Haye, en Touraine, le
31 mars 1596, il fut élevé à la Flèche, sous les jésuites ; il en sortit doutant de tout ce qu'il avait
appris, et laissant de côté tous ses livres, il résolut
de refaire son instruction par le raisonnement et
l'expérience. Indécis sur le choix d'un état, il em-

brassa d'abord la carrière des armes, mais la quitta bientôt pour voyager. Il visita la France, l'Allemagne, l'Italie, la Hollande, et se retira dans ce dernier pays pour se livrer tout entier à la méditation. En 1637 parut son célèbre *Discours de la méthode*, qui porta un jour nouveau dans la science du raisonnement. Il y recommande, pour arriver à la connaissance de la vérité, de ne rien accepter de confiance dans les études scientifiques, de ne se rendre qu'à l'évidence et de ne passer aux conséquences qu'après avoir obtenu une démonstration rigoureuse des prémisses.

Profond mathématicien, il inventa un nouveau mode de notation en algèbre et l'appliqua à la géométrie ; il découvrit la loi de la réfraction de la lumière, celle de la force centrifuge, donna la théorie de l'arc-en-ciel et le fameux système des tourbillons. Il s'occupa d'anatomie et de physiologie, mais ne fit en rien progresser ces sciences. Ses idées en histoire naturelle sont souvent fausses, et il considère les animaux comme de pures machines.

Ses principaux ouvrages, outre le *Discours sur la méthode*, sont les *Méditations* et les *Principes de philosophie*, où l'auteur présente l'ensemble de sa doctrine. Descartes a écrit la plupart de ses ouvrages en français, ou les a lui-même fait traduire du latin, afin, dit-il, d'arriver plus sûrement à son but en s'adressant à tout le monde. Aussi son influence fut rapide et devint à peu près universelle. En France, il eut pour disciples en métaphysique les Bossuet, les Fénelon, les Malebranche, les Pascal et toute la célèbre communauté de Port-Royal ; sa doctrine fit école sous le nom de *cartésianisme*. Descartes mourut à l'âge de cinquante-quatre ans, en Suède, où l'avait appelé la reine Christine.

Bacon et Descartes ébranlèrent fortement l'édifice vermoulu de la philosophie scolastique que s'efforçaient de soutenir les rhéteurs et les médecins ; mais ce ne fut, en réalité, que sous la mordante ironie de Molière qu'il s'écroula. En bafouant les arguties des philosophes et des médecins, en les livrant à la risée publique, eux et leur langage d'une latinité barbare, Molière terrassa la scolastique et exerça ainsi une influence aussi grande sur les sciences que sur les mœurs.

Galilée, contemporain de Bacon, combattit, comme lui, la scolastique et professa la philosophie expérimentale à Pise, à Padoue, à Florence. Il s'illustra comme astronome et physicien, découvrit les lois de la pesanteur, les propriétés du pendule, inventa la balance hydrostatique, le télescope, et fit avec ce dernier instrument des observations importantes, telles que celles des satellites de Jupiter, de l'anneau de Saturne, des phases de Vénus, qui vinrent fortifier le système de Copernic. Il défendit résolument ce système ; mais, malgré la protection du grand-duc de Toscane, il fut traduit devant le tribunal de l'Inquisition comme coupable d'hérésie, et se vit obligé, à l'âge de soixante-dix ans, de faire amende honorable à genoux et d'abjurer ses doctrines. On rapporte qu'après s'être relevé, il frappa du pied la terre en disant à voix basse : « *E pur si muove* », et pourtant elle se meut (1633). Il fut, en outre, condamné à la reclusion.

Son contemporain KEPLER, un Allemand, pour qui l'Inquisition n'était pas à craindre, découvrit les lois générales auxquelles sont soumis les mouvements des planètes, lois qui portent encore son nom. Il perfectionna les lunettes astronomiques, découvrit la rotation du soleil, devina l'existence de nouvelles planètes inconnues de son temps, et établit sur des bases solides le système de Copernic dans sa *Physica cœlestis* (1609).

La physique fit également des progrès rapides, auxquels prirent part Stevin, de Bruges, Drebbel, Otto, de Guericke, Gassendi, le jésuite Kircher, Huyghens, etc. La chimie commençait à se dépouiller de sa forme mystique, et les alchimistes, tout en travaillant au grand œuvre, c'est-à-dire à la recherche de la pierre philosophale, de l'élixir de longue vie et de la transmutation des métaux, faisaient souvent d'heureuses découvertes. Après Paracelse, Van Helmont, Becher, Béguin, Sylvius, Glazer, y consacrèrent leurs travaux ; mais ce fut le savant anglais Robert BOYLE qui, en y appliquant la méthode expérimentale de Bacon, la fit entrer dans une voie plus rationnelle.

Pendant tout le seizième siècle, l'anatomie descriptive avait été en grand honneur et avait fait des progrès rapides ; les beaux travaux de Vesale, en l'affranchissant des erreurs du galénisme, lui avaient frayé une route nouvelle qu'avaient suivie une foule d'anatomistes habiles, tels que Fallope, Eustache, Fabrizio d'Aquapendente, Varole, Colombo, Servet ; ces deux derniers surtout avaient étudié la construction et le mécanisme du cœur et des vaisseaux, ils avaient soupçonné la circulation du sang et préparé ainsi les voies à Harvey.

Les grandes découvertes ne sont ni l'œuvre d'un jour, ni l'œuvre d'un seul homme ; encore moins l'œuvre du hasard, comme on le dit souvent ; ce sont des monuments dont les matériaux ont exigé une longue préparation et les efforts d'une foule de travailleurs. Lorsque ces matériaux sont réunis en quantité suffisante, se présente un génie puissant pour les mettre en œuvre. Telle est l'histoire de la circulation. Galien croyait que le sang se formait dans le foie, et que les veines naissaient de cet organe ; il enseignait que les artères provenaient du cœur, où le sang, sortant du foie par les veines, se changeait en sang artériel ; que ce liquide était absorbé par les tissus et ne revenait jamais à son point de départ. De là une théorie qui, pendant quatorze siècles, régna sans rivale. Vesale porta le premier coup à cette opinion par son anatomie du cœur ; puis Colombo et Servet signalèrent la circulation pulmonaire, enfin Fabrizio d'Aquapendente, qui fut le maître d'Harvey, découvrit l'existence des valvules que contiennent les veines, et reconnut qu'elles sont disposées de façon à empêcher le sang de revenir sur sa route. Tels étaient les matériaux dont le génie d'Harvey fit jaillir la lumière ; mais telle était aussi la faveur dont jouissait encore Galien à cette époque, que le célèbre physiologiste anglais dut soutenir de longues luttes pour faire triompher la vérité.

William HARVEY était né à Folkstone, en Angleterre, le 2 avril 1578, de parents riches. Il fit ses premières études à l'Université de Cambridge ; puis voyagea sur le continent pour parfaire son éducation, comme c'est encore assez la coutume de ses compatriotes. Il visita la France, l'Allemagne, l'Italie, et demeura cinq ans à Padoue, où il étudia l'anatomie et la médecine sous le célèbre Fabrizio d'Aquapendente. Il y reçut le titre de docteur en 1602. De retour en Angleterre, il se fit de nouveau recevoir docteur à Cambridge. En 1604, il fut associé au Collège des médecins de Londres ; il y jeta les bases de sa haute renommée, et fut bientôt appelé, comme premier médecin, par le roi Jacques et par son fils Charles Ier, qui, tous deux, l'honorèrent de leur confiance et de leur amitié, et auxquels il se montra fidèlement dévoué, jusque dans l'adversité.

Ses fonctions ne l'empêchèrent pas de se livrer à de nombreux travaux de recherches physiologiques, et, dès 1619, il exposa dans son cours le mécanisme de la circulation, en prouva l'existence par une théorie incontestable, et en appliqua les lois par des expériences concluantes. Mais ce ne fut qu'en 1628 qu'il publia à Francfort son célèbre traité *De motu cordis et sanguinis in animalibus*. Malgré l'évidence de ses démonstrations, elles furent attaquées avec violence. Néanmoins Charles Ier favorisa ses recherches et mit à sa disposition les daims et les biches de ses parcs, afin qu'il pût expérimenter sur des animaux vivants. Cette faveur le mit à même de faire de nouvelles découvertes sur un autre point de la science non moins important, et, en 1651, il en publia les résultats dans son ouvrage sur la génération : *Exercitationes de generatione animalium.*

Attaqué avec aigreur, Harvey ne put triompher de l'opiniâtreté et de la jalousie de ses envieux, et à ces tribulations vinrent se joindre les malheurs de la guerre civile. Il suivit Charles 1ᵉʳ dans sa fuite ; sa maison fut pillée et il perdit des manuscrits précieux sur divers points de la physiologie. Il supporta le tout avec fermeté, se réfugiant dans la retraite et dans l'étude.

Il revint à Londres, et, en 1656, les médecins du Collège, qui lui rendaient justice, lui offrirent la présidence de leur société ; mais il refusa cet honneur, tout en continuant d'assister aux séances. Harvey mourut à l'âge de quatre-vingts ans, aux environs de Londres. Ses collègues lui érigèrent une statue dans la salle des actes du Collège royal, auquel il avait légué sa bibliothèque, ses instruments de chirurgie et ses préparations anatomiques.

Les découvertes d'Harvey ont une importance considérable, et c'est à lui qu'on doit d'avoir donné l'expérience pour base à la physiologie qui, dès lors, entra dans une nouvelle voie. L'anatomie descriptive, l'histoire naturelle même, sont basées sur l'observation ; mais il n'en est plus ainsi de la physiologie qui analyse les causes, va chercher comment s'opère telle et telle fonction, recherche d'autant plus difficile que les phénomènes se passent dans un organe plus profond. La physiologie a besoin du secours des autres sciences ; on ne peut comprendre les phénomènes de la digestion et de la respiration sans la chimie, le mécanisme de la vue et de l'audition sans une étude approfondie de l'acoustique et de l'optique, les lois de la locomotion sans la mécanique. Ces sciences étaient peu avancées, et par conséquent la physiologie. Vesale et d'autres anatomistes avaient, comme Galien, recherché les usages des organes ; mais ils ne rencontrèrent pas l'idée féconde qui dirigea Harvey dans ses travaux.

Le principal ouvrage du célèbre physiologiste anglais traite de la circulation du sang. Il y décrit les mouvements du cœur en les étudiant dans toute la série animale ; il explique comment, par les mouvements de systole et de diastole, le sang entre dans le cœur et en sort ; il suit sa marche dans les artères et son retour par les veines au cœur, d'où il passe dans les poumons pour se mélanger à l'air, qui lui donne sa couleur rouge et le revivifie. Ce traité contient une foule d'observations et d'expériences propres à jeter un grand jour sur la physiologie et la pathologie. Ses *Lettres à Riolan* sont la confirmation de sa doctrine et une réfutation puissante de toutes les attaques dirigées contre son admirable découverte. Ce Riolan, habile anatomiste français, et son élève Jacques Primerose, furent parmi les antagonistes les plus acharnés d'Harvey, et cela non par ignorance, mais par envie. Il semble que Molière les eut en vue, lorsqu'il fait dire à son Diafoirus, parlant de son élève : « Ce qui me plaît en lui, et en quoi il suit mon exemple, c'est qu'il s'attache aveuglément aux opinions de nos anciens, et que jamais il n'a voulu comprendre ni écouter les raisons et les expériences des prétendues découvertes de notre siècle, touchant la circulation du sang et autres opinions de même farine. »

La découverte de la circulation du sang eût suffi à la gloire d'Harvey ; mais ses travaux sur la génération ne furent pas moins importants pour la science. Dans son traité *De generatione animalium*, il pose ce principe que tous les animaux se reproduisent par des œufs ; *omne vivum ex ovo*. Il étudie d'abord les organes de la génération chez les oiseaux, la formation de l'œuf, et suit le développement du poulet jour par jour ; puis il passe à la génération des vivipares, et prend pour sujets de ses expériences les daims et les biches du roi Charles. Il décrit leurs organes, suit le développement du fœtus et trouve l'analogue du vitellus des oiseaux dans l'œuf des mammifères. Il démontre enfin que tous les animaux et l'homme lui-même naissent d'un œuf.

Plusieurs travaux anatomiques et physiologiques vinrent compléter ceux d'Harvey : Lower démontra le passage du chyle dans le sang et sa transformation ; Jean Pecquet, né à Dieppe et médecin de Fouquet, découvrit la route que suit le chyle élaboré dans le mésentère, et son réservoir qui a conservé son nom ; Willis étudie le cerveau, qu'il considère comme le siège de l'intelligence, et y localise les facultés ; Malpighi, professeur à Bologne, applique le microscope à l'étude de la structure intime des organes ; Leeuwenhoeck, qui passa sa vie dans les observations microscopiques, reconnut la forme des globules du sang et la continuité des artères avec les veines par les capillaires.

GUY DE LA BROSSE

D'APRÈS LE BUSTE DE MATTE, AU MUSÉUM.

Richelieu, qui régna sous Louis XIII, protégea les lettres et les sciences. Il fonda l'Académie française et le Collège du Plessis, agrandit la Sorbonne et l'Imprimerie royale et donna son appui à Gui de la Brosse, qui fonda le Jardin du roi, aujourd'hui Jardin des plantes.

Guy DE LA BROSSE, né à Rouen, vers 1586, devint médecin du roi Louis XIII, et profita de sa position pour obtenir la fondation d'un *Jardin royal des plantes médicinales*, qui fut l'embryon du Jardin des plantes actuel. Passionné pour l'étude de la botanique, il contribua personnellement à cette fondation, en offrant au roi le terrain nécessaire à cet établissement, qui fut décrété en 1626. Il en fut nommé le premier intendant, et rassembla de tous côtés un nombre considérable de plantes dont il publia la description en 1636, dans un ouvrage intitulé : *Description du Jardin royal des plantes médicinales, contenant le catalogue des plantes qui y sont à présent cultivées, ensemble le plan du jardin*, in-4°, réimprimé en 1644 et 1665. Il préparait un nouvel ouvrage : *Recueil des plantes du Jardin du roi*, pour lequel quatre cents planches étaient déjà gravées, lorsqu'il mourut en 1641. Ses héritiers, gens ignorants, les vendirent à un chaudronnier au prix du cuivre, et, plus tard, son petit neveu, Guy Fagon, qui avait hérité de son goût pour la botanique et de sa position d'intendant du Jardin royal, put à grand'peine en retrouver cinquante, qu'il fit tirer à un petit nombre d'exemplaires.

En 1644, VAUTIER, médecin du roi et surintendant

du Jardin du roi, y introduisit l'enseignement de l'anatomie. Dès ce moment, les destinées de l'établissement étaient fixées ; les trois chaires y existant représentaient déjà l'ensemble des trois règnes de la nature : la botanique y était professée dans toutes ses parties ; l'enseignement de la chimie y préparait l'étude des substances minérales, et le cours d'anatomie ouvrait la connaissance du règne animal tout entier. Il ne s'agissait plus que de donner à chacune de ces branches lés développements qu'appellerait successivement la marche progressive des sciences, auxquelles le règne de Louis XIV apporta en France un nouveau lustre. Ce prince fonda l'Académie des beaux-arts, celle des sciences, l'Observatoire ; il protégea et pensionna les savants, leur confia des missions et fit faire des voyages. Sous cette impulsion, les arts, les lettres et les sciences firent des progrès rapides, que vint entraver un moment la fatale révocation de l'édit de Nantes.

Les sciences naturelles prenaient part à un si bel élan. De tous côtés, les voyages se multipliaient, accumulant les matériaux. Pison et Margraff accompagnent au Brésil le prince de Nassau et publient leurs découvertes sous le nom de *Historia naturalis Brasiliæ*, Leyde (1648). Ils y font connaître l'ananas, la canne à sucre, y donnent les premiers détails sur sa culture et sur la fabrication du sucre, décrivent et importent en Europe l'ipécacuanha, qui fut dès lors adopté en médecine ; donnent des descriptions et des figures d'une foule d'animaux propres au nouveau monde, celles du fourmilier, du tapir, du lama, du jaguar, du kamichi, etc. François HERNANDEZ, naturaliste espagnol, fait connaître les animaux et les plantes du Mexique ; Jean de LAET, directeur de la Compagnie des Indes, donne sa *Description des Indes occidentales*, ouvrage rempli d'excellentes observations sur l'histoire naturelle de l'Amérique. BONTIUS parcourt les Indes orientales et fait connaître, dans sa relation, le tigre royal, le babiroussa aux défenses retroussées, le rhinocéros de Java, le casoar, dont les plumes sont remplacées par du crin, le dronte ou dodo, oiseau complètement disparu, et l'orang-outang. Il y décrit aussi le cannelier, la noix muscade, le monstrueux coco des Maldives. DUTERTRE, dans son *Histoire des Antilles*, en fait connaître les productions naturelles ; MERRET décrit celles de l'Angleterre, SIBBALD celles de l'Écosse ; SCHWENKFELD écrit sur les animaux de la Silésie, WAGNER sur les productions de la Suisse.

Les savants qui, jusqu'alors, avaient travaillé isolément et ne devaient souvent leur position qu'à la faveur des princes, commencèrent à comprendre les avantages de l'association ; ils se réunirent en sociétés scientifiques et fondèrent des académies où chaque membre vint communiquer le résultat de ses travaux particuliers et le soumettre au jugement de ses confrères.

En Italie, on remarque d'abord l'Académie della Crusca, celles des Lyncées, del Cimento, l'Institut de Bologne ; en France, toutes nos Académies fondées sous Louis XIII et Louis XIV ; en Angleterre, la

Société royale de Londres ; en Allemagne, l'Académie des Curieux de la nature, etc. Par ce moyen, les travaux furent régularisés et les efforts réunis des savants amenèrent l'expansion des connaissances scientifiques.

Le microscope, inventé par Zacharias Jansens, vers la fin du seizième siècle, ne fut longtemps qu'un jouet rare ; mais, perfectionné par Galilée, il devint un instrument précieux pour les sciences d'observation et surtout pour l'étude des corps vivants, quoique, trop souvent, son état d'imperfection ait entraîné les observateurs dans une foule d'erreurs.

Marcello Malpighi, professeur d'anatomie à Bologne et à Pise, puis médecin du pape Innocent XII, appliqua l'un des premiers le microscope à l'étude de la structure intérieure des organes et publia des travaux importants sur l'anatomie comparée des tissus et des viscères. Il donna le premier une dissection du ver à soie, suivit cet insecte dans ses métamorphoses et fit connaître que la respiration se fait chez les insectes par des stigmates, ouvertures situées sur les côtés du corps et qui aboutissent à des vaisseaux contournés en spirale (trachées), au moyen desquels l'air est distribué dans toutes les parties du corps. Il étudia également le développement du poulet dans l'œuf, et publia deux volumes in-folio sur l'anatomie des plantes (1675).

Après lui, Ruyscu, médecin hollandais, suivit cette voie et porta l'art des injections au plus haut degré de perfection. Il découvrit ainsi que la substance corticale du cerveau est un lacis de vaisseaux et non une masse glanduleuse, comme le prétendait Malpighi, dont il fut d'ailleurs l'adversaire en beaucoup de circonstances.

Malgré les beaux travaux d'Harvey sur la génération, et sa formule : *Omne vivum ex ovo*, qui signifiait : aucune vie sans vie précédente, c'était encore au dix-septième siècle une croyance généralement répandue que les êtres inférieurs, insectes, vers, etc., s'engendrent de la pourriture. Cette croyance s'étendait même à beaucoup d'êtres des classes supérieures, poissons, reptiles, oiseaux, mammifères, dont le mode de reproduction n'avait pu être découvert. Aristote admettait que tout corps sec qui devient humide, et que tout corps humide qui se sèche produisent des animaux, pourvu qu'ils soient propres à les nourrir. Pour lui, la chair corrompue, le fromage, engendrent les vers qu'on y voit paraître ; les chenilles et les larves d'insectes naissent des feuilles et des fruits des plantes.

« Toutes choses sortent des entrailles de la terre, dit Lucrèce, et chaque jour de nombreuses créatures vivantes s'élancent de son sein, engendrées dans les eaux pluviales et les vapeurs chaudes que soulèvent les rayons du soleil. » Virgile faisait naître les abeilles d'Aristée des entrailles d'un taureau, et avant lui la Bible les avait fait sortir des dépouilles d'un lion tué par Samson. Ces idées, qui avaient pour elles la double sanction de l'antiquité et de l'autorité religieuse, dominaient donc entièrement lorsque parut Redi, un des hommes les plus remarquables du dix-septième siècle.

Également distingué comme écrivain, comme poète, comme anatomiste et naturaliste, Francesco Redi, né à Arezzo en 1620, occupa les fonctions de premier médecin du duc de Toscane, et fut un des membres les plus actifs de la célèbre Académie del Cimento. Il y présenta de nombreux travaux, et se fit surtout remarquer par ses *Expériences sur la génération des insectes*, in-quarto, qui parut en 1668. Cet ouvrage, dans lequel il combat la doctrine de la génération spontanée, généralement admise à cette époque, est remarquable par la simplicité des expériences qu'il y expose, la clarté et la précision des arguments.

« Voilà, dit-il, des animaux morts ou des morceaux de viande. Je les expose à l'air par un temps chaud, et, en peu de temps, ils fourmillent de vers. Vous me dites que ces vers ont été engendrés dans la chair corrompue ; mais, si je place des matières semblables dans un vase dont je ferme l'ouverture avec une fine gaze, on ne voit plus apparaître aucun ver, et cependant les matières mortes se putréfient tout aussi bien qu'auparavant. Il en résulte évidemment que les vers ne sont pas engendrés par la corruption de la viande, et que la cause de leur formation réside dans quelque chose qui est arrêté par la gaze. En effet, nous voyons bientôt des essaims de mouches, attirées par l'odeur de la viande, se réunir autour du vase, poussées par un instinct puissant, et, ne pouvant traverser la gaze, elles déposent sur celle-ci des œufs qui produisent aussitôt des vers. »

Cette conclusion était indéniable, et Redi décrivait, en outre, les organes générateurs des insectes, et prouvait qu'ils se reproduisent par des œufs. Puis, en 1684, il publiait ses *Observations sur les animaux vivants qui se trouvent dans les animaux vivants*, où il démontre que les vers intestinaux ont des sexes et pondent des œufs. Francesco Redi mourut à Pise, en 1697.

Mais si, entre les mains de Redi, le microscope servit à réfuter la doctrine des générations spontanées, entre celles d'autres observateurs, il lui ouvrit, au contraire, de nouveaux horizons. De ce nombre fut Antoine Leuwenhoeck, né à Delft en 1638, qui consacra sa vie entière aux observations microscopiques.

Doué d'une patience et d'une habileté rares, il fabriquait lui-même les lentilles dont il faisait usage. Il pénétra plus avant que tout autre dans ce nouveau monde des infiniment petits et y fit d'importantes découvertes. Il employa trente ans de sa vie à examiner toutes les matières qu'il put se procurer; reconnut la composition globuleuse du sang; étudia la structure des poils, celle de la peau, de la fibre musculaire; observa la circulation dans les vaisseaux capillaires et découvrit dans les eaux corrompues tout un monde d'animaux et de végétaux microscopiques. Ses mémoires ont été réunis sous le titre de *Arcana naturæ*, en quatre volumes in-4° (1699). Il mourut en 1723.

Alors commença aussi l'étude sérieuse des animaux invertébrés. Guédart, naturaliste et peintre hollandais, s'adonna spécialement à l'étude des insectes et décrivit leurs métamorphoses dans un ouvrage enrichi de beaux dessins coloriés. Jean

Swammerdam (1637-1680), médecin et naturaliste d'Amsterdam, s'occupa d'anatomie microscopique et surtout de celle des insectes. Il poussa l'art des injections anatomiques au plus haut degré, et n'eut pas de rival dans la dissection des petits animaux. L'habileté et la patience qu'il apporta dans l'analyse des parties les plus délicates et les découvertes importantes qui en résultèrent ont rendu son nom à jamais célèbre.

Son *Histoire générale des Insectes*, in-4° (1682), et sa *Biblia naturæ*, recueillie et publiée après sa mort, en 1737, par Boerhaave, sont remplies de faits et de recherches intéressantes sur la structure intime des animaux articulés. On y trouve une anatomie du pou, de l'abeille, du taon, de la chenille et du papillon, qui sont admirables. Atteint d'une sombre mélancolie qui mit fin à son existence à l'âge de quarante-trois ans, dans un de ses accès il jeta malheureusement au feu plusieurs de ses manuscrits.

Citons encore Martin Lister, né à Radcliffe (Angleterre), en 1638, médecin de la reine Anne. Il étudia particulièrement les mollusques, et donna sur ces animaux divers ouvrages estimés, tels que : *Historia conchyliorum*, deux volumes in-folio (1685), accompagnés de nombreuses figures dessinées par ses filles ; *Exercitatio anatomica de cochleis* (1694) et *Historia animalium Angliæ* (1678). Il mourut à Londres en 1711.

La botanique est toujours cultivée avec succès. Robert Morison, médecin du roi Charles II et professeur de botanique à l'Université d'Oxford, s'acquit une grande réputation par ses cours et les ouvrages qu'il publia. Les principaux sont : *Plantarum umbelliferarum distributio*, in-folio (1672) ; monographie dans laquelle il fait ressortir, le premier, le parti qu'on peut tirer des stries marquées sur la graine pour la classification des plantes ombellifères, et l'*Histoire universelle des plantes*, in-folio (1680). Dans ces écrits, Morison signale l'importance des affinités naturelles et insiste sur la nécessité de déterminer les caractères génériques ; mais ces excellents principes, il ne les appliqua pas. Il fit une étude spéciale des fruits et en recueillit plus de quinze cents espèces différentes.

Un autre médecin anglais, GREW, porta particulièrement son attention sur l'anatomie et la physiologie des plantes, et publia sur ces matières trois volumes in-folio, dans lesquels il enseigna que le tissu végétal est formé de cellules ; il reconnut les vaisseaux et les fibres qui le traversent, les trachées et les pores corticaux, signala l'importance des anthères comme organes fécondateurs et la sexualité des plantes, entrevue au siècle précédent par Zaluzianski.

Pendant ce temps, une foule de naturalistes parcouraient, en habiles investigateurs, les diverses contrées du globe. RHEEDE explore les côtes du Malabar et de l'Inde ; RUMPH visite Amboine et les Moluques ; Paul HERMANN, le cap de Bonne-Espérance et Ceylan ; KOEMPFER, le Japon ; PLUMIER, l'Amérique. L'ample moisson que chacun s'empresse de faire connaître agrandit le domaine de la science, donne aux idées

d'ordre une consistance nouvelle et dispose les esprits
à une révolution nécessaire dans l'étude des productions de la nature.

Albert Séba, pharmacien à Amsterdam (1663-
1736), fit plusieurs voyages aux Indes, et en rapporta
une précieuse collection d'histoire naturelle qui sur-
passait, dit-on, en richesse celles de tous les cabinets de l'Europe. Il en publia le catalogue raisonné
avec des planches magnifiques, en quatre volumes
in-folio. La beauté des figures et la rareté des objets
qui y sont représentés font toute la valeur de l'ouvrage qui, par lui-même, est plein de confusion et
d'erreurs.

Au milieu de l'abondance des faits recueillis de
toutes parts, un besoin de la plus haute importance
se faisait sentir : celui d'une méthode, d'un système
de classification, sans lequel la science ne pouvait
plus marcher. Cette méthode, ce fut le naturaliste anglais Jean Ray qui l'apporta et vint tirer la taxono-
mie du chaos. Il fut le premier qui osa modifier la
classification d'Aristote.

Ainsi nous avons vu le progrès se manifester dans
Gesner par la distinction des espèces, dans Vesale
par l'anatomie, dans Harvey par les fonctions et
l'usage des parties, dans Bacon et Descartes par le
plan et la méthode de recherche, et nous allons le
voir s'affirmer dans Ray par la méthode de classification.

Jean Ray naquit en 1628, à Black-Notley, dans le
comté d'Essex, de parents pauvres ; son père était
forgeron. Il fit ses premières études à Braintree,

petite ville voisine, puis obtint une bourse pour le collège de la Trinité de Cambridge. Il y apprit le grec, le latin, le français et l'italien, ainsi que les mathématiques et les sciences naturelles, et tels furent ses progrès qu'il fut nommé d'abord suppléant, puis professeur de grec et de mathématiques dans ce même collège. Ray, que son penchant entraînait vers les sciences naturelles, y consacrait tous les loisirs que lui laissaient ses fonctions de professeur et de pasteur. Il se fit d'abord connaître par un petit traité des plantes des environs de Cambridge.

Lorsque, après la restauration de Charles II, les ecclésiastiques durent souscrire à certaines propositions qui avaient pour but d'écarter les presbytériens, Ray préféra perdre sa place que de prêter un serment qu'il regardait comme attentatoire à la liberté religieuse. Dans cette position embarrassante, un de ses anciens élèves, Francois WILLUGHBY, jeune gentilhomme possesseur d'une grande fortune, lui proposa de voyager avec lui, et tous deux, pendant trois années, parcoururent l'Angleterre, la France, l'Allemagne et l'Italie, recueillant des collections et des matériaux pour un grand ouvrage d'histoire naturelle qu'ils avaient l'intention de publier. Mais, peu de temps après son retour à Londres, Ray eut la douleur de perdre son ami Willoughby, qui lui légua ses manuscrits et ses collections avec une pension viagère de 60 livres (1 500 francs).

Ray publia sous son nom les travaux de botanique qui lui appartenaient en propre ; mais, par un sentiment de générosité et de reconnaissance, il donna, sous le nom de son ami, les ouvrages de zoologie, bien que lui-même en eût pu réclamer la meilleure part. Son plus grand travail sur la botanique est l'*Histoire générale des plantes*, en trois volumes in-folio (1688). Cet ouvrage, dans lequel il passe en revue les travaux de ses prédécesseurs, contient la substance de tout ce qui avait été écrit avant lui sur les plantes tant européennes qu'exotiques, et il y expose sa méthode, qui n'est à vrai dire qu'un système artificiel appliqué à tous les corps de la nature ; mais il y définit le genre et l'espèce. Jean Ray est, en réalité, le premier qui ait osé modifier la classification d'Aristote, et sa classification, tout imparfaite qu'elle puisse être, fut d'un grand secours en aidant et dirigeant les classificateurs venus après lui.

On lui doit encore : le *Stirpium europæarum sylloge* (1694), où il présente une esquisse curieuse de la géographie botanique en Europe, et l'*Ornithologie* (1676), in-folio, l'*Histoire des poissons* (1686), deux volumes, et l'*Histoire des insectes*, qu'il a publiés sous le nom de son ami Willoughby.

Dans son *Synopsis methodica animalium*, il adopte pour caractéristique, comme Aristote, la forme des pieds ; mais il y joint les caractères tirés des dents. Il réunit les quadrupèdes ovipares, tortues, crocodiles, lézards, dans une même classe avec les serpents.

Pour les oiseaux, il donna l'*Ornithologie*, de Willoughby ; il les classe suivant la forme du bec, des pieds et des ongles ; classification encore en usage aujourd'hui en Angleterre, et à laquelle Linné apporta

fort peu de modifications. En 1688, il publia l'ichtyologie de Willoughby, *Historia piscium*, en lui appliquant sa méthode, qui, jusqu'à Cuvier, servit de base
à tous ceux qui ont écrit sur cette matière. Pour les
mollusques, il a suivi Lister, et son *Histoire des insectes* ne fut publiée qu'après sa mort, en 1710, par
les soins de la Société royale de Londres dont il était
membre. Jean Ray mourut en 1705, au lieu même de
sa naissance, à l'âge de soixante-dix-sept ans.

Comme on le voit, les sciences, qui, jusqu'alors,
semblaient s'être concentrées en Italie, abandonnent
peu à peu ce pays, pour se répandre en France, en
Angleterre, en Hollande. L'Allemagne, qui doit plus
tard y remplir un rôle important, est alors déchirée
par des guerres intestines, tandis que l'Espagne et le
Portugal, comprimés par le despotisme inquisitorial
et la superstition, restent à peu près étrangers au
mouvement scientifique.

En France, les sciences naturelles étaient digne-
ment représentées ; l'Université de Montpellier jouissait d'une brillante renommée, et les cours du Jardin
des plantes de Paris étaient devenus célèbres. Fagon,
médecin du roi, qui était le directeur de cet établissement, y avait appelé les hommes les plus éminents
de l'époque. Duverney y occupait la chaire d'anatomie, et y faisait, avec le médecin Claude PERRAULT,
devenu célèbre comme architecte de la colonnade du
Louvre, la dissection des animaux d'espèces exotiques ou rares qui mouraient à la ménagerie royale de
Versailles. Habile anatomiste, Duverney possédait

en outre un si grand talent d'élocution, que les avocats et les comédiens venaient en foule assister à ses cours pour l'entendre. La chimie et la minéralogie y étaient enseignées par le savant Lémery, et Fagon lui-même y professait la botanique.

C'était dans le Jardin des plantes même qu'était né, en 1638, Guy FAGON, petit-neveu de Guy de la Brosse. Il l'aimait comme on aime sa patrie, et avait tout fait pour l'enrichir, parcourant la France, les Alpes, les Pyrénées à ses frais pour y recueillir des plantes et des graines. Savant botaniste, il professait avec chaleur, son érudition était immense, sa mémoire prodigieuse. Il profita de l'influence que lui donnait sa position de premier médecin du roi pour embellir son cher jardin, et créer des positions à ceux qu'il en jugeait dignes. Dès qu'il sentit que ses fonctions de médecin pouvaient nuire à celles de professeur, il n'hésita pas à se démettre de ces dernières, et jeta les yeux sur Tournefort pour le remplacer. Il fit donner des missions scientifiques à divers savants, et, avec ce coup d'œil qui lui faisait découvrir les intelligences supérieures, il distingua et appela au Jardin des plantes le jeune Antoine de Jussieu, le premier en nom de cette illustre famille de savants, qui devait porter si haut, en France, la science botanique. Accablé d'infirmités dans sa vieillesse, il résigna ses fonctions et mourut en 1718.

Joseph PITTON DE TOURNEFORT, né à Aix en Provence, en 1656, avait montré, dès son enfance, un goût prononcé pour les sciences naturelles, et surtout pour la botanique. Après avoir fait de bonnes études classiques, il se livra tout entier à son goût pour les plantes, et devenu familier avec la flore de son pays, il parcourut les montagnes du Dauphiné et de la Savoie, où il recueillit un herbier magnifique. Il se rendit alors à Montpellier, où professait Magnol, et s'y fit recevoir médecin. Il parcourut ensuite, non sans dangers, les Pyrénées et la Catalogne, et en revint avec une riche moisson de plantes nouvelles ou peu connues. Son herbier commença à devenir considérable, et sa réputation étant parvenue à Paris, Fagon lui offrit un emploi au Jardin des plantes, puis il le chargea de le suppléer dans ses leçons ; et, enfin, se démit de sa chaire en sa faveur. Tournefort avait alors vingt-six ans. Les cours et les herborisations du jeune professeur attirèrent en foule les étudiants ; mais son goût pour les voyages lui fit accepter une mission en Espagne et en Portugal (1688), puis une autre en Orient (1700), dont il a publié la relation sous le titre de : *Voyage dans le Levant*. Dans l'intervalle, il donna plusieurs ouvrages, qui lui ouvrirent les portes de l'Académie des sciences (1694). Il mourut des suites d'une chute, à l'âge de cinquante-trois ans (1709).

Dans son premier ouvrage : *Éléments de botanique,* trois volumes in-8° (1694), Tournefort exposait une méthode dans laquelle il subordonnait les diverses parties et les principaux caractères des plantes à un ordre d'importance relative, ce qui fit faire un pas énorme à la philosophie de la science. Il tira ses divisions de l'absence ou de la présence de la corolle, de la disposition et de la forme des fleurs, de la nature du fruit. Il range dans cette méthode dix mille cent quarante-six espèces, qu'il distribue en six cent quatre-vingt-dix-huit genres,. en indiquant chaque espèce par une phrase caractéristique. La méthode de Tournefort, fondée sur la partie la plus brillante de la plante, facile à comprendre et à pratiquer, obtint un succès universel. Son principal mérite est d'avoir créé les genres et les espèces, qu'il caractérisa le premier d'une manière rigoureuse et précise ; malheureusement, il ne vit pas les affinités qui unissent les plantes herbacées aux végétaux ligneux, et conserva leur division en deux groupes distincts.

Le peintre AUBRIET, né à Châlons en 1651, avait accompagné Tournefort dans ses voyages. Fort bon botaniste lui-même, il enrichit la collection du Jardin des plantes de nombreux vélins. Il fit les dessins de la botanique de Tournefort et du *Botanicon parisiense*, de Vaillant, et mourut en 1743. Sa meilleure élève, Mlle Basseporte, lui succéda ; mais son talent ne s'éleva jamais à la hauteur de celui de son maître.

Parmi ses nombreux élèves, Tournefort proposa Sébastien VAILLANT pour lui succéder comme professeur de botanique. Il s'acquitta de ces fonctions avec autant de zèle que de capacité, fit construire deux serres chaudes pour les plantes exotiques, et prépara un herbier considérable, qui servit de base aux collections botaniques du Muséum. L'enseignement de Vaillant fut très apprécié et très suivi. Dans son discours d'ouverture, en 1716, il démontra d'une manière irréfutable l'existence des sexes dans les végétaux et expliqua clairement le phénomène de la

fécondation des plantes ; fait physiologique soupçonné jusqu'alors par quelques-uns, mais nié par le
plus grand nombre.

Il travaillait à une méthode nouvelle, fondée sur la
considération des organes de la fructification, lorsqu'il mourut en 1722, à l'âge de cinquante-quatre ans.
Il laissait son *Botanicon parisiense*, ou flore des environs de Paris, excellent ouvrage pour lequel le peintre
Aubriet avait fait, comme nous l'avons dit, de magnifiques dessins. Trop pauvre pour pouvoir les faire
graver et se sentant mourir, il écrivit au grand
Boerhaave, célèbre médecin qui habitait Leyde, pour
lui léguer son ouvrage. Celui-ci accepta ; il fit imprimer le manuscrit et graver les dessins avec le plus
grand soin (1727).

A la fin du dix-septième siècle, la minéralogie et
la géologie n'avaient encore fait que bien peu de progrès ; la première était dans l'enfance et la seconde
n'existait pour ainsi dire pas. Les hypothèses toutes
génésiaques de Burnet et de Whiston, théologiens
anglais, sont aussi insoutenables que les rêveries du
littérateur français de Maillet.

Descartes, le premier, avait fait de notre planète
un soleil éteint. Admettant ce point de départ, Leibnitz, dans son *Protogea*, suppose que la terre, enve-
loppée d'une croûte épaisse dont la chaleur centrale
n'a pu empêcher le refroidissement, a vu les eaux se
former à sa surface par suite de la condensation des
vapeurs qui l'entouraient à l'époque de son incandescence ; il admet qu'attaquant les diverses parties du

noyau vitrifiable, elles en changèrent successivement la nature. Suivant lui, c'est dans les profondeurs des mers qu'auraient vécu les animaux dont nous trouvons les restes dans les couches terrestres.

C'est à ce siècle qu'appartient Newton, le plus grand génie qu'ait produit l'Angleterre. Ses admirables découvertes sur la gravitation et la lumière firent une véritable révolution dans les sciences mathématiques et physiques, et dans le système du monde.

Le dix-septième siècle nous fait voir la plus splendide élaboration intellectuelle qu'il y ait dans l'histoire. Jamais sève plus substantielle ne circula dans les ramures de l'arbre encore jeune de la science ; c'est l'âge riant de son adolescence. Le siècle qui a vu, travaillant au même édifice, Galilée et Harvey, Descartes et Newton, Jean Ray et Leibnitz, et, autour d'eux, une immortelle assemblée d'écrivains et d'artistes de génie, a bien mérité le nom de *grand siècle*.

II

LES SCIENCES NATURELLES ET LA PHILOSOPHIE
AU DIX-HUITIÈME SIÈCLE.

Réaumur, Linné, Buffon, Daubenton, Antoine, Bernard et Laurent de Jussieu. — Les voyageurs Poivre, Commerson, Dombey, Sonnerat, Michaux, de La Billardière. — Adanson, Desfontaines.

Le dix-huitième siècle est pour les sciences naturelles une des époques les plus fécondes. Non seulement toutes les branches de la science s'y perfectionnent, mais on en voit se développer dont nous avons à peine entrevu le germe.

Pour ne pas trop nous écarter de l'ordre chronologique, nous ouvrirons le siècle avec Réaumur.

René-Antoine FERCHAULT DE RÉAUMUR, savant naturaliste et physicien français, naquit à la Rochelle en 1683. Son père était conseiller au présidial de cette ville. Dès son enfance, Réaumur montra un goût particulier pour les sciences et préluda à ses travaux de physique et d'histoire naturelle par de sérieuses études mathématiques. A peine âgé de dix-sept ans, il publiait plusieurs mémoires fort remarqués sur divers problèmes de géométrie, et, à vingt-quatre ans, il devenait membre de l'Académie des sciences.

Maître d'une belle fortune, Réaumur se fixa dans sa propriété de Bercy, près de Paris, et put s'y occuper tout à loisir des sciences qu'il aimait. Il s'y adonna avec une ardeur incessante, et, pendant un demi-siècle, publia presque chaque année quelque mémoire ou quelque ouvrage sur des sujets variés. Il concourut largement à la description des arts et métiers, à laquelle l'Académie travaillait, et fit beaucoup pour leur perfectionnement par d'ingénieuses applications, en même temps que ses expériences, souvent fort coûteuses, lui procuraient d'heureuses découvertes scientifiques. C'est ainsi qu'il dota la France de l'art de faire l'acier, qu'il simplifia la fabrication du fer-blanc, inventa le genre de porcelaine qui porte son nom, fit le premier en France des essais d'incubation artificielle, et devint populaire par l'invention du thermomètre, qu'il gradua et divisa en 80 degrés. Mais une énumération, même incomplète, de ses œuvres remplirait plusieurs pages, et c'est surtout comme naturaliste que nous devons apprécier Réaumur.

C'est, d'ailleurs, dans ce genre de travaux qu'il a montré le plus d'originalité, et la plupart peuvent être regardés, à bon droit, comme des chefs-d'œuvre d'observation et de sagacité. Comme il avait passé ses premières années au bord de la mer, il avait commencé ses études sur un grand nombre de coquillages, sur les étoiles de mer, sur la reproduction des pattes chez les crustacés, sur la torpille, sur la phosphorescence de certains animaux de mer, sur la liqueur colorante qui fournit la pourpre, etc., etc., et non seulement il décrit les formes extérieures des animaux, mais il explique les phénomènes les plus obscurs de leur vie. Laissant de côté les systèmes et les classifications, il s'attache surtout à étudier les

RÉAUMUR

D'APRÈS UN PORTRAIT DE BELLE.

mœurs des êtres vivants, et c'est à ce point de vue qu'il s'est occupé des insectes et a laissé, sous le titre modeste de : *Mémoires pour servir à l'histoire des insectes*, un ouvrage qui sera toujours considéré comme un modèle d'observation fine et exacte.

Il y déploie au plus haut degré la sagacité dans l'étude et dans la découverte de tous ces instincts si compliqués et si constants dans chaque espèce, qui maintiennent ces faibles créatures. Il pique sans cesse la curiosité par des détails nouveaux et singuliers. Son style, simple et familier, n'a rien de cette pompe majestueuse qui fit de Buffon, son contemporain, le premier des écrivains, sinon le premier des naturalistes ; mais il est facile et d'une clarté qui rend tout sensible ; les faits qu'il rapporte sont partout de la vérité la plus rigoureuse. Cet ouvrage se fait lire avec l'intérêt du roman le plus attachant ; malheureusement, il n'est pas terminé. Il devait avoir dix volumes, il n'en est paru que six ; ce sont, il est vrai, d'énormes volumes in-4°, avec plus de deux cent soixante planches gravées en taille-douce.

Dans les deux premiers, il est question des chenilles, de leurs formes, de leur genre de vie, de leurs métamorphoses en papillons, des insectes qui les attaquent ou qui vivent dans leur intérieur et à leurs dépens. Le troisième roule sur ces petites chenilles nommées *teignes* ou *fausses teignes*, qui habitent dans l'intérieur des substances qu'elles dévorent, ou qui se font des étuis ou des vêtements pour se mettre à l'abri ; il contient aussi l'histoire si remarquable des pucerons qui sucent les plantes et des insectes analogues. Les mouches qui produisent les noix de galle des arbres, les vers dont naissent les mouches à deux ailes, et qui ont des genres de vie si diversifiés, depuis le cousin, qui habite plusieurs années dans l'eau avant de prendre des ailes, jusqu'à l'œstre, qui se tient dans la chair des animaux vivants ou dans leur estomac, occupent le quatrième volume ; on trouve dans le cinquième, après différents genres d'insectes curieux, l'histoire de la merveilleuse république des abeilles et de son gouvernement, histoire très riche en faits curieux, mais qui a été étendue et complétée par les découvertes d'Huber et de Schirach. Le sixième volume, un des plus curieux de l'ouvrage, contient l'histoire des républiques moins populeuses et moins recherchées dans leurs ouvrages, celles des bourdons, des frelons, des guêpes, les industries remarquables des diverses abeilles et guêpes solitaires. Le septième volume, dont il a laissé le manuscrit trop incomplet pour qu'on pût le publier, parlait des grillons et des sauterelles ; les trois derniers devaient comprendre l'histoire des coléoptères.

Lorsqu'on considère l'œuvre de Réaumur, on est étonné de ce qu'il a fallu d'activité, de persévérance et d'intelligence pour conduire à bonne fin des recherches si nombreuses et en même temps si variées ; si l'on songe surtout qu'après sa mort il laissait encore cent trente-huit portefeuilles remplis de notes, de mémoires ébauchés ou inachevés !

Réaumur a rendu de signalés services à la science ; non seulement par ses propres travaux, mais en encourageant les travailleurs de ses conseils et même

de sa bourse, en répandant le goût des sciences et de
l'observation de la nature ; c'est à lui qu'on doit les
travaux de Bonnet, de Trembley, de l'abbé Nollet, etc.
Tous les grands savants du dix-huitième siècle furent
ses amis et l'aidèrent dans ses recherches, et il occupait, au milieu de la société polie et lettrée de son
époque, une situation qui ne lui laissait rien à envier.
Son laboratoire et ses jardins étaient le rendez-vous
habituel de tout ce que la cour et la ville comptaient
de personnages distingués, et il ne voulut jamais
accepter ni fonction ni titre qui auraient pu entraver
sa liberté. Il passa tranquillement et heureusement
sa vie au milieu de l'étude, tantôt dans ses terres en
Saintonge, tantôt dans sa maison de Bercy.

L'âge n'affaiblit pas chez Réaumur la passion des
recherches ; à soixante-quatorze ans, il travaillait avec
toute l'ardeur et toute l'activité des premiers jours de
sa jeunesse. Il fallut qu'un accident tranchât brusquement le fil d'une existence si belle et si bien remplie :
une chute accéléra sa fin ; il mourut en 1757, à l'âge
de soixante-quatorze ans. Il laissa après sa mort ses
belles collections au Muséum.

Jean Ray venait de s'éteindre lorsque naquit Linné
qui devait répandre une si vive lumière sur toutes les
branches de l'histoire naturelle. Charles LINNÉ était
né à Rœshult, petit village de la Suède méridionale,
dans la province de Smoland, le 24 mai 1707. Son
père, Nicolas Linné, pasteur protestant, plus riche
de vertus et de savoir que de fortune, s'imposa de
dures privations pour envoyer son fils au collège ;
mais, déjà poussé comme par instinct vers les sciences

d'observation, l'enfant mit peu d'ardeur dans ses études et préféra les ouvrages de Tournefort et des autres botanistes de son temps aux classiques grecs et latins.

Taxé d'incapacité par ses maîtres, le jeune Linné, ami des champs et écolier peu soumis, fut renvoyé à son père, à qui le recteur écrivait :

« Les étudiants peuvent être comparés aux arbres d'une pépinière; souvent, parmi les jeunes plants, il s'en trouve qui, malgré les soins que l'on prend de leur culture, ressemblent absolument aux sauvageons ; mais si, plus tard, on les transplante, ils changent de nature et portent quelquefois de bons fruits. C'est dans cet espoir que je vous renvoie votre fils ; peut-être qu'un autre air favorisera son développement. »

N'est-il pas vraiment curieux que le recteur ait pris sa métaphore dans le règne végétal, pour mieux peindre l'incapacité apparente du plus illustre des botanistes?

Son père, homme juste mais sévère, irrité de la paresse soupçonnée de son fils, résolut de le punir et, pour le mortifier, il le mit en apprentissage chez un cordonnier. Voilà donc le pauvre Linné, bon gré, mal gré, raccommodant de vieilles chaussures. Mais comme il s'en dédommageait le dimanche, en allant courir les bois pour se livrer à son étude favorite !

Un de ces jours heureux où le jeune Linné, ayant fait une ample moisson de plantes, s'était assis sur le revers d'un fossé et, à l'aide d'une loupe, étudiait les détails de leur organisation, un étranger au maintien grave, mais aux traits bienveillants, s'arrêta devant lui. Il lui adressa la parole, l'interrogea sur les plantes qu'il avait devant lui, et fut charmé autant que surpris de la chaleur et de l'intelligence avec lesquelles il s'exprimait sur l'objet de ses études.

Cet étranger était le docteur Rothmann, homme éclairé, qui, devinant le mérite de ce jeune homme méconnu, l'accompagna chez son père, à qui il offrit de le prendre avec lui et de le mettre en état d'entrer à l'Université de Lund. Le pasteur accepta avec reconnaissance, et le jeune Linné suivit son protecteur à la ville, enchanté de quitter le service de saint Crépin, pour lequel il ne se sentait aucune vocation.

Après un séjour de quelques années chez le docteur Rothmann, qui guida ses premiers pas dans la carrière des sciences, Linné entra à l'Université de Lund, recommandé par son protecteur au docteur Stobœus, médecin habile et naturaliste instruit, qui mit sa bibliothèque à sa disposition. Pour ne pas nuire à ses études universitaires, il y passait les nuits à lire ; mais il ne tarda pas à tomber malade, et retourna chez ses parents.

Lorsqu'il fut rétabli, son protecteur lui conseilla d'aller à l'Université d'Upsal, alors célèbre, et ses parents lui donnèrent trois cents écus, en l'avertissant que ce sacrifice était le dernier qu'ils pouvaient faire en sa faveur.

Linné gagna Upsal et y commença ses études médicales, mais bientôt, ayant épuisé ses faibles ressources, il se vit livré aux horreurs de la plus profonde misère et, trop fier pour faire appel à la générosité de ses protecteurs, il serait mort de faim, si un heureux hasard ne l'eût mis en rapport avec le savant théologien Olaüs Celsius, qui l'accueillit, le logea dans sa maison, l'encouragea et le fit travailler avec lui à son *Hierobotanicon*, répertoire des plantes dont il est question dans la Bible.

Ce fut à cette époque que Linné conçut la première idée de la classification des plantes d'après les organes floraux ; il en fit l'objet d'un mémoire qu'il soumit à son professeur, le savant botaniste Rudbeck, qui l'encouragea dans cette voie et le désigna pour le suppléer dans ses cours. La publication de son mémoire attira sur lui l'attention de l'Académie des sciences d'Upsal, qui décida qu'un voyage scientifique en Laponie serait exécuté à ses frais et confié au jeune botaniste ; celui-ci, naturellement, accepta avec une vive gratitude.

Linné avait alors vingt-quatre ans. Il partit au mois de mai 1732 ; il remonta la Suède vers le nord, jusqu'au fond du golfe de Bothnie, traversa la Laponie, gagna le cap Nord et ne revint à Upsal qu'après une absence de six mois. On peut s'imaginer tout ce que dut souffrir l'intrépide voyageur dans une contrée inhospitalière, constamment à pied, souvent sans guide, avec des ressources insuffisantes, tantôt dans les neiges, tantôt dans les marécages, en lutte non seulement avec les difficultés du terrain, mais contre le mauvais vouloir des indigènes et les piqûres incessantes des moustiques. Il triompha de tous ces obstacles et publia, après son retour, sa *Flora laponica*, qui est accompagnée d'une préface dans laquelle le botaniste raconte avec beaucoup d'intérêt et d'agrément les principaux épisodes de son voyage.

De retour à Upsal, Linné ouvrit des cours qui furent très suivis ; mais l'envie et les attaques de ses rivaux lui créèrent de tels ennuis, qu'il résolut de s'expatrier. Il visita le Danemark, une partie de l'Allemagne, puis se rendit en Hollande, qui était alors le pays savant de l'Europe ; il y fut reçu avec honneur par les hommes les plus illustres et entre autres par Boerhaave, sous les auspices duquel il se fit recevoir docteur en médecine à Leyde, et qui le recommanda à George Cliffort, richissime négociant hollandais, dont les jardins et les serres passaient pour une merveille. Celui-ci en offrit la direction à Linné et mit généreusement sa bourse à sa disposition. Pendant cette période de sa vie, exempte de soucis matériels, Linné publia ses principaux ouvrages, dont un seul eût suffi pour illustrer son nom. Ce sont : le *Système de la nature*, les *Genres des plantes*, les *Éléments de botanique*, la *Philosophie botanique*, la *Description des jardins de Cliffort* (*Hortus Cliffortianus*), ouvrage considérable, orné de trente-deux planches, publié à Leyde en 1736.

Mais, malgré la vie heureuse qu'il menait en Hollande, Linné soupirait après la Suède, sa patrie, et il quitta Cliffort et ses jardins enchantés, quelques efforts que l'on fît pour le retenir. Sa renommée l'avait heureusement devancé dans son pays, et malgré ses envieux, il fut, peu après son retour, nommé professeur à l'École des mines de Stockholm, puis médecin de l'amirauté, membre de l'Académie des sciences, et enfin, sur sa demande, professeur de botanique à l'Université d'Upsal.

En 1740, il se maria avec une jeune personne de Jalhun, qu'il aimait depuis longtemps, et qui lui avait promis d'attendre qu'il se fût fait une position.

A partir de ce moment, aucun incident ne vint le distraire de ses travaux. Il occupa sa chaire d'Upsal pendant trente-sept ans, et y fut entouré d'élèves nombreux dont il se fit autant d'amis zélés. A l'âge de soixante-six ans, il s'aperçut de l'affaiblissement de sa santé et de sa mémoire, et se retira dans son domaine de Hammarby. Il s'éteignit doucement, cinq ans après, entre les bras de sa femme et de ses enfants. Sa mort fut regardée comme une calamité publique, non seulement dans son pays, dont il était la gloire, mais dans l'Europe entière, où il était en relations avec tous les hommes marquants. Boerhaave, Haller, Réaumur, Condorcet, de Jussieu, J.-J. Rousseau, Mutis, etc., etc., étaient ses correspondants et ses amis.

Le roi Gustave III voulut lui-même prononcer son oraison funèbre et rendre hommage à cet homme illustre qui avait si bien montré ce que peuvent le génie et la persévérance contre l'adversité et la misère. L'État fit les frais de ses funérailles et un tombeau lui fut élevé dans la cathédrale d'Upsal. Linné était de petite taille, et avait l'œil vif et perçant. Profondément pieux, généreux et bienfaisant, et se souvenant des obstacles qu'il avait rencontrés dans sa jeunesse, il aplanit la route des sciences à une foule de jeunes gens, ses disciples, dont la plupart s'effor-

CHARLES LINNÉ

D'APRÈS UN PORTRAIT DE ROSLIN.

cèrent d'ailleurs de reconnaître ses bienfaits en lui communiquant leurs observations.

Linné s'était préparé de bonne heure à ses travaux ; admirateur passionné de la nature et observateur d'une sagacité rare, dès son jeune âge il employa tous ses moments de liberté à faire des excursions à la campagne et à rassembler des collections que, plus tard, il enrichit et compléta par de nombreux voyages. Peu d'hommes avaient autant voyagé et observé que lui.

Il donna d'abord des relations de ses voyages en Suède, dans l'île de Gotland, en Laponie, en Hollande, etc. ; puis il publia les flores de ces pays : *Flora laponica*, 1737, *Flora suecica*, 1746, *Flora zeilanica*, 1747. A ces publications, il faut joindre la description des collections qu'il eut sous la main et qui étaient les plus riches qu'il y eût au monde : *Hortus Cliffortianus*, 1737, *Hortus Upsaliensis*, 1748, *Museum regis Adolphi*, 1754, *Museum reginæ Ulricæ*, 1764. Ce sont là des travaux préparatoires, des matériaux, qu'il a appliqués dans ses *Fundamenta botanica* et sa *Critica botanica*, ouvrages qu'il refondit, quinze ans plus tard, dans sa *Philosophia botanica* (1751). Ce livre, où brillent à chaque page une finesse d'esprit et une profondeur d'observation remarquables, contient sous forme d'aphorismes toutes les règles de l'observation et de la classification botaniques. Il eut un grand nombre d'éditions et fut pendant longtemps l'autorité souveraine en botanique. Puis vinrent son *Genera plantarum*, qui fit sensation dans le monde savant et fut réimprimé cinq fois de son vivant, et son

Species plantarum (1753), qui est l'énumération des espèces avec la synonymie.

Enfin vint son grand ouvrage, le *Systema naturæ*, ou les trois règnes de la nature, dont l'édition définitive fut publiée en 1766, en quatre volumes. Cet ouvrage immortel, qui eut treize éditions et fut traduit dans toutes les langues, renferme tous les autres ouvrages de Linné ; il en est la synthèse et la systématisation. Il y distribue d'après les mêmes principes les trois règnes de la nature, par classes, ordres, genres et espèces ; il les décrit, fait connaître leurs qualités et les dénomme de manière à aider la mémoire en analysant par le nom les qualités principales. Il distingue d'abord les trois règnes et dit :

Les minéraux croissent ;

Les végétaux croissent et vivent ;

Les animaux croissent, vivent et sentent.

Il divise le règne minéral en trois classes : les pierres, les minéraux et les fossiles, et introduit le premier, comme élément de classification, l'importante considération de la forme cristalline.

En botanique, Linné confirme la thèse du sexe des plantes démontrée par Vaillant et base sa classification sur les organes de la fructification. « La fleur est la joie des plantes, dit-il, c'est par elle que la plante se propage. » Il divise le règne végétal en vingt-quatre classes dont le nom et le caractère sont tirés du nombre des étamines (*monandrie, diandrie, triandrie*, etc.) ; dans chacune de ces classes, les ordres sont établis sur le nombre des pistils (*monogynie, digynie, trigynie*, etc.) et chaque ordre embrasse un plus ou moins grand nombre de genres. Dans ce système si clair, si commode pour la détermination des espèces, si séduisant par sa simplicité, Linné refait la langue scientifique en introduisant la nomenclature binaire dont le principe consiste à donner aux objets deux noms, le premier indiquant le genre et le second l'espèce, suivant un procédé analogue à celui par lequel on distingue dans la société chaque individu par un nom de famille et un nom de baptême. Il en résulta une grande clarté et une grande simplicité dans la désignation des animaux et des végétaux, qu'il caractérisa, en outre, par une phrase concise, qui en contient la description succincte.

La classification botanique de Linné est tout artificielle, et n'a d'autre but que de faciliter la dénomination et la connaissance d'une plante ; il le reconnaît lui-même. Mais, dans sa *Philosophia botanica*, il montre le but à poursuivre et indique la méthode naturelle comme le dernier mot de la science ; il en publie même des fragments, et la recommande à ses meilleurs élèves.

Voyant dans la nature une harmonie rigoureusement établie, il était persuadé que tous les êtres devaient se relier les uns aux autres d'une façon déterminée. *Natura non facit saltum*, la nature ne fait point de saut, avait dit Leibnitz, et Linné était persuadé que, dans la longue série des formes vivantes, chaque espèce devait être exactement intermédiaire entre deux autres. C'était cet ordre, image de la nature, que devait réaliser, suivant lui, la méthode naturelle.

Aussi sa classification zoologique n'a-t-elle rien d'artificiel; elle est fondée sur les caractères naturels, et la plupart des groupes qu'il a établis ont été conservés. Toutefois, les animaux inférieurs, si l'on en excepte les insectes, y sont peu avancés; les matériaux lui manquaient.

On peut donc dire de Linné qu'il fut le législateur de l'histoire naturelle, et que ses ouvrages en seront toujours les codes. Sans doute, il dut beaucoup à Ray pour la zoologie, à Vaillant pour la botanique; mais il a perfectionné leurs méthodes et y a ajouté la nomenclature qui en est la conséquence rigoureuse et la traduction scientifique. Il a appris à nommer et à décrire les animaux et les végétaux, il les a classés méthodiquement, et par ses aperçus sur la méthode naturelle, il a préparé les voies à Jussieu et à Cuvier. Enfin, on lui doit d'avoir fait connaître, dans toutes les parties, un nombre considérable d'espèces.

La même année que Linné, naissait un autre génie qui sut s'élever à la hauteur de la nature : Buffon, qui n'a point encore eu d'égal dans ce qui fait sa gloire : la richesse de son coloris, la noblesse de son style, la sagacité de sa critique et la hardiesse de ses hypothèses. Embrassant la science sous un point de vue nouveau, il dédaigne les méthodes et contemple la nature dans son ensemble, lui arrache ses voiles et, devinant souvent ce qu'il n'a pu découvrir, son imagination féconde s'élève à des conceptions sublimes. Il crée l'éloquence de la science et en dicte les lois, il établit les bases de la géologie, peint les harmonies des êtres, fonde la géographie zoologique, et élève un monument impérissable aux sciences naturelles.

Georges-Louis Leclerc, comte de Buffon, naquit le 7 septembre 1707, à Montbard, dans la Côte-d'Or. Fils d'un conseiller au parlement de Bourgogne, il reçut une brillante éducation et commença par se distinguer au collège de Dijon.

Libre de ses actions et maître d'une grande fortune, qu'il tenait de sa mère, dans un âge où les idées ne sont pas encore bien arrêtées, le jeune Buffon ne montrait ni un goût décidé ni une vocation spéciale, et se contentait de cultiver sa raison. Il fit alors la connaissance, à Dijon, d'un jeune Anglais, le duc de Kingston, qui voyageait pour s'instruire en compagnie d'un gouverneur, homme instruit et passionné pour les sciences. Buffon obtint de son père de suivre ses nouveaux amis dans leurs excursions, et ils visitèrent ensemble la France, la Suisse, l'Italie, et se rendirent en Angleterre après deux ans de courses.

Voulant profiter de son séjour à Londres pour se perfectionner dans l'usage de la langue anglaise et justifier de ses progrès, il se mit, en 1733, à traduire deux ouvrages de genres tout différents : la *Statique des végétaux*, de Hales, et le traité de Newton intitulé : *Méthode des fluxions et des suites infinies*. Les préfaces et les notes dont il enrichit ses traductions furent son premier début dans la carrière des sciences et des lettres. Il se montra dans l'une, habile physicien, expérimentateur entendu ; dans l'autre, bon géomètre, excellent critique et doué d'une haute intelligence.

De retour en France, Buffon offrit ses deux manuscrits à l'Académie des sciences de Paris ; ils furent
accueillis très favorablement et parurent en 1735,
revêtus de son approbation. Il entreprit alors une
suite d'expériences de physique et d'économie rurale
sur la formation des couches ligneuses, les qualités
du bois dans sa croissance et sa reproduction, le
degré de force qu'il acquiert lorsqu'il conserve son
écorce ou quand il en est dépouillé, l'action des grands
froids et des gelées du printemps sur les végétaux, etc.
Les mémoires qu'il donna sur ces travaux importants lui ouvrirent, en 1739, les portes de l'Académie
des sciences.

Cependant, bien que doué d'un génie supérieur,
Buffon n'avait fait, jusqu'alors, qu'errer capricieuse-
ment dans les voies de la science ; il avait trente-deux
ans, et il devenait donc temps pour lui de donner une
direction fixe à ses idées. Une circonstance imprévue
disposa de son avenir et lui ouvrit la carrière dans
laquelle il s'est immortalisé.

Le *Jardin royal des plantes médicinales* — c'est le
titre que portait à l'origine le Jardin des plantes —
avait été créé, juste un siècle auparavant, par les médecins de la cour. On y cultivait des plantes phar-
maceutiques et l'on y faisait des cours sur leurs vertus
usuelles ; telle était au moins sa destination ; mais,
par la suite, l'établissement était devenu, entre les
mains des médecins royaux, une ferme à revenus.

L'opinion publique s'émut de cet état de choses et
réclama vivement contre cet abus. On lui donna satisfaction sur ce point ; la direction du Jardin du roi fut

retirée aux médecins de la cour, et confiée, sous le titre d'intendant, à un homme d'un grand mérite, Dufay, que des travaux recommandables avaient aussi placé à l'Académie. Dufay comprit sa mission et la remplit avec ardeur; il rendit au Jardin botanique sa première destination, et, secondé par les frères de Jussieu, il augmenta considérablement les cultures. Mais il n'eut pas le temps de compléter son œuvre; la mort vint le surprendre, et il proposa Buffon pour lui succéder, comme étant seul en mesure de continuer son œuvre de régénération. Le gouvernement agréa la proposition, et Buffon succéda à Dufay, comme intendant du Jardin du roi, en 1739.

Nullement préparé à la profession du naturaliste, même par des études élémentaires; n'ayant pour lui, en cette circonstance, que sa haute intelligence et les dons particuliers de son génie, Buffon résolut néanmoins de faire quelque chose de grand. Le *Jardin du roi* n'avait été jusqu'alors qu'un simple jardin botanique; le nouvel intendant entreprit d'en faire le temple de la nature. Il fait appel à tous les naturalistes, paye de ses propres deniers des voyageurs, et s'enthousiasmant lui-même pour cette idée grandiose, son imagination s'enflamme. Il se représente le philosophe de Stagyre, Aristote, rédigeant ses traités immortels, réunissant autour de lui les productions diverses de la nature, les faisant venir de toutes les contrées alors connues, et les décrivant avec exactitude. Il se représente le naturaliste latin Pline, s'érigeant l'historiographe de la terre et peignant avec talent les êtres qui la peuplent. Sa pensée s'agrandit ; il comprend tout ce qu'il y a à faire pour illustrer son nom et rendre en même temps aux sciences, à sa patrie, un service que rien ne pourra effacer ; il va reprendre le plan d'Aristote et de Pline, lui donner plus de développements, profiter des investigations des siècles écoulés, y comprendre les richesses du second hémisphère découvert par Christophe Colomb ; il veut rendre à l'étude la plus belle, la plus utile, la plus curieuse, cet intérêt, cette vie, cette poésie, que les arides nomenclatures des compilateurs avaient bannis du tableau de la nature.

Mais, sans avoir peut-être assez pressenti toutes les difficultés de son plan, il se trouva gêné, dès l'abord, par les exigences étroites des classifications et la minutie des descriptions des êtres, auxquelles ne pouvait s'astreindre son esprit bouillant et impatient de tout frein. Ce complément de moyens qui lui manquait, il le chercha, et sa bonne étoile ne tarda pas à le lui faire rencontrer chez l'un de ses compatriotes, un jeune ami, qui revenait dans sa ville natale, Montbard, pour y pratiquer la médecine ; c'était Daubenton.

Celui-ci, en qui Buffon trouva une profonde instruction, et de plus, la bienveillance d'un caractère facile, accepta le rôle modeste, accessoire, important néanmoins, de descripteur de tous les détails, comme formes zoologiques et anatomiques ; tandis que Buffon gardait pour lui tout ce qui a rapport aux grands phénomènes de la nature, aux mœurs, qualités et habitudes des animaux, aux vues générales, aux liens d'ensemble. Pendant dix ans, les deux amis se ren-

BUFFON

D'APRÈS UN PORTRAIT DE DROUAIS.

fermèrent dans le silence le plus profond, et s'absor-
bèrent dans une méditation laborieuse, d'où ils sortirent pour étonner le monde au titre de savants
interprètes de la nature.

En 1749, parurent les trois premiers volumes de
l'*Histoire naturelle*. Ces pages brillantes, pleines de
sensibilité, de haute morale et d'un noble enthousiasme, produisirent dans les esprits une révolution
remarquable; elles éveillèrent dans toutes les classes
de la société le goût des sciences naturelles; on se
mit partout à étudier les productions de la terre, à
fouiller le sol pour offrir à Buffon des notes utiles,
de nombreux matériaux, pour l'aider à parcourir la
vaste carrière ouverte devant son génie.

Avant de parler de l'homme et des animaux, le
grand naturaliste devait décrire la terre qu'ils habitent et qui est leur domaine commun. La *Théorie de
la terre* l'amène à embrasser le système entier de
l'univers et à rechercher l'origine de notre monde
solaire. Avec l'audace du génie, il s'élève aux conceptions les plus sublimes.

Il admet qu'une comète a frappé le soleil et en a
fait jaillir un torrent de matière embrasée, dont les
parties, condensées insensiblement par le froid, ont
formé les planètes. L'expérience nous montre jour-
nellement, ajoute-t-il, que si le coup qui sépare d'un
corps une partie de sa masse le frappe dans une
direction oblique, la partie séparée s'échappe en
tournant sur elle-même, jusqu'à ce que l'attraction
l'ait ramenée à la surface du sol. C'est ce qui est
arrivé aux planètes; mais comme la force centrifuge

les retient à distance du soleil, elles conservent, tout en faisant leur révolution autour de cet astre, le mouvement de rotation sur elles-mêmes qui nous donne les alternatives du jour et de la nuit.

Après avoir ainsi expliqué la formation des planètes et de leurs satellites, Buffon calcule le temps nécessaire à chacun des corps du système solaire pour passer de l'état d'incandescence, où ils se trouvaient au moment de leur formation, à une température qui les rende habitables; puis il passe à la formation successive des mers et des terres.

Sans doute, ce système si ingénieux et si grandiose pèche par la base, car on sait aujourd'hui que le choc d'une comète sur le soleil n'aurait pu produire un résultat semblable à celui que suppose Buffon; malgré ses erreurs, cette théorie sera regardée, dans tous les temps, comme une des plus magnifiques conceptions de l'esprit humain.

La théorie de la terre eut un succès prodigieux. Le public, déjà captivé par la magie du style, et à qui l'on n'avait présenté jusqu'alors que des idées mystiques et impénétrables, lui sut un gré infini de lui donner un système à sa portée sur la nature.

Les *Idées générales sur les animaux* et l'*Histoire de l'homme* n'eurent pas moins de succès.

Rien n'est comparable à l'éloquent tableau du développement physique et moral de l'homme; c'est la plus belle page de la philosophie moderne. Buffon y aborde, en outre, plusieurs problèmes difficiles. Il recherche quel fut le berceau du genre humain; peint les premiers peuples s'entourant d'animaux esclaves;

des colonies nombreuses suivant la direction et les
pentes des montagnes pour descendre au loin dans
les plaines, et la terre se couvrant, avec le temps, de
leur postérité.

Partisan de l'unité de l'espèce humaine, il démontre
que, depuis les zones froides que le Lapon et l'Esqui-
mau partagent avec les phoques et les ours blancs,
jusqu'aux climats brûlants que disputent à l'Africain
le lion et la panthère, la grande cause qui modifie les
êtres est la chaleur ; que ses variations produisent les
nuances des divers habitants du globe, et que nul
caractère constant n'établit entre eux des différences
déterminées. Ce système est encore aujourd'hui soutenu par d'éminents naturalistes.

Buffon est le premier qui ait établi les lois de la
distribution géographique des animaux ; le premier
qui ait comparé les quadrupèdes dans les deux
mondes ; il posa, le premier, en principe, qu'aucune
des espèces vivant sous la zone torride n'est commune aux deux continents, et qu'au contraire, plus
on avance vers les pôles, plus les espèces communes
aux deux continents se multiplient. Il est le premier
qui ait dévoilé les causes de la dégénération des animaux, et le premier qui ait réuni dans un magnifique
tableau toutes les variétés de notre espèce.

Aux discours sur la nature des animaux, succède
leur description ; aucune production semblable n'avait
encore attiré l'attention. Tous ses tableaux respirent
la chaleur et la vie ; ils peignent des couleurs les plus
vives et les plus vraies les mœurs, les actions propres à chaque être. Malheureusement, cette partie de

l'ouvrage manque de méthode et se ressent du dédain qu'affecte Buffon pour les classifications.

On a souvent parlé d'une rivalité entre Linné et Buffon. Comme tous les hommes, ce grand génie avait ses faiblesses, et l'une d'elles aurait été de jalouser la gloire de Linné. On s'est demandé si la méthode dont Linné était le représentant indisposa Buffon contre Linné, ou si le mérite de ce dernier fit repousser la méthode. Il est certain que Buffon les combattit ensemble. Selon lui, il n'y a que des individus dans la nature ; les genres, les ordres et les classes sont le fruit de notre imagination.

Ces deux grands hommes, faits pour se compléter, furent adversaires en raison même de l'opposition de leur esprit et de leur caractère. Linné, homme d'analyse, d'un esprit patient et méthodique, rangea tous les êtres sous une loi nouvelle, les nomma et les classa ; il définit chaque genre, chaque espèce, par des phrases brèves, d'une grande précision, mais quelquefois un peu rudes. Son savoir, sa sagacité, le firent maître souverain de l'enseignement dans les écoles ; il eut les succès d'un grand professeur. Buffon, généralisateur hardi et brillant, doué d'une pénétration prodigieuse, dédaignant les méthodes et l'aridité des descriptions scientifiques, ne s'arrête pas à la froide et minutieuse observation de chaque objet ; il contemple la nature dans son ensemble, dessine ses tableaux à grands traits, et les revêt des couleurs les plus brillantes. Le système d'opposition qui poussa Buffon à attaquer Linné et ses classifications fut-il, comme on l'a dit, un tort d'ignorance ? Buffon en

donne des raisons de haute philosophie qui ne sont
pas sans valeur et devant lesquelles il ne semble pas
qu'on ait le droit d'en chercher d'autres. Dans la description des quadrupèdes, il adopte un ordre relatif
et tout personnel à lui. Ce sont, d'abord, les animaux
domestiques et ceux que l'homme loge dans sa maison; puis les bêtes fauves des forêts de l'Europe;
enfin, les animaux étrangers. Il faut observer, toutefois, que, au fur et à mesure que la publication de
ses volumes avance, Buffon classe davantage, et lorsqu'il arrive à l'histoire des singes, il entre dans cette
voie méthodique qu'il avait d'abord condamnée dans
Linné et produit un chef-d'œuvre au point de vue
des rapports naturels. De 1749 à 1767, il publia les
quinze premiers volumes de son grand ouvrage sur
les quadrupèdes, et, dès 1753, il fut nommé membre
de l'Académie française.

A l'histoire des quadrupèdes et des singes succéda
l'*Histoire des oiseaux*. Daubenton, froissé d'un procédé un peu autoritaire de Buffon, n'apporta pas sa
collaboration à cette partie. L'ouvrage ne perd rien
pour la beauté et la pompe du style; mais la partie
anatomique n'a plus la même rigueur. Cependant, il
y a plus d'ordre que dans les quadrupèdes; on sent
que, malgré sa répugnance outrée pour les méthodes,
Buffon en reconnaît enfin la nécessité; il y cède pour
mieux classer ses idées, pour mieux saisir les rapports et les différences qui lient ou séparent les
êtres les uns des autres. Il y forme des groupes régu-
liers, des familles, des genres fondés sur des caractères communs. Cette *Histoire des oiseaux*, dans

laquelle il fut aidé par Guéneau de Montbelliard, forme neuf volumes, publiés de 1770 à 1783. De cette époque à 1788 parurent les cinq volumes de l'*Histoire des minéraux*.

Puis vinrent à la suite sept volumes de suppléments, avec les *Époques de la nature*. Ce dernier ouvrage, qui marque l'apogée du génie de Buffon, fut accueilli avec un véritable enthousiasme. Ici, le grand naturaliste présente, dans un style vraiment sublime, une nouvelle théorie de la terre qui fortifie et développe la première. Sa prose harmonieuse et toujours noble prend un ton de gravité qui domine l'imagination. Il embrasse l'immensité, et contemple du regard de l'aigle les rapports les plus éloignés. On dirait que son génie lutte de grandeur avec ses modèles, et la magnificence de ses pensées impose le respect.

Dans cet impérissable ouvrage, Buffon revient sur quelques-unes de ses idées premières; doué de la plus grande portée d'esprit et de vues progressives comme écrivain et comme penseur, il se perfectionne et se rectifie. Il abandonne l'idée que les montagnes doivent leur origine à l'eau et reconnaît qu'elles sont produites par le feu central. Il croit à la mutabilité des espèces, dont il affirmait d'abord la fixité. Le premier, il ose fouiller les archives du monde, tirer des entrailles de la terre les vieux monuments, recueillir leurs débris et rassembler en un corps de preuves tous les indices des changements physiques qui peuvent nous faire remonter aux différents âges de la nature. Sans doute, il a pu se tromper dans les détails; mais il n'en a pas moins ouvert et tracé la route de la géologie et de la paléontologie.

L'histoire naturelle des animaux ne comprend que les quadrupèdes et les oiseaux; Buffon n'a pas eu le temps de traiter des autres classes du règne animal. Il légua à Lacépède le soin d'achever son œuvre; mais celui-ci ne traita que des reptiles et des poissons. Il n'a rien fait en botanique, si ce n'est les expériences dont nous avons parlé plus haut.

Buffon n'était ni anatomiste ni physiologiste et expliquait tous les phénomènes de la nature par des lois générales. Il admet que la vie est une propriété physique de la matière — proposition qui fut censurée par les théologiens de la Sorbonne — et il croit aux générations spontanées. Trompé par les expériences de Leuwenhoeck et de Needham, il conçut son système des *molécules organiques,* suivant lequel il existe dans la nature une matière primitive commune aux animaux et aux végétaux. Cette matière est composée de particules organiques vivantes, incorruptibles, toujours actives. Ces particules, universellement répandues, servent à la nutrition, à l'accroissement et à la reproduction des êtres, et reproduisent en petit le moule intérieur dont elles faisaient partie. Tout son système sur la génération est basé sur cette hypothèse.

A tous ses titres de gloire, Buffon joint celui de fondateur du Muséum d'histoire naturelle. C'est lui qui, riche des tributs offerts à sa renommée par les souverains, par les savants, par les naturalistes du monde entier, porta ces offrandes dans les galeries que lui-même fit édifier en partie. Il y avait trouvé les plantes que Tournefort et Vaillant avaient recueillies et conservées ; mais, sous sa direction, ce que les fouilles les plus profondes et les voyages les plus lointains firent découvrir d'objets rares et curieux vint s'y ranger. On y remarquait surtout ces peuples de quadrupèdes et d'oiseaux qu'il a si bien décrits. Tout était plein de lui dans ce temple, où il assista, pour ainsi dire, à son apothéose. A l'entrée lui fut élevée une statue, au bas de laquelle étaient gravés ces mots :

MAJESTATI NATURÆ PAR INGENIUM.

Mais, dans ses dernières années, de cruelles souffrances vinrent arrêter cette belle carrière d'un demi-siècle de vie littéraire, demi-siècle de gloire, pendant lequel il obtint tous les genres de récompenses et d'honneurs. Reçu membre de l'Académie des sciences à trente-deux ans (1739), il entra à l'Académie française en 1753 ; Louis XV érigea en comté sa terre de Buffon, et sa patrie, tant de fois injuste envers ses grands hommes, lui décerna, vivant, les honneurs de l'immortalité. Après avoir vu le monde entier s'incliner devant son génie ; après avoir vu ses ouvrages traduits dans toutes les langues de l'Europe ; après avoir conservé la plénitude de sa raison et de ses affections jusqu'à la dernière heure, il mourut le 16 avril 1788, âgé de quatre-vingt-un ans, des suites de la pierre.

Buffon avait la figure noble et mâle, portant l'empreinte extérieure de sa haute intelligence ; sa taille

était vigoureuse, son aspect imposant, son naturel
impérieux. Très recherché dans sa mise et d'une
exquise politesse, il était généreux, obligeant et mettait volontiers son crédit au service de ceux qu'il en
jugeait dignes. Buffon n'a laissé qu'un fils, qui devint
colonel de cavalerie et périt sur l'échafaud révolu-
tionnaire.

Bien que la plus grande part de gloire dans l'érec-
tion du magnifique monument élevé aux sciences naturelles revienne incontestablement à Buffon, il ne
faut pas oublier que Daubenton fut pour lui un collaborateur précieux.

Louis-Jean-Marie DAUBENTON, né en 1716, à Montbard, était fils d'un notaire de cette ville. Envoyé à
Paris pour étudier la théologie, il suivit en secret les
cours de médecine et d'anatomie. La mort de son
père l'ayant laissé libre de choisir sa profession, il se
fit recevoir docteur et revint à Montbard pour y exercer la médecine.

Buffon ayant été nommé directeur du Jardin du
roi, entreprit d'embrasser et de peindre dans un
grand ouvrage la nature tout entière; mais il avait
pour cela besoin d'aide. Esprit vaste, aux grandes
vues, porté aux spéculations hardies, maître d'un
style magique, il était étranger aux sciences naturelles. En outre, sa vue basse et le soin particulier
qu'il prenait de sa personne l'éloignaient des études
anatomiques. Il se rappela alors son camarade d'enfance, dont il connaissait les goûts et le talent, et fit
venir auprès de lui Daubenton, qu'il nomma garde
et démonstrateur du cabinet d'histoire naturelle.

Le caractère de Daubenton était juste l'opposé de celui de Buffon ; esprit timide, positif, grand investigateur des faits, il se concentrait dans l'examen des détails. Il était, en outre, servi par des yeux sûrs et une main des plus habiles. Il avait donc tout ce qui manquait à Buffon, et ces deux hommes de génie se complétaient l'un l'autre.

Daubenton s'appliqua tout d'abord à classer et à compléter les collections fort pauvres à cette époque, si même on peut dire qu'il en existât ; il s'efforça de réunir tous les objets analogues et de compléter les séries. L'étude et l'arrangement de ces matériaux devinrent pour lui une véritable passion, et il s'enfermait des journées entières dans les galeries pour étudier et classer ces richesses. Mais là ne se bornaient pas ses travaux. Avant de commencer le grand ouvrage qu'ils avaient entrepris, il fallait tout revoir, tout observer ; il fallait reprendre en sous-œuvre tout le travail des siècles précédents. Daubenton disséqua et décrivit près de deux cents espèces, et dans ce travail si long et si fatigant, il apporta une telle sûreté, une si grande exactitude, qu'après lui on n'y a pas relevé une seule erreur.

Buffon et Daubenton travaillèrent dix ans avant de mettre au jour les trois premiers volumes de l'*Histoire naturelle* (1749) ; en 1767, il en avait paru quinze. Le plan, les théories générales, la peinture des mœurs des animaux, le tableau des grands effets de la nature, en un mot, tous les morceaux d'éclat étaient de la main de Buffon ; à Daubenton appartenaient toutes les observations de détail et toutes les descriptions anatomiques. C'étaient les premières assises du plus beau monument qui eût encore été élevé à l'histoire de la nature.

Les descriptions de Daubenton, conçues sur un plan uniforme et présentées avec autant de clarté que de précision, peuvent être regardées comme le point de départ de l'anatomie comparée. Le premier, il compara les parties du corps de l'homme avec celles des animaux et nomma d'un même nom toutes les parties correspondantes.

Après de tels services rendus à l'ouvrage de Buffon par Daubenton, il semble que l'union entre ces deux hommes dût être indissoluble ; ce fut pourtant alors qu'elle se rompit. Buffon, enchanté du succès de ses quinze premiers volumes, et ayant entendu dire qu'il aurait plus de lecteurs s'il pouvait diminuer le format et retrancher l'anatomie, fit faire une nouvelle édition en treize volumes in-12. Daubenton en fut justement froissé et ne voulut plus travailler avec lui. Les volumes suivants, qui ont rapport à l'histoire naturelle des oiseaux, se ressentent, au point de vue scientifique, de cette abstention.

Rendu tout entier à sa liberté, Daubenton publia plusieurs travaux : il donna à l'*Encyclopédie* de nombreux articles sur les animaux vertébrés, et présenta plusieurs mémoires à l'Académie des sciences. Pour ne parler que des plus importants, citons celui sur les *Os attribués à des géants*, où, appliquant la connaissance de l'anatomie comparée à la détermination des espèces de quadrupèdes, dont on trouve les dépouilles fossiles, il détruit à jamais ces idées ridi-

cules de géants, qui se renouvelaient chaque fois que
l'on déterrait les ossements de quelque grand animal
tel que l'éléphant, le mastodonte, le rhinocéros, etc.
Ce qu'il fit de plus remarquable en ce genre, fut la
détermination d'un os que l'on conservait au Garde-
meuble comme l'os de la jambe d'un géant; il annonça
que c'était le radius d'une girafe, quoiqu'il n'eût
jamais vu l'animal ; fait confirmé depuis par Cuvier.
Déjà, une certaine philosophie admettait que l'homme
avait été primitivement un animal fort ressemblant
au singe, et qu'il avait marché à quatre pattes. Daubenton démontra, par une observation ingénieuse et
décisive sur l'articulation de la tête, que l'homme ne
peut marcher autrement que sur deux pieds, ni le
singe autrement que sur quatre.

Daubenton fit des travaux importants sur l'amé-
lioration des laines de nos troupeaux. On tirait alors
presque toutes les laines fines d'Espagne, il entreprit
d'affranchir la France de ce tribut onéreux et de faire,
avec les races françaises de moutons, une laine aussi
belle que celle des moutons espagnols. Il y réussit et
établit des règles que l'on suit encore aujourd'hui,
dans son livre intitulé : *Instructions pour les bergers
et les propriétaires de troupeaux* (1782). Cet ouvrage
le rendit populaire, et lui fit délivrer, en 1793, par la
section des Sans-Culottes, un certificat de civisme au
nom du *berger* Daubenton.

En 1785, il professa l'économie rurale à Alfort, et,
lorsque la convention érigea le Jardin du roi en Muséum d'histoire naturelle, il y fut nommé professeur
de minéralogie. En 1795, il occupa la chaire de zoo-

logie à l'École normale, puis au Collège de France.
Vers la fin de 1799, il fut élu membre du Sénat ; mais
il ne jouit pas longtemps de cette dignité qui s'accordait peu, d'ailleurs, avec son caractère et la simplicité de ses habitudes. A l'une des premières séances,
il fut frappé d'apoplexie et mourut le 31 décembre 1799,
âgé de quatre-vingt-quatre ans.

Ce fut BERNARDIN DE SAINT-PIERRE qui succéda à
Buffon comme intendant du Jardin des plantes. C'était
un écrivain éminent, animé comme son prédécesseur d'un goût passionné pour les beautés de la
nature et doué d'un talent incontestable pour les
peindre. Il manquait, il est vrai, de connaissances
scientifiques positives ; mais ses qualités administratives, son caractère conciliant et sa popularité pouvaient rendre à l'établissement de grands services et
le garantir des dangers qui le menaçaient ; il faut se
rappeler qu'on était en 1792.

Le Jardin des plantes ne possédait pas de ménagerie ; celle de Versailles ayant été supprimée, le régisseur des domaines écrivit à Bernardin de Saint-
Pierre pour lui offrir quelques animaux que l'on y
conservait. L'élégant écrivain comprit tout le parti
qu'on pouvait tirer d'une semblable proposition et
l'accepta aussitôt. Il y avait cinq animaux étrangers :
un couagga du Cap, un bubale d'Afrique, un rhinocéros de l'Inde, un lion du Sénégal et un goura ou
pigeon couronné de l'île de Banda. Peu après, un
arrêté de la commune de Paris ordonnait la saisie et
le transport au Jardin des plantes de toutes les ménageries foraines et animaux sauvages stationnés sur

les places de Paris. Daubenton était alors directeur du Muséum, et Geoffroy Saint-Hilaire chargé de l'administration du matériel zoologique ; ils acceptèrent les animaux qu'on leur envoyait, bien qu'ils n'eussent ni locaux préparés, ni fonds alloués pour la nourriture et la garde des animaux, et résolurent d'y subvenir à leurs frais jusqu'à nouvel ordre. Ils comprenaient tout l'intérêt que devait avoir pour la science et pour le pays un tel établissement, et combien il serait difficile au gouvernement de revenir en arrière, une fois le premier pas fait. C'est ainsi que fut institué le noyau de la ménagerie, qui s'enrichissait de deux ours blancs, d'un léopard, d'un chat-tigre, d'une civette, d'un raton, d'agoutis et de nombreux singes ; en outre, de plusieurs oiseaux, dont deux aigles et un vautour, ainsi que de quelques tortues et serpents.

L'anatomie comparée et les galeries du Muséum durent en grande partie leurs progrès à la ménagerie, qui s'enrichit de jour en jour. Mertrud, collaborateur de Buffon et de Daubenton, et qui succéda à ce dernier comme professeur d'anatomie comparée, put ainsi se livrer avec plus de succès à ses recherches et à ses démonstrations. Vicq d'Azyr, le savant et brillant anatomiste, y trouva les éléments de l'ouvrage qui devait embrasser tous les faits relatifs à l'organisation des êtres, et dont le projet, ajourné par la mort de son auteur, fut réalisé par Cuvier. C'est grâce aux précieuses ressources qu'elle fournit, que ce dernier, ainsi que ses successeurs, ont pu fonder et accroître ces magnifiques galeries d'anatomie, puissant moyen d'instruction publique, qu'admirent les étrangers qui visitent nos musées.

Lorsque Buffon obtint la direction du Jardin du roi, depuis longtemps le nom des Jussieu illustrait la chaire de botanique; mais nous ne pouvons suivre rigoureusement l'ordre chronologique qui nuirait au but que nous nous sommes proposé, c'est-à-dire de tracer à grands traits l'histoire des progrès des sciences naturelles à travers les siècles.

Antoine DE JUSSIEU, le premier en nom de cette illustre famille de savants qui a porté si haut en France la science botanique, était né à Lyon en 1686.

Venu fort jeune à Paris pour y faire ses études médicales, il s'adonna surtout à la botanique et parcourut la Normandie et la Bretagne dont il étudia la flore. Il revint avec de riches matériaux et fut remarqué par Fagon, médecin du roi et surintendant du Jardin des plantes, qui le nomma professeur de botanique en remplacement de Tournefort, à la mort de ce dernier. C'était en 1709 ; il avait alors vingt-trois ans, et plusieurs mémoires remarquables le firent entrer, deux ans après, à l'Académie des sciences.

En 1716, Fagon lui fit donner une mission en Espagne et en Portugal pour y recueillir des plantes, et le jeune professeur obtint de s'adjoindre son frère Bernard, alors âgé de dix-sept ans. A son retour, il publia ses travaux dans les *Mémoires de l'Académie des sciences*, et donna une relation de son voyage. Il fut ensuite nommé à la Faculté de médecine de Paris, pour y professer un cours de matière médicale qui ne fut publié qu'après sa mort, sous le titre de *Traité des vertus des plantes* (1772).

Antoine de Jussieu avait édité, en 1714, l'ouvrage du P. Barélier sur les plantes de France et d'Italie et il publia, en 1719, une nouvelle édition des *Institutiones rei herbariæ*, de Tournefort, avec des notes et un appendice. Ce fut lui qui, en 1720, remit au chevalier Declieux, enseigne de vaisseau, un pied de caféier pour le transporter en Amérique, où il a produit tous ceux que l'on cultive aujourd'hui aux Antilles. On sait que, pendant ce voyage, la provision d'eau potable étant venue à manquer, le jeune officier eut le dévouement de partager sa petite ration de liquide avec sa précieuse plante et put ainsi la conserver.

Antoine de Jussieu était docteur et pratiqua la médecine avec distinction. Il mourut en 1758, âgé de soixante-douze ans.

Bernard DE JUSSIEU, frère d'Antoine, était aussi né à Lyon, en 1699. Au sortir du collège, à dix-sept ans, il vint à Paris pour achever ses études; puis il accompagna son frère Antoine en Espagne et en Portugal. Ce voyage décida le goût de Bernard pour l'étude de la botanique. A son retour, il étudia la médecine et se fit recevoir docteur; mais il renonça bientôt à la pratique de cet art pour accepter la place de démonstrateur de botanique au Jardin du roi. C'est dans cette place modeste, dont il se contenta toute sa vie, qu'il rendit à la science d'éminents services, soit en augmentant les collections, souvent même à ses frais, soit en répandant le goût de la botanique au moyen des herborisations qu'il faisait faire aux élèves et qui étaient très suivies. Le droguier, dont il était conservateur, reçut, par ses soins, une extension considérable et prit le titre de *Cabinet du roi*. A la mort de son frère Antoine, la chaire de botanique revenait de droit à Bernard de Jussieu, mais elle fut donnée à Lemonnier que de hautes protections avaient fait nommer botaniste du roi. Celui-ci voulut d'ailleurs céder la place à Bernard qui la refusa.

Doué d'une modestie extrême et tout entier à ses fonctions de démonstrateur, Bernard de Jussieu ne publia aucun ouvrage important ; on lui doit cependant quelques mémoires remarquables sur diverses plantes et sur des polypiers regardés avant lui comme des végétaux. En 1725, il donna une nouvelle édition fort augmentée de l'*Histoire des plantes des environs de Paris*, de Tournefort, et entra la même année à l'Académie des sciences. Personne d'ailleurs n'attachait moins de prix que lui à ses propres découvertes ; il n'était occupé que de la pensée de propager les vérités utiles. Lorsqu'on lui dénonçait quelque plagiat, il se contentait de répondre : « Qu'importe, pourvu que la chose soit connue ! »

Déjà depuis quelques années, en méditant sur les rapports naturels qui existent entre les plantes, Bernard de Jussieu avait entrevu la méthode naturelle et réuni des matériaux dont devait profiter son neveu Antoine-Laurent. Une circonstance heureuse lui permit de faire une application de ses grandes vues qui, sans cela peut-être, eussent été perdues pour la science.

Le roi Louis XV voulut former dans les jardins de Trianon une école de botanique, et Bernard fut chargé de mettre ce projet à exécution. Il en fit la distribution non suivant le système de Linné, qui jouissait à cette époque d'un crédit universel, mais d'après ses propres idées sur la subordination relative des caractères des plantes. Il partagea d'abord le système entier en deux grandes divisions : les monocotylédonées et les dicotylédonées ; puis il distribua les familles suivant l'analogie des caractères généraux ; mais il se borna à publier un simple catalogue du jardin de Trianon, sans développer les motifs de cette classification toute nouvelle, laissant tout l'honneur de cette découverte à son neveu Antoine-Laurent, à qui on ne peut douter qu'il ait confié ses idées générales à ce sujet.

En effet, autant Bernard de Jussieu avait un amour passionné pour la science, autant il avait d'indifférence pour les honneurs. Bien que fort avancé dans les bonnes grâces du roi, il ne demanda jamais aucune faveur, et resta toujours simple démonstrateur de botanique au Jardin des plantes.

En 1765, il appela auprès de lui son neveu Antoine-Laurent, dont il dirigea les études vers les sciences naturelles, et le fit plus grand que lui. Il mourut en 1777, à l'âge de soixante-dix ans ; quelque temps avant sa mort, il avait perdu la vue. C'est lui qui, au retour d'un voyage en Angleterre, rapporta dans son chapeau le fameux cèdre du Liban qui couvre de sa vaste ramure l'un des carrefours du Labyrinthe dans le jardin du Muséum.

Joseph DE JUSSIEU, frère des précédents, naquit à Lyon en 1704. Il étudia la médecine et se livra également à l'étude des sciences naturelles. Il fut désigné pour accompagner, en qualité de botaniste, les membres de l'Académie des sciences chargés d'aller mesurer au Pérou un arc du méridien (1735), et lorsque ses collègues revinrent en Europe, il continua de parcourir l'Amérique méridionale pour y poursuivre ses recherches d'histoire naturelle. Il y resta trente-six ans, et lorsqu'il revint en France (1771), épuisé par les fatigues et la maladie, il ne fit que languir pendant quelques années, et mourut sans avoir pu rédiger les mémoires de ses voyages, en 1779. On lui doit la connaissance d'un grand nombre de plantes du nouveau monde, dont il enrichit les herbiers du Jardin du roi, et entre autres l'héliotrope et le cierge du Pérou. Il appartenait à l'Académie des sciences depuis 1758.

Neveu des précédents et fils d'un de leurs frères nommé Christophe, Antoine-Laurent DE JUSSIEU naquit comme eux à Lyon, le 12 avril 1748. Il était dans sa dix-huitième année lorsque son oncle Bernard l'appela à Paris pour y terminer ses études. Ce fut sous la direction de l'illustre vieillard qu'il étudia la médecine, et c'est de lui qu'il reçut les premières notions d'histoire naturelle. Le savant menait une vie fort retirée et ses habitudes étaient d'une régularité extrême ; mais, fort heureusement pour le jeune Laurent, ce genre de vie était dans ses goûts. L'oncle et le neveu travaillaient tout le jour dans la même chambre, prenaient ensemble leurs repas et, le soir venu, le neveu faisait la lecture à son oncle qui, à son tour, lui communiquait ses vues et ses réflexions. Cette éducation ne devait guère moins influer sur le caractère du jeune Jussieu que sur son génie. Aussi, même simplicité dans les habitudes, même constance dans le travail, même persévérance dans le développement de la même idée ; jamais deux hommes ne semblèrent mieux faits pour se continuer l'un l'autre.

Bientôt son oncle le fit nommer suppléant du professeur titulaire de botanique, Lemonnier, premier médecin du roi, tandis que lui-même restait simple démonstrateur. Ce fut alors (1778) qu'il présenta à l'Académie des sciences un mémoire intitulé : *Examen de la famille des Renoncules.* Ce travail important, qui renfermait déjà tous les éléments de la grande pensée qu'il consacra sa vie à développer : les principes de la méthode naturelle, lui ouvrit les portes de l'Académie.

A cette époque, la classification de Linné était seule en usage. Ce système tout artificiel, basé sur le nombre des étamines et sur leurs rapports entre elles et avec le pistil, était surtout séduisant par la facilité avec laquelle il permettait de connaître le nom assigné à une plante par les botanistes. On peut même dire qu'à ce point de vue c'est un chef-d'œuvre qui sera difficilement surpassé ; mais il avait l'inconvénient de réunir dans une même classe des plantes d'une organisation souvent fort différente.

La méthode des Jussieu, basée sur le grand principe de la surbordination des caractères, a pour but de placer chaque espèce, chaque genre, au milieu de

LAURENT DE JUSSIEU

D'APRÈS UN PORTRAIT DE JULES BOILLY.

ceux avec lesquels il offre le plus de ressemblances essentielles par son organisation, et d'établir ses divisions sur les organes les plus importants, sans avoir égard à leur nombre ni à la difficulté de les observer.

Ce fut en 1789 qu'il publia son grand ouvrage : *Genera plantarum secundum ordines naturales disposita,* « livre admirable, dit Cuvier, qui fait dans les sciences d'observation une époque peut-être aussi importante que la chimie de Lavoisier dans les sciences d'expérience ». Et, en effet, la classification zoologique de Cuvier elle-même a découlé de celle qui venait de s'établir en botanique.

Laurent de Jussieu traversa sans dangers les troubles de la Révolution, et lorsqu'en 1793 on réorganisa le Jardin des plantes sous le nom de *Muséum d'histoire naturelle,* il fut compris parmi les titulaires des nouvelles chaires. L'année suivante, il fut nommé directeur, et son premier soin fut de fonder au Muséum une bibliothèque consacrée spécialement aux sciences naturelles, au moyen des livres qui avaient appartenu aux corps religieux supprimés. Nommé membre de l'Institut dès la création de ce corps, il en devint président. En 1804, il fut nommé professeur de matière médicale à la Faculté de médecine, puis conseiller de l'Université. La Restauration lui enleva ces deux derniers titres, et, en 1826, affaibli par l'âge et presque privé de la vue, il se démit de sa chaire au Muséum en faveur de son fils Adrien. Il vécut encore dix ans et s'éteignit doucement en 1836, dans sa quatre-vingt-neuvième année.

On doit à Laurent de Jussieu, outre son *Genera plantarum*, de nombreux articles dans le *Dictionnaire des sciences naturelles* et une longue suite de *Mémoires* dans les *Annales du Muséum*.

Mais revenons un peu sur nos pas. Nous avons vu que l'intérêt porté par Buffon à la zoologie ne lui avait pas fait négliger l'enseignement de la botanique et les soins indispensables à la culture des plantes. Il se reposait de ces soins avec une entière confiance sur Bernard de Jussieu et André Thouin. Voulant en même temps que le Cabinet et le Jardin du roi devinssent le dépôt le plus vaste et le plus complet des productions de la nature dans les trois règnes, il obtint du gouvernement qu'un certain nombre de naturalistes fussent envoyés sur les points les plus reculés du globe pour y recueillir les objets rares ou nouveaux destinés à accroître ses collections.

Parmi ces naturalistes voyageurs, auxquels leur zèle, leur courage et leur savoir ont mérité de voir leurs noms unis à ceux dont s'honore la science, nous citerons Pierre Poivre, né à Lyon en 1719 d'une famille de négociants. Il fut élevé chez les missionnaires de Saint-Joseph, et manifesta de bonne heure un goût prononcé pour les voyages et les sciences naturelles. Il partit à vingt ans pour la Chine et la Cochinchine, apprit la langue du pays et recueillit sur ces contrées une foule d'observations intéressantes. Fait deux fois prisonnier par les Anglais, pendant ses voyages, il perdit un bras pendant le combat, et ne revint en France qu'à la paix de 1745.

Malgré ses dangers et ses souffrances, Poivre ne cessa pas d'observer et de recueillir tout ce qui se rapportait à la géographie, aux productions naturelles, et au commerce des contrées qu'il eut occasion de parcourir. De retour en France, il présenta un rapport au ministre sur les avantages qu'offrirait le transport aux îles de France et de Bourbon des épices cultivées aux Moluques, et sur l'importance d'ouvrir un commerce direct avec la Cochinchine. Il fut chargé de l'exécution de ces projets, et fut nommé en 1767 intendant des colonies.

Il gouverna pendant plusieurs années les îles de France et de Bourbon, et s'y montra excellent administrateur. C'est à lui qu'on doit l'introduction dans ces colonies de plusieurs cultures précieuses, telles que celles du giroflier, du muscadier, du cannelier et de bien d'autres. Il fonda à Port-Louis un jardin des plantes, où il réunit toutes les richesses végétales de l'Afrique et de l'Inde, et d'où il adressa un grand nombre de plantes rares au Jardin du roi. Poivre revint en France en 1773, et se retira à Lyon dans une campagne qu'il possédait sur les bords de la Saône, et où il mourut en 1786.

Un autre voyageur à qui les sciences naturelles furent redevables de nombreux et importants services est Philibert COMMERSON, né en 1727 à Châtillon-les-Dombes. Son père était notaire et lui destinait son étude ; mais le jeune Commerson ne se sentait aucun goût pour l'étude du droit et ses penchants l'entraînaient vers les sciences naturelles. Il alla étudier la médecine à Montpellier, où il fut reçu docteur en 1747, et s'adonna surtout à l'histoire naturelle. Il visita d'abord l'Auvergne, le Dauphiné, la Suisse, et recueillit dans ces contrées des collections botaniques, qui formèrent le noyau du magnifique herbier qu'il composa par la suite. Mis en relation avec Linné, il entreprit, à l'instigation du grand naturaliste, la description des poissons de la Méditerranée, et écrivit un traité presque complet d'ichtyologie, qu'il dédia à la reine de Suède.

Appelé à Paris par son compatriote Lalande, Commerson fut désigné comme naturaliste pour accompagner Bougainville dans un voyage autour du monde. Il visita les côtes orientales de l'Amérique du Sud, la Terre de Feu, les Malouines, parcourut les Moluques, l'île de Java, et arriva à l'île de France en 1768, possesseur de magnifiques collections. Là il trouva Poivre, alors intendant de la colonie, qui l'y retint quelque temps. Il visita ensuite Madagascar, puis l'île Bourbon, et décrivit son volcan alors en éruption.

De retour à l'île de France, il y mourut en 1773; il venait d'être nommé membre de l'Académie des sciences. Bien qu'il n'ait écrit aucun ouvrage complet, Commerson a laissé une correspondance qui révèle en lui un naturaliste éminent. Ses papiers, ses dessins et ses riches collections, déposés au Jardin du roi, renfermaient un grand nombre de types nouveaux.

Cette époque fut féconde en hardis voyageurs, en savants intrépides, toujours prêts à affronter les périls dans le but d'agrandir le champ des sciences naturelles, et trop souvent, hélas, en glorieux martyrs. Après Poivre et Commerson vient sur cette brillante liste Joseph DOMBEY, né à Mâcon en 1742. Issu de parents pauvres, il parvint, à force d'énergie et de persévérance, à se faire recevoir docteur en médecine. Mais entraîné par sa passion pour la botanique, il vint à Paris suivre les cours de Jussieu et de Lemonnier qui, reconnaissant ses brillantes qualités, le proposèrent au ministre Turgot pour remplir une mission scientifique au Pérou. Ce voyage nécessitait l'assentiment du gouvernement espagnol, qui lui suscita mille difficultés, et ne consentit à son départ qu'accompagné de deux botanistes espagnols, Ruiz et Pavon.

Dombey recueillit une foule de plantes nouvelles et fit dessiner les arbres et les fleurs pour en conserver le port et les couleurs. Mais quand la collection fut terminée, on refusa de la lui livrer, et on ne lui permit même d'envoyer en France ses herbiers et ses graines qu'à la condition de ne rien publier avant le retour des botanistes espagnols qui ne devaient revenir que dans quatre ans.

Il voulut aussi explorer le Chili, et se trouvait à la Conception en 1782, lorsque éclata une épidémie qui ravagea cette ville. Loin de fuir le danger, le courageux savant prodigua ses soins aux malades, et ne quitta la cité que lorsque l'épidémie s'arrêta. Fatigué et souffrant lui-même, Dombey s'embarqua avec une collection immense de plantes, d'antiquités péruviennes, d'échantillons de minéralogie et d'animaux inconnus; le tout était enfermé dans soixante-douze caisses. Mais lorsqu'il débarqua à Cadix, les mauvais procédés recommencèrent; l'Espagne avait la prétention de retenir la moitié de ces collections au profit du roi ; on essaya même d'attenter à sa vie. Cependant, grâce à son énergie, il put s'embarquer pour le Havre, d'où il gagna Paris. Lié par sa promesse, il ne put mettre en œuvre lui-même ses riches matériaux, et ce fut le botaniste Lhéritier qui publia à ses frais la *Flore du Pérou*.

Dombey mourut avant la publication de cet ouvrage. Momentanément dégoûté des voyages scientifiques, en raison des difficultés qu'il avait éprouvées, il se retira dans le Dauphiné, où il vécut d'une pension que lui faisait le gouvernement. Mais repris de sa passion pour les sciences, il demanda, en 1793, une mission pour les États-Unis. Le vaisseau qui le portait fut pris par des pirates aux environs de la Guadeloupe, et il mourut de chagrin et de misère dans les cachots de Montserrat, en 1794.

Pierre Sonnerat, né à Lyon en 1745, consacra également son existence à des voyages de découvertes. Il s'adonna de bonne heure à l'étude de l'histoire naturelle et du dessin, et partit en 1768 pour l'île de France, où il rencontra ses compatriotes Poivre et Commerson. Il accompagna ce dernier à Bourbon et à Madagascar; puis visita les Moluques et les Philippines, d'où il rapporta de riches collections qu'il déposa au Jardin du roi.

Il repartit la même année (1774) pour l'Inde, avec mission de continuer ses recherches. Il parcourut Ceylan, la côte de Malabar, Surate, la presqu'île de

Malacca et la Chine. Il revint en Europe quatre ans après, chargé d'un riche butin scientifique, et publia la relation de son *Voyage aux Indes et à la Chine*, en deux volumes in-4° accompagnés de belles figures, ouvrage qui contribua beaucoup à faire connaître les productions naturelles de l'Inde et les usages de ses habitants. Il y décrit un assez grand nombre de végétaux et d'animaux nouveaux ou peu connus. Enfin, plus heureux que Commerson et Dombey, il revint se fixer à Paris, où il mourut en 1814.

Nous citerons encore André Michaux, né à Versailles en 1746. Son père était fermier et il s'adonna de bonne heure aux travaux de la campagne. Il vit Bernard de Jussieu à Trianon, obtint de suivre ses cours, et la vue des richesses végétales du Jardin du roi lui inspira le goût des voyages. Il accompagna d'abord le consul de Perse en 1782, parcourut cette contrée pendant deux ans et en rapporta une belle collection de plantes et de graines. Puis on l'envoya dans l'Amérique septentrionale avec mission d'y établir une pépinière pour des arbres que l'on espérait acclimater en France. Il parcourut les États-Unis du sud au nord, jusque dans le Canada, y fonda divers établissements et revint en France après onze ans d'absence, pendant lesquels il avait envoyé plus de cinquante mille pieds d'arbres.

Michaux repartit de nouveau en 1800, avec l'expédition du capitaine Baudin, visita Ténériffe, l'île de France, puis Madagascar ; mais atteint par les fièvres dans ce pays, il y mourut en 1802. On doit à Michaux l'introduction de plusieurs arbres américains et, comme ouvrages, une *Histoire des chênes de l'Amérique septentrionale* et une flore de ce pays.

A la même époque, Jacques HOUTON DE LA BILLARDIÈRE, né à Alençon en 1755, vint à Paris et se fit recevoir docteur en médecine, tout en suivant assidûment les divers cours du Jardin du roi. Il préluda à ses nombreux voyages par des excursions botaniques dans les Alpes et le Dauphiné, puis obtint une mission à Chypre et en Syrie. Il passa une année entière à explorer le Liban, y recueillit une riche moisson de plantes, et observa avec soin les mœurs des habitants de ces contrées. A son retour, il fut nommé correspondant de l'Académie des sciences et désigné pour faire partie de l'expédition envoyée à la recherche de l'infortuné La Pérouse, dont on n'avait plus de nouvelles depuis trois ans.

La Billardière s'embarqua sous les ordres de d'Entrecasteaux, visita le Cap, la Nouvelle-Hollande, les îles de la Sonde, et fit dans ces pays d'amples collections dans toutes les branches de l'histoire naturelle. Mais, en vue de Java, son navire fut pris par les Hollandais. Il fut emmené prisonnier à Batavia, et ses riches collections furent envoyées en Angleterre, d'où, grâce à la délicatesse et au noble caractère de sir Joseph Banks, elles furent renvoyées intactes à Paris.

En 1795, La Billardière, rendu à la liberté, revint en France où il retrouva ses collections. Il s'occupa dès lors de les mettre en ordre et publia successivement le *Voyage à la recherche de La Pérouse*, la *Flore de la Nouvelle-Hollande*, la *Flore de la Nouvelle-Calédonie*.

On lui doit l'introduction en France de plusieurs plantes, entre autres celle du *Phormium tenax* ou lin de la Nouvelle-Zélande. Il mourut en 1804, membre de l'Académie des sciences.

Dans la seconde moitié du dix-huitième siècle, la physiologie végétale fit de grands progrès, DUHAMEL DU MONCEAU, dans sa *Physique des arbres* (1755), suivit la circulation de la sève; BONNET et DE SAUSSURE firent de nombreuses expériences sur l'exhalation des feuilles. En 1780, MUSTEL publia un bon traité théorique de la végétation, et, la même année, PRIESTLEY découvrit que, sous l'influence de la lumière, les parties vertes des plantes versent dans l'air du gaz oxygène. Quant à la nomenclature et à la classification, celles de Linné jouissaient alors d'une faveur universelle. Adanson tenta de les détrôner et de remplacer la classification artificielle du naturaliste suédois par une méthode naturelle, mais il n'y réussit pas; cette gloire était réservée à Laurent de Jussieu.

Michel ADANSON, né le 7 avril 1727, à Aix en Provence, fut amené à Paris par ses parents dès l'âge de trois ans et il y fit ses études. Il obtint de brillants succès aux concours de l'Université, et, poussé par son goût pour l'histoire naturelle, il suivit assidûment les cours de Bernard de Jussieu et de Réaumur. A l'âge de vingt et un ans, il entreprit à ses frais un voyage au Sénégal, et y sacrifia la plus grande partie de son patrimoine. Il en revint au bout de cinq ans, rapportant d'immenses collections et de nombreux matériaux qui lui servirent à rédiger son *Histoire naturelle du Sénégal*, in-4° (1757).

Durant son voyage, il décrivit un nombre considérable d'animaux et de plantes nouvelles, leva la carte du fleuve aussi loin qu'il put le remonter, dressa des dictionnaires du langage des peuples riverains, recueillit tous les objets de leur commerce, leurs armes, leurs costumes, leurs ustensiles, et, enfin, tint un registre d'observations météorologiques relevées régulièrement chaque jour. Cet ouvrage important, un *Mémoire sur le Baobab*, et un travail *sur les arbres qui produisent la gomme arabique*, le firent admettre, en 1759, à l'Académie des sciences.

Les idées qu'il avait puisées à l'école de Jussieu lui firent rejeter le système de Linné, et il en conçut un autre qui se rapprochait beaucoup plus de la méthode naturelle. Il le publia en 1763, sous le titre de : *Familles des plantes*, deux volumes in-8°; mais Linné et sa méthode avaient pris un tel ascendant que, malgré sa valeur réelle et incontestable, cet ouvrage passa presque inaperçu.

Doué d'une activité et d'une facilité de travail extraordinaires, Adanson semblait ne considérer ces travaux que comme des essais préliminaires, et il soumit à l'Académie des sciences le plan d'une vaste encyclopédie : *Ordre universel de la nature* ou *Méthode naturelle comprenant tous les êtres connus, suivant la série naturelle indiquée par l'ensemble de leurs rapports*, en vingt-sept volumes in-8°, suivis d'un *Vocabulaire universel d'histoire naturelle* servant de table à l'ouvrage. Il avait espéré que le gouverne-

MICHEL ADANSON

D'APRÈS UN DESSIN

COMMUNIQUÉ PAR M. DOUMET-ADANSON.

ment lui fournirait les moyens d'exécuter ce projet grandiose ; mais le manque d'appui l'obligea d'y renoncer. La quantité considérable de manuscrits et de dessins qu'il a laissés prouve d'ailleurs que c'était une idée sérieuse, bien que quelques-uns de ses détracteurs l'aient considérée comme chimérique, et s'il ne l'a pas mise à exécution, c'est que sa position de fortune ne le lui permettait pas.

Adanson consacra sa vie et son bien à la science; alors que les savants allaient explorer les contrées lointaines aidés par les subsides de leurs gouvernements, lui avait gagné le Sénégal, dont le climat malsain et les populations sauvages rendaient l'exploration dangereuse, et y était resté cinq ans, à ses frais et sans autre appui que ses propres ressources, qui y furent épuisées. Devenu pauvre, il fit preuve du plus grand patriotisme, en refusant de vendre aux Anglais les renseignements et les plans qu'il avait rapportés sur ce pays, et qu'il réservait à sa patrie, qui ne les lui payait pas. Il refusa de même les offres, qui lui furent faites par l'empereur d'Autriche et Catherine II, de venir se fixer dans leurs États.

La Révolution lui enleva le peu de ressources qui lui restaient, et il tomba dans le dénuement le plus complet; à ce point même que, quand l'Institut fut organisé après la tourmente, Adanson, appelé dans son sein, répondit qu'il ne pouvait s'y rendre parce qu'il n'avait pas de souliers. Il lui fut accordé une petite pension, d'autant plus nécessaire que sa santé, usée par le travail, par son long séjour dans des contrées malsaines et par la misère qu'il avait supportée, était sensiblement altérée. Il languit pendant quelques années et succomba en 1806.

Pierre BULLIARD, né à Aubepierre en Barrois, vers 1742, rendit de grands services à la botanique, et coopéra à populariser cette science par ses ouvrages. Joignant à ses connaissances botaniques un talent artistique distingué, il donna une flore parisienne (*Flora parisiensis*) en six volumes in-8°, accompagnée de six cent quarante planches dessinées et gravées par lui-même ; un *Herbier de la France* (1780-1793), renfermant six cent deux planches coloriées ; un *Dictionnaire élémentaire de botanique*, in-4° (1781) ; une *Histoire des plantes vénéneuses et médicinales de la France*, cinq volumes in-8°, avec deux cent neuf planches (1784) ; puis enfin, une *Histoire des champignons de la France* (1791-1812), in-folio, avec de belles planches, ouvrage très remarquable.

La science botanique compte parmi ses plus fervents adeptes René DESFONTAINES, né en 1750, au Tremblay (Ille-et-Vilaine). Il fit ses études médicales à Paris, mais s'occupa surtout d'histoire naturelle et principalement de botanique. Il étudia sous Bernard de Jussieu, et publia bientôt ses propres observations dans plusieurs mémoires importants, notamment sur l'*Irritabilité des plantes* et sur la *Différence de structure entre les végétaux monocotylédones et les dicotylédones*, travaux qui lui méritèrent un siège à l'Académie des sciences, en 1783.

Grâce à la protection de Lemonnier, médecin du roi, qui occupait la chaire de botanique au Jardin des plantes, il obtint une mission en Barbarie, pays alors peu connu et dont l'exploration n'était pas sans danger. Il y resta deux ans, parcourut le littoral et les chaînes de l'Atlas, et en rapporta un herbier considérable et des collections précieuses. Il s'occupa de mettre en ordre toutes ces richesses et publia son beau voyage sous le titre de *Flore atlantique*, deux volumes in-4°, avec deux cent soixante-trois planches (1798); l'ouvrage contenait les descriptions de deux mille plantes, dont trois cents espèces nouvelles.

Devenu vieux, Lemonnier se démit de sa chaire de botanique au Jardin du roi en faveur de Desfontaines, qui justifia cette faveur par l'impulsion heureuse qu'il sut donner à cette science. Dans son cours, il accorda une large part à la physiologie végétale, fort négligée jusqu'alors, et fit faire ainsi un pas considérable à la philosophie de la science. Le charme et l'intérêt qu'il savait répandre sur les sujets de son enseignement en firent l'un des plus suivis de l'époque.

Le Jardin des plantes était comme son domaine et il n'en sortait guère ; aussi n'eut-il pas trop à souffrir de la Révolution. Cependant, malgré son caractère doux et timide, Desfontaines montra, pendant la Terreur, une véritable énergie, en allant visiter dans sa prison le géologue Ramond et en intercédant en faveur du botaniste L'héritier, condamné comme suspect ; car chacun sait que c'étaient là des démarches dangereuses. Il mourut à l'âge de quatre-vingt-un ans, mais privé de la vue dans les dernières années de son existence.

Outre la *Flore atlantique*, Desfontaines a laissé un *Cours de botanique élémentaire et de physique végé-*

tale (1796), un *Tableau de l'école botanique du Muséum d'histoire naturelle* (1804), une *Histoire des arbres et des arbustes qui peuvent être cultivés en pleine terre sur le sol de la France*, deux volumes in-8° (1809), et de nombreux mémoires à l'Académie des sciences et dans les recueils scientifiques de l'époque.

Parmi les savants naturalistes qui se signalèrent à cette époque, nous citerons encore Augustin-Guillaume Bosc, né à Paris, en 1759. Son père, Bosc d'Antic, était médecin du roi Louis XV. Destiné aux études mathématiques, il se laissa entraîner par son goût pour l'histoire naturelle, et s'occupa surtout de rassembler des plantes, des minéraux et des insectes. Nommé, en 1778, secrétaire de l'intendance des postes, il employa tous ses loisirs à suivre les cours scientifiques, principalement celui de Jussieu au Jardin du roi, et se lia avec des savants. Il fut l'un des fondateurs de la *Société linnéenne* et donna de nombreux articles à la *Société philomatique*.

Nommé consul à New-York vers la fin de 1798, il profita de son séjour en Amérique pour recueillir un grand nombre d'observations sur les plantes et les animaux de ce pays. Rappelé deux ans après, il voyagea en Espagne, en Italie, en Suisse; y étudia la culture et les productions naturelles, et rapporta d'importants documents et de curieuses collections. Nommé inspecteur des pépinières de l'État, il s'occupa avec succès d'économie agricole, et fut admis à l'Institut en 1806. Il succéda à Thouin, en 1825, comme professeur de culture au Jardin des plantes.

Non seulement Bosc se distingua comme savant,

mais il s'honora par la noblesse et la générosité de son caractère. Retiré à Montmorency pendant la Terreur, et y menant la vie d'un humble cultivateur, il y resta ignoré et put offrir un asile à des proscrits qu'il avait connus dans des jours meilleurs. Il donna les plus grandes preuves d'amitié au ministre Roland et à son infortunée épouse, et ce fut à lui que celle-ci confia sa fille et le manuscrit de ses mémoires. Il mourut en 1828.

Outre les nombreux articles donnés par Bosc dans les *Mémoires de l'Institut*, les *Bulletins de la Société philomatique*, les *Annales de la Société d'agriculture*, le *Dictionnaire d'histoire naturelle de Déterville*, etc., on a de lui : *Histoire naturelle des coquilles, contenant les mœurs des animaux qui les habitent*, cinq volumes in-8ᵉ, 1801 ; *Histoire naturelle des vers*, deux volumes in-18, 1801 ; *Histoire naturelle des crustacés*, deux volumes in-18, 1802.

III

LES SCIENCES NATURELLES ET LA PHILOSOPHIE
AU DIX-HUITIÈME SIÈCLE (SUITE).

Haller, Camper, Vicq d'Azyr, Spallanzani, Blumenbach, Lacépède, Bonnet, De Geer, Otto Muller, Peyssonnel, Trembley, Pallas, George et Théophile Gmelin, Guettard, Hutton, Werner, Romé de Lisle, Haüy, De Saussure, Dolomieu, André Thouin, Van Spaëndonck. — Les encyclopédistes et la Révolution. — Lakanal.

Parmi les anatomistes et les physiologistes les plus éminents du dix-huitième siècle, se distingue Albert DE HALLER, contemporain de Linné et de Buffon, qui naquit à Berne, le 16 octobre 1708. Grand anatomiste, savant botaniste, physiologiste sans égal, d'une érudition immense, il brilla aussi comme poète, et doit être rangé parmi les hommes les plus remarquables du dix-huitième siècle. La fortune sembla réunir sur lui toutes ses faveurs. Né dans l'opulence, richement doué sous le rapport physique et intellectuel, il se montra enfant précoce et homme de génie ; il occupa les plus hautes fonctions scientifiques et politiques, et mourut dans un âge avancé entouré de la plus grande considération.

A l'âge de dix ans, affirment ses biographes, il possédait parfaitement le grec et le latin, et à quinze, il avait déjà fait une tragédie et un poème épique de plus de quatre mille vers. Il s'adonna d'abord à la poésie et aux lettres ; mais bientôt, s'étant rendu à Leyde, où professait le célèbre Boerhaave, il fut enthousiasmé de ses leçons et se livra tout entier à l'étude de la médecine et de l'histoire naturelle. Un an après (1727), il soutenait brillamment sa thèse doctorale. Il voyagea ensuite en Angleterre, vint à Paris, où il se lia avec les deux Jussieu et avec le savant anatomiste Winslow, dont il suivit les leçons ; puis, de retour à Berne, fut nommé bibliothécaire de sa ville natale (1730).

Lorsque George II, roi d'Angleterre et électeur de Hanovre, fonda à Gœttingue l'Université devenue célèbre, il appela Haller à la chaire d'anatomie et de chirurgie. A la voix éloquente et sympathique du jeune professeur, les élèves accoururent en foule, et la ville prit bientôt une importance considérable. Haller y resta dix-sept ans et y composa plusieurs de ses meilleurs ouvrages, entre autres ses *Icones anatomicæ*. Il prit part à la fondation de la Société royale de Gœttingue, dont il fut nommé président. Son enseignement brillant empruntait encore un intérêt plus grand aux expériences qu'il savait faire avec une habileté rare, et ses élèves, fiers de leur maître, l'aidèrent dans ses recherches et ajoutèrent leurs études aux siennes.

Les plus belles expériences, les plus beaux travaux auxquels Haller ait attaché son nom, sont ses recherches sur l'irritabilité et la sensibilité ; il prouva d'une manière décisive que la sensibilité et l'irritabilité (contractilité) sont parfaitement distinctes l'une de l'autre ; la première se fait par les nerfs, la seconde par les muscles. Lorsque les parties sont sensibles, elles le sont par les nerfs, et lorsqu'elles sont irritables, c'est par les muscles, proposition juste et absolument vraie, qui souleva cependant alors de nombreuses objections.

Les principaux travaux de Haller appartiennent plus spécialement à la médecine et à l'étude particulière de l'homme ; mais s'il fut le premier de son temps en anatomie et en physiologie, il peut encore, par ses études sur la botanique, par ses considérations sur les êtres en général, par ses connaissances en anatomie comparée, être placé parmi les naturalistes les plus distingués de son siècle.

Après dix-sept ans de professorat à Gœttingue, Haller, fatigué d'un travail incessant, fit un voyage à Berne, où ses compatriotes ne négligèrent rien pour le retenir. Il fut nommé membre du conseil souverain et comblé de tous les honneurs qu'une république pouvait conférer. Mais cela ne changea pas ses goûts, et il resta toujours aussi dévoué à la science.

Il fit, à Berne, des expériences sur la génération, sur la formation de l'œuf de poulet, sur le développement du fœtus dans les mammifères, travaux dont il consigna plus tard les résultats dans un ouvrage intitulé : *Opera minora*, trois volumes in-4°, 1762-68. Ce fut à Lausanne qu'il publia son principal ouvrage, les *Elementa physiologiæ*, en huit volumes in-4°, 1757-66, fruit de trente années de travail. C'est, au dire de Cuvier, le plus bel ouvrage de physiologie qui ait jamais été écrit ; il y démontre que la physiologie ne doit pas être séparée de l'anatomie, et établit les règles les plus sages pour la dissection et les expériences. Il constate que le tissu cellulaire est la trame de la fabrique du corps humain et de tous les corps organisés, et qu'il est la matière première dont sont composés tous les autres tissus; il y pousse l'étude du système vasculaire dans tous ses détails, ainsi que celle du système nerveux. Il fait, en outre, sur la digestion, la circulation, la respiration et la génération, des recherches importantes qui ont une influence considérable sur la pathologie et l'enseignement de la médecine.

Il publia ensuite, à Berne, une *Histoire des plantes de la Suisse,* en trois volumes in-folio, avec planches. Dans cet ouvrage, remarquable par la netteté des descriptions et la richesse de la synonymie, il distribue les plantes en s'efforçant d'établir l'ordre naturel par le rapprochement des caractères essentiels qui se ressemblent et constituent les vrais genres. Il aida ainsi au triomphe de la méthode naturelle, dont il avait peut-être puisé les principes dans ses entretiens avec Bernard de Jussieu.

Haller a laissé encore, outre une foule de mémoires et d'opuscules, comme œuvre d'érudition, quatre gros volumes intitulés : *Bibliotheca botanica, Bibliotheca medica, Bibliotheca chirurgica* et *Bibliotheca anatomica.* Dans cette bibliothèque, il examine et apprécie plusieurs milliers d'ouvrages. Ses poésies ont la plupart des sujets philosophiques : sur l'origine humaine, sur la gloire, sur la vertu ; on y trouve des idées élevées des sentiments touchants; on estime surtout son poème sur *les Alpes.*

Haller mourut en 1777, à l'âge de soixante-dix ans, entouré d'une nombreuse famille, recevant les hommages de tous les étrangers de marque qui visitaient la Suisse. Il jouit jusqu'au dernier moment de toutes ses facultés, et telle était la force de caractère de cet homme remarquable que, lorsqu'il se sentit, dans sa dernière maladie, frappé à mort, il observa jusqu'à la fin la marche décroissante des forces vitales, et indiqua par un dernier signe le moment où son pouls s'arrêta.

Haller était d'une taille élevée; sa physionomie était imposante, ses mœurs austères, sa diction pleine de charme; comme écrivain, il put embrasser les genres les plus opposés avec une égale facilité; il parlait la plupart des langues vivantes, et écrivait avec un égal talent en latin, en allemand et en français. Dans ses fonctions administratives, il apportait la même activité, la même supériorité que dans ses travaux scientifiques. Ami de la vérité et de la justice, il montra toujours, même envers ses adversaires, une courtoisie parfaite et une grande libéralité.

Sur les traces de l'illustre Haller marche Pierre Camper, né à Leyde le 11 mai 1722. Son père, Florent Camper, ministre de l'évangile, homme versé dans les sciences, était lié avec Boerhaave, Muschenbroëck, et nombre d'autres savants. Ce fut au milieu de ces hommes illustres que vécut le jeune Camper, et son intelligence très développée le porta naturellement vers les sciences. Il étudia la médecine sous la direction de Van Rooyen, et le dessin dans l'atelier du peintre Moore. En 1746, à l'âge de vingt-quatre ans, il fut reçu docteur en philosophie et en médecine.

Deux ans après, il perdait son père; libre alors de

contenter son goût pour les voyages, il visita l'Angleterre, la France, l'Allemagne et la Suisse, accueilli
avec faveur par les savants les plus distingués de
cette époque et profitant de leurs leçons. De retour
dans sa patrie, il fut nommé professeur de philosophie et de médecine à Franeker, puis à Amsterdam
et à Groningue, et s'y fit remarquer. Après quinze
années de professorat, il se retira dans sa maison de
campagne, en Frise, pour s'y adonner tout entier à
ses travaux. Il publia de nombreux mémoires qui
remportèrent des prix dans les diverses académies
de l'Europe, et fut nommé membre correspondant
des Académies de Berlin, de Paris, de Saint-Pétersbourg. Cette haute position scientifique le conduisit
aux honneurs; il fut nommé membre du conseil d'É-
tat des Provinces unies et vint alors se fixer à
la Haye (1786).

Les travaux de Camper sont très variés; ils ont
principalement rapport à la médecine, à la chirurgie,
à l'anatomie, à la physiologie, à l'anthropologie. On
lui doit, en histoire naturelle, un mémoire sur l'*Ouïe
des poissons* (1764), dans lequel il donna la description
anatomique de cet organe; un mémoire sur l'*Orang-
outang et autres espèces de singes*, avec la description
de l'organe de la voix chez ces animaux; des *Recherches sur le rhinocéros bicorne et sur le renne;* un travail sur *l'Éléphant;* un autre sur le curieux crapaud
appelé *Pipa*. Le premier, il découvrit la présence de
l'air dans les cavités intérieures du squelette des
oiseaux; il imagina de comparer le squelette des
espèces vivantes avec les fossiles, et en conclut que

plusieurs espèces d'animaux avaient disparu; il cite
entre autres le mammouth et le rhinocéros à narines
cloisonnées. Camper a publié des travaux très remarquables sur les *Variétés de l'espèce humaine*, et démontré que chaque race possède une forme particulière
de crâne. En mesurant ces crânes, il vit que le front
fuyait et que la mâchoire avançait à mesure que l'on
passait de la race blanche aux races jaune, rouge et
noire, et imagina son fameux *angle facial*, composé
de deux lignes, dont l'une, partant du point le plus
saillant du front, descendait à la racine des incisives,
et l'autre horizontale, partant de ce dernier point,
était menée au trou auditif. Il remarquait que l'angle
ainsi formé était plus ouvert chez les races où le front
était le plus saillant et la mâchoire la moins proémi-
nente, et que cet angle diminuait à mesure que ces
caractères s'effaçaient chez les races humaines et
les animaux. C'est ainsi qu'il obtenait pour la race
blanche un angle de 80 degrés; pour la race mongole, 75 degrés; un angle de 70 degrés pour la race
nègre; de 65 degrés pour l'orang-outang jeune, et de
40 degrés seulement pour l'orang-outang adulte. Le
degré d'ouverture de cet angle, en donnant la proportion relative du crâne et de la face, peut indiquer,
d'une manière générale, le développement plus ou
moins considérable du cerveau et, par conséquent, de
l'intelligence, au moins chez l'homme et les singes;
mais il n'est plus guère applicable aux autres mammifères, dont un grand nombre ont des sinus frontaux
très développés, ce qui fait beaucoup varier l'ouverture de l'angle facial.

Camper mourut en 1789, le 7 avril, laissant derrière lui des regrets unanimes. Son talent comme professeur était fort remarquable et rehaussé par son habileté de dessinateur. Il avait une belle figure, une voix flexible et douce, une grande abondance d'idées et une grande facilité de parole. Il joignait à cela des manières simples, l'affection la plus tendre pour sa femme et ses enfants, à l'éducation desquels il consacrait tous les instants de loisir de sa vie laborieuse. Les œuvres de Camper, qui ont trait à l'histoire naturelle, ont été traduites en français et publiées par Jansen, en trois volumes in-8°, 1803.

Les travaux de Daubenton et de Haller, en anatomie comparée, eurent dans Vicq-d'Azyr un digne continuateur ; écrivain brillant autant qu'habile anatomiste, il jouit d'une réputation méritée. Malheureusement une mort prématurée l'enleva aux sciences et ne lui permit pas de réaliser le projet d'écrire un traité complet d'anatomie et de physiologie comparées dont il avait établi le plan avec une méthode très remarquable.

Félix Vicq-d'Azyr, né à Valognes en 1748, était fils d'un médecin, et naturellement appelé à suivre la même carrière. Ses succès au collège lui inspirèrent d'abord le goût de la littérature et de la poésie ; mais son père l'ayant envoyé à Paris pour y terminer ses études, le jeune Vicq-d'Azyr suivit les cours de médecine et d'anatomie et s'éprit de cette science. Il y devint même si habile, qu'à peine reçu docteur, il put ouvrir des cours d'anatomie comparée, auxquels la clarté et l'élégance de ses démonstrations attirèrent une telle vogue, que la Faculté s'en émut et fit interrompre ses leçons.

A cette époque, Antoine Petit était professeur d'anatomie au Jardin du roi ; appréciant la valeur de Vicq-d'Azyr, il le choisit pour son suppléant, comptant laisser entre ses mains la chaire qu'il songeait dès lors à abandonner. Mais Buffon était directeur et omnipotent; il donna la chaire à Portal. En 1776, Vicq-d'Azyr profita de la protection de Turgot et de Lassone, premier médecin du roi, pour demander la création d'une société royale de médecine ; elle fut accordée par lettres patentes du roi Louis XVI, et le jeune professeur en fut nommé secrétaire perpétuel, fonctions qu'il remplit avec éclat et qui lui fournirent l'occasion de développer sur un vaste théâtre les talents qui le distinguaient. C'est à lui qu'incombait la tâche d'écrire l'éloge des membres décédés, et il la remplit avec tant de talent, dans un style si pur, si élégant et si plein d'élévation, qu'il fut jugé digne d'occuper, dans le sein de l'Académie française, le fauteuil que Buffon venait d'y laisser vacant.

La réputation dont jouissait Vicq-d'Azyr parmi les savants comme parmi les gens de lettres le fit choisir comme médecin de la reine Marie-Antoinette. Mais, lorsque éclata la Révolution, il devint l'objet de suspicions qui atteignaient alors tous les hommes pourvus d'un emploi à la cour. Surchargé de travaux, accablé d'inquiétude et de découragement, il tomba malade et succomba le 20 juin 1794, à l'âge de quarante-six ans.

Les travaux de Vicq-d'Azyr sont nombreux et très variés ; ils embrassent des sujets de médecine, d'art vétérinaire et surtout d'anatomie, tant humaine que comparée. On lui doit un excellent mémoire sur l'*Analogie qui existe entre les membres inférieurs et supérieurs chez l'homme et les animaux*, un travail complet sur l'*Anatomie du cerveau*, qui n'existait pas avant lui, l'*Histoire anatomique des poissons et des oiseaux comparée à celle de l'homme*, celle des *singes*. Il releva l'anatomie comparée, qui, à cette époque, était presque tombée en oubli dans l'école de Paris; il en établit les principes, reconnut la loi de la corrélation des organes, et fut, dans cette voie, le précurseur de Cuvier. Ses idées sont exposées dans le *Discours préliminaire du système anatomique* de l'*Encyclopédie méthodique*, où il forme près de deux cents pages; il y recommande la méthode et l'union de l'anatomie et de la physiologie.

On peut regarder Spallanzani comme un des fondateurs de la physiologie expérimentale; ses recherches sur la digestion et sur la génération n'ont rien perdu de leur valeur aujourd'hui.

Lazare SPALLANZANI était né à Scandiano, dans le duché de Modène, en 1729. Il reçut une instruction très étendue et brilla dès son jeune âge dans les genres les plus opposés. Il débuta par des études littéraires, et professa à Reggio la philosophie et la littérature grecque; mais son goût dominant le ramena vers l'histoire naturelle, et il se fit bientôt, par ses travaux, dans cette nouvelle voie, une grande réputation parmi les savants. Tout entier à ses études, il refusa toutes les positions qui pouvaient l'en distraire, et n'accepta que la chaire des sciences naturelles à l'Université de Pavie, qu'il conserva jusqu'à sa mort, en 1799.

Ses travaux sont fort nombreux; ses *Recherches sur la digestion et sur la génération* prouvent qu'il avait au plus haut degré le génie de l'expérimentation. Son *Voyage en Sicile et dans les Apennins*, six volumes in-8° (1792), est rempli d'observations du plus grand intérêt. Dans ses excursions, il montrait l'ardeur la plus vive ; on le voit, à l'âge de soixante ans, s'approcher des cratères toujours en éruption du Stromboli et des laves du Vésuve, au risque d'éprouver le sort de Pline, et, dans ses études de cabinet, il se livra souvent sur lui-même à des expériences physiologiques qui auraient pu compromettre gravement sa santé. Outre les ouvrages cités plus haut, on lui doit des *Observations microscopiques* et une foule de mémoires sur des sujets d'histoire naturelle qui ont été réunis dans ses œuvres complètes, seize volumes in-8°.

Comme anatomiste et physiologiste appartenant au dix-huitième siècle, nous citerons encore Blumenbach, qui peut, en outre, être considéré comme le fondateur de la science ethnologique.

J.-Frédéric BLUMENBACH, né à Gotha, le 11 mai 1752, fit ses études à l'Université de Gœttingue. Après y avoir obtenu le diplôme de maître en philosophie et de docteur en médecine, il devint professeur de cette même université et conservateur du cabinet d'histoire naturelle. Ses travaux sur l'histoire physique de l'homme ne tardèrent pas à le placer au rang des savants les plus distingués de l'Europe. Il s'occupa tour à tour d'anatomie, de physiologie, de zoologie, de médecine, et apporta dans ces diverses branches de la science un esprit observateur, un style précis et une érudition sûre.

Dans sa *Dissertation sur la variété du genre humain*, in-4° (1775), en latin, suivie de la *Description des crânes de sa collection* (1790), il étudie comparativement les crânes des diverses races humaines, en fait ressortir les caractères distinctifs, et partage le genre humain en cinq races distinctes : caucasienne, mongole, éthiopienne, malaise, américaine. Avant lui, Buffon n'avait vu dans les différentes races que le même homme teint de la couleur du climat.

On lui doit en outre un *Manuel d'anatomie comparée*, in-8° (1805), un *Essai de physiologie comparée entre les animaux à sang chaud et les animaux à sang froid* (1787), et surtout un *Manuel d'histoire naturelle*, deux volumes (1779-1790), qui eut un immense succès. Le premier, il y sépare, sous le nom de *bimane*, l'homme du singe, en se fondant sur la disposition du pouce du pied, opposable chez l'un, tandis que chez l'autre il ne l'est pas. Il y décrit pour la première fois l'*ornithorynque*, ce singulier quadrupède d'Australie à bec de canard. Blumenbach mourut dans un âge très avancé, en 1840.

Malgré son génie, Buffon n'avait pas fait école. On peut cependant considérer comme son disciple Étienne DE LAVILLE, comte de LACÉPÈDE, qui naquit à Agen, en 1756, d'une famille riche et titrée. Il reçut une excellente éducation et montra d'abord un penchant décidé pour la musique ; quelques compositions musicales lui valurent même les encouragements de

Gluck. Plus tard, la lecture des ouvrages de Buffon développa chez lui le goût des sciences naturelles, à tel point même que, pouvant prétendre, d'après sa naissance et ses relations, à un rang distingué dans l'armée ou la diplomatie, il préféra la modeste place de sous-démonstrateur au Jardin du roi, que lui offrit Buffon, à qui il avait adressé quelques-uns de ses essais. Ce grand naturaliste l'appela même à travailler avec lui à la continuation de son *Histoire naturelle*, et Lacépède publia le premier volume de son *Histoire des reptiles* (1788), quelques mois avant la mort de Buffon. L'année suivante, il donna le second volume qui traitait des *serpents*.

Pendant les troubles de la Révolution, Lacépède se retira à la campagne, s'efforçant sagement de se faire oublier, et ne rentra à Paris qu'après le 9 thermidor. Lors de la nouvelle organisation du Muséum, on créa pour lui une chaire spéciale affectée à l'histoire des reptiles et des poissons, et ses leçons eurent un certain retentissement. Dès lors, les faveurs lui arrivèrent en foule ; il devint membre de l'Institut, président du Sénat, grand chancelier de la Légion d'honneur, ministre d'État, pair de France, etc., se ralliant peut-être un peu trop facilement à tous les régimes. Mais son caractère honorable, son obligeance, sa charité, lui firent pardonner les instincts de courtisan, qu'il devait sans doute à son éducation première. Son genre de vie était des plus simples, et il employait les émoluments qu'il retirait de ses places à des actes de libéralité.

Il publia, de 1798 à 1803, son *Histoire naturelle des*

poissons, cinq volumes in-4°, qui résume tout ce que l'on savait alors sur l'organisation de ces animaux, sur leurs habitudes, sur les divers genres de pêche ; il l'exposa dans un style élégant. Cette histoire des poissons fut suivie de celle des *cétacés*, qui termine le grand ensemble des animaux vertébrés. On lui doit en outre une *Histoire naturelle de l'homme*, 1827, in-8°, et de nombreux mémoires et articles insérés dans les recueils scientifiques de l'époque. Dans tous ses ouvrages, Lacépède, en cherchant à imiter le style de Buffon, tombe souvent dans l'emphase ; il a toutefois l'art d'intéresser ses lecteurs et montre plus de méthode que son modèle.

Au point de vue de la classification, quelques naturalistes apportèrent des modifications au système de Linné ; tel fut Brisson, qui, dans son *Ornithologie* (1760), donna une nouvelle classification des oiseaux fondée sur la forme du bec et des pieds, sur le nombre des doigts et leur mode d'union. Cet ouvrage est remarquable par l'exactitude des descriptions, et établit beaucoup de coupes génériques encore admises aujourd'hui.

Le naturaliste autrichien Laurenti, dans son *Systema reptilium*, modifia heureusement la classification de Linné qui comprenait la classe sous le nom d'*Amphibies*, et y rattachait les poissons cartilagineux (squales, esturgeons, lamproies, etc.), et Daubenton rédigea pour l'*Encyclopédie* la partie erpétologique.

Artédi, l'ami de Linné, fit, sur les poissons, d'excellents travaux que celui-ci adopta dans les premières éditions de son *Systema naturæ ;* mais, plus tard, il abandonna les divisions établies par Artédi sous les noms d'acanthoptérygiens, de malacoptérygiens, de chondroptérygiens et de branchiostèges. Gmelin rétablit ces divisions qu'adopta Cuvier. Le naturaliste allemand BLOCH donna, en 1781, une *Histoire naturelle des poissons* en douze volumes in-folio, accompagnée d'un atlas de quatre cent trente-deux planches ; les descriptions et les figures de cet ouvrage ont une exactitude qui les fait encore rechercher aujourd'hui.

Jusqu'alors on avait fort négligé l'étude des invertébrés ; les mollusques n'étaient guère connus que par leurs coquilles, et ce fut sur elles que Linné fonda sa classification artificielle. Daubenton, le premier, comprit la nécessité d'établir la classification sur la structure de l'animal, et il lut à l'Académie des sciences (1743) un mémoire sur ce sujet, mais sans présenter de classification. Guettard, Réaumur, Adanson, Pallas appuyèrent ces idées, qui ne furent cependant appliquées qu'à la fin du dix-huitième siècle par Lamarck.

L'entomologie était plus avancée. Pour la première fois, Linné avait caractérisé d'une manière claire et rigoureuse les groupes, les genres, les espèces ; presque tous ses ordres subsistent encore aujourd'hui. Les observations curieuses de Réaumur sur les mœurs des insectes, sur leur structure et sur leur industrie contribuèrent le plus à répandre le goût de l'entomologie. Il fut suivi dans cette voie par son contemporain, le philosophe Bonnet, à qui l'on doit la découverte de la reproduction si étrange des pucerons, et par le naturaliste suédois de Geer.

Charles Bonnet s'est fait connaître comme naturaliste et comme philosophe. Il naquit à Genève, en 1720, dans une famille protestante, qui avait dû s'expatrier à l'époque de la Saint-Barthélemy et chercher en Suisse un abri contre les fureurs de la guerre civile et de l'intolérance religieuse. Ses aïeux avaient trouvé, sur cette terre étrangère, non seulement une généreuse hospitalité, mais encore la considération due à leurs talents, et ils occupaient de hautes fonctions dans la magistrature de la république genevoise.

Tel était donc l'héritage réservé au jeune Bonnet, dont les études furent dirigées vers la jurisprudence. Doué d'une grande intelligence et d'une imagination vive, Charles Bonnet remporta de prompts succès dans les lettres et dans la physique ; mais il étudia sans enthousiasme les principes plus abstraits du droit. L'histoire naturelle, au contraire, l'attirait, et la lecture du *Spectacle de la nature*, de Pluche, et surtout des mémoires de Réaumur, décida de son goût pour l'étude des merveilles de la nature. Vivement frappé de faits aussi curieux que nouveaux pour lui, il se met à la recherche des êtres dont Réaumur n'avait pas parlé ; il les observe, les décrit, et le voilà devenu naturaliste. A dix-huit ans, il communiquait déjà à Réaumur plusieurs faits intéressants, et, à vingt ans, il faisait cette curieuse découverte de la fécondité extraordinaire des pucerons, qui peuvent se reproduire pendant onze générations sans union (*parthénogenèse*). Il fit, avec une rare ingéniosité, des expériences sur l'appareil respiratoire des chenilles, des papillons, sur la structure du tænia, sur la pro-

priété qu'ont les vers de reproduire les parties am-
putées, et il consigna ses observations dans son *Traité
d'insectologie* (1745), travail qui le fit inscrire par
l'Académie des sciences de Paris au nombre de ses
correspondants.

En 1754, il publia son *Traité sur l'usage des feuilles*,
ouvrage remarquable par la logique sévère, par la
sagacité des observations et par la solidité de leurs
résultats. Dans ce livre sont consignées ses découvertes sur la physique végétale. « C'est l'un des plus
importants pour la science que le dix-huitième siècle
ait produits », dit Cuvier. Il y développe avec une
netteté admirable les rapports des végétaux avec les
éléments qui les entourent ; action si bien calculée
par la nature que, dans une multitude de circonstances, il semble que la plante agisse pour sa conservation avec sensibilité et discernement. Ainsi, il
montre les racines se détournant, se prolongeant .
pour chercher la meilleure nourriture, les feuilles se
tordant de diverses façons pour trouver l'air plus
abondant ou plus pur ; toutes les parties de la plante
se portant vers la lumière malgré les obstacles ; il
montre le végétal luttant en quelque sorte de sagacité
et d'adresse avec l'expérimentateur pour se placer
dans les conditions les plus favorables à son bien-être,
et il en arrive à lui accorder la sensibilité.

Une vaste carrière s'ouvrait devant le savant observateur, qui aurait pu arracher encore bien des
secrets à la nature, si celle-ci lui eût laissé les forces
physiques nécessaires à l'accomplissement de sa
tâche ; mais elle le priva du flambeau qui le gui-

dait dans ses recherches. Ses yeux, affaiblis par de longs travaux et par l'usage du microscope, lui refusèrent leur secours, et son esprit, trop actif pour supporter un repos absolu, se lança dans le champ de la philosophie spéculative.

Dans ses *Considérations sur les corps organisés*, Bonnet présente sa célèbre hypothèse de la préexistence des germes. Il admet que ces germes ont été créés tous ensemble et enfermés dans des corps vivants, au sein desquels ils sont emboîtés les uns dans les autres, attendant que leur tour arrive de croître et de se développer. Selon lui, la production d'un être vivant ne serait due qu'à l'évolution d'un germe préexistant. Cette théorie, plus ingénieuse que vraie, bien que soutenue par des hommes de la valeur de Leibnitz, Malebranche, Haller, et par Cuvier lui-même, a été renversée par celle de l'*épigenèse*, qui considère tout être organisé comme le produit de formations nouvelles et successives.

Mais c'est dans sa *Contemplation de la nature* que le génie de Bonnet se déploie tout entier. Partant de cette proposition de Leibnitz que tout est lié dans l'univers et que la nature ne fait point de saut, il trace d'une main hardie cette échelle des êtres commençant aux substances les plus simples, s'élevant par des degrés infinis aux minéraux, aux plantes, aux animaux, à l'homme enfin, et, par lui, aux intelligences célestes, et se terminant dans le sein de la divinité. Cette gradation régulière dans le perfectionnement des êtres, présentée avec le talent de Bonnet, forme un tableau enchanteur qui lui gagna beaucoup

de partisans. Ce livre, aussi remarquable par l'agrément du style que par l'intérêt et le nombre des faits
qui y sont rassemblés, est un des mieux écrits pour
plaire à l'imagination et inspirer le goût de l'étude
des merveilles de la nature.

Dans ses traités de métaphysique, il accorde une
grande part au cerveau et à l'organisation ; pour lui,
l'influence du physique sur le moral est incontestable ;
mais il se défend avec force d'être, comme on l'en a
accusé, matérialiste et fataliste. Bonnet était, au contraire, un philosophe profondément religieux. Dans
sa *Palingénésie*, il s'efforce de prouver l'immortalité
de l'âme chez l'homme ; il reconnaît même aux animaux le même privilège, et il défend la révélation
dans ses *Recherches philosophiques sur les preuves du
christianisme* (1773). Toutefois, il interprète à sa façon
la *Genèse*. Pour lui, le globe a été le théâtre de révolutions nombreuses ; le chaos décrit par Moïse n'est que
le résultat de la dernière de ces révolutions, et la création dont il nous fait le récit n'est autre chose que la
résurrection des animaux qu'elle a détruits ; résurrection produite par les germes contenus dans les
animaux anciens ; et ce sont ces germes indestruc-
tibles qui établissent un lien entre la faune et la flore
de chaque période et celles de la période suivante.
Mais les êtres vivants subissent à chaque révolution
du globe des transformations profondes ; les animaux
anciens ne ressemblaient pas à ceux qui vivent de
nos jours. Bonnet est donc transformiste ; mais son
transformisme ne ressemble en rien à celui de Lamarck ou de Darwin.

Bonnet conserva pendant un assez long temps ce calme de l'âme dont ses écrits portent l'empreinte. Il mourut, heureux et honoré, à l'âge de soixante-treize ans, le 20 mai 1793, à la suite d'un affaiblissement graduel. Et, malgré les attaques de ses envieux et les sarcasmes de Voltaire, la ville de Genève, glorieuse d'avoir eu un tel citoyen, lui décerna des honneurs publics.

Ses œuvres complètes ont été réunies en huit volumes in-4°, puis en dix-huit volumes in-8°. Dans la préface de ses ouvrages d'histoire naturelle, avec une modestie rare, il en reporte la gloire à Réaumur, et attribue au hasard, qui l'a mieux servi, les observations qu'il publie et qui ont échappé à ce savant, dont il se dit l'élève. Il laissait après lui un neveu, de Saussure, qui, dans une autre branche de la science, devait également illustrer son nom.

Parmi les entomologistes observateurs, DE GÉER mérite une mention spéciale. Né en Suède en 1720, le baron de Géer fut un des élèves les plus assidus de Linné. Versé dans toutes les branches de l'histoire naturelle, il s'adonna par goût plus spécialement à l'entomologie. A l'exemple de Réaumur, dont il avait profondément étudié les travaux, il publia des *Mémoires pour servir à l'histoire des insectes*, sept volumes in-4°, avec figures (1752-1778). Cet ouvrage, rempli d'observations curieuses sur les mœurs et l'organisation des insectes, dénote chez son auteur une patience et une sagacité rares. Disciple de Linné, de Géer s'occupa plus que Réaumur de classification, et fit usage des caractères tirés de la forme des parties de la bouche. Dans son ouvrage sont décrites et classées plus de quinze cents espèces, et le nombre en devait être beaucoup plus considérable; mais il mourut à l'âge de cinquante-huit ans, avant d'avoir pu mettre en œuvre tous ses matériaux.

Vers la même époque, LYONNET, naturaliste hollandais, publiait un *Traité anatomique de la chenille du saule*, gros volume in-4°, avec dix-huit planches gravées par l'auteur lui-même, chef-d'œuvre de patience et d'habileté qui n'a pu être encore dépassé. Et le Danois Otto-Frédéric MULLER se faisait un nom célèbre par ses travaux sur les petits animaux. Il fit des observations très curieuses sur la structure et les habitudes des vers (*Sur les vers de terre et d'eau douce*, deux volumes in-8°, 1773), sur les animalcules infusoires qu'il essaya, le premier, de distribuer en genres (*Animaux infusoires*, in-4°, 1784), sur les *Hydrachnés*, les *Entomostracés*, sur les insectes du Danemark, etc.

La véritable nature des polypiers avait été jusqu'alors méconnue; Marsigli, dans son *Histoire de la mer*, avait décrit les prétendues fleurs des coraux, et Tournefort les considérait comme des plantes marines. Ce fut PEYSSONNEL, chirurgien de la marine française, qui, dans un mémoire publié en 1727, affirma, le premier, que les prétendues fleurs de coraux sont des animaux agrégés, et que les parties solides des coraux, des madrépores et autres lithophytes, ne sont que les tests agglomérés servant d'habitation à ces animaux. Réaumur, qui présenta le mémoire à l'Académie, ne soutint pas cette opinion, et Linné lui-même hésita longtemps à comprendre ces zoophytes dans le règne animal. Ce ne fut qu'après que Trembley eut publié ses expériences sur l'hydre d'eau douce (1744), qu'on reconnut, dans ces polypes, le type des animaux des coraux.

Abraham Trembley, né à Genève en 1700, fut d'abord docteur au ministère évangélique ; mais, plus porté, par ses goûts, à l'étude des sciences naturelles, il préféra s'adonner à l'instruction et accepta les fonctions de précepteur des enfants du comte de Bentinck, résident anglais à la Haye, puis celles de gouverneur du jeune comte de Richmond, avec lequel il visita l'Allemagne et l'Italie. Plusieurs mémoires intéressants le firent nommer membre de l'Académie des sciences de Paris, puis membre de la Société Royale de Londres. Ce fut en 1744 qu'il publia son mémoire relatif à l'*Histoire du polype d'eau douce*, travail si détaillé, si exact et si intéressant, qu'il faisait l'admiration de Réaumur et de Bonnet, et lui acquit une renommée dans le monde savant. Rentré à Genève, il y devint membre du Grand Conseil et continua de s'occuper de ses études favorites. Il fit des recherches sur les *Insectes qui attaquent les blés et sur les moyens de les éloigner ou de les détruire*. Trembley mourut à l'âge de quatre-vingt-quatre ans, entouré de la considération et de l'amitié de tous ceux qui avaient pu apprécier son savoir, sa modestie et les charmes de son caractère.

Après lui, John Ellis, naturaliste anglais, publia une *Histoire des zoophytes* (1754), où l'on trouve de

bonnes descriptions et d'excellentes figures de polypiers, et dont son ami Solander donna plus tard une
nouvelle édition beaucoup augmentée.

Jusqu'au milieu du dix-huitième siècle, la géologie
n'existe pour ainsi dire pas, bien que de nombreuses
théories cosmogoniques aient vu le jour. Celles de
Thomas Burnet, de Whiston et de Woodward, n'a-
vaient eu pour but que de corroborer la *Genèse* et
d'expliquer le déluge. Celle de Demaillet, publiée
sous le nom de *Telliamed*, son anagramme, n'est
qu'un amusant roman. Scheuchzer, médecin suisse,
donna son *Museum diluvianum*, catalogue raisonné
des fossiles qu'il avait déterminés, et parmi lesquels
figure son fameux *Homo diluvii testis*, « triste relique
de cette race perverse», dit-il, mais que Cuvier reconnut plus tard pour les restes d'une salamandre
gigantesque. Puis vint Buffon avec sa *Théorie de la
terre*, conception grandiose, mais qui attribuait à
l'eau toutes les modifications de la surface du globe.
Ce ne fut qu'après les travaux de Pallas que, dans son
immortel ouvrage des *Époques de la nature*, Buffon,
rectifiant sa théorie, reconnut l'action du feu central
dans la production des montagnes et perfectionna
ses idées sur les fossiles.

On peut considérer comme ayant établi les véritables fondements de la géologie, Pierre-Simon PAL-
LAS, né en 1741, à Berlin. Son père, chirurgien et
professeur à l'Université de cette ville, le dirigea
d'abord dans l'étude des langues. Doué d'une grande
intelligence et d'une mémoire prodigieuse, le jeune

Pallas posséda bientôt suffisamment le latin, le français, l'anglais et l'allemand pour écrire correctement dans ces quatre langues. Son père l'envoya alors à Leyde, où Albinus professait l'anatomie et Muschenbroeck la physiologie. Il suivit assidûment leurs cours, et étudia avec non moins d'ardeur les magnifiques collections des musées de Hollande. Reçu docteur à dix-neuf ans, il choisit pour sujet de sa thèse inaugurale l'origine et la classification des vers intestinaux : *De infestis viventibus intra viventia* (1760), qui fut regardé comme un chef-d'œuvre; six ans après, il publia son *Elenchus zoophytorum*, ouvrage fort remarquable, où les genres sont bien établis, et qu'il fait précéder d'une introduction magistrale sur la nature de ces animaux fort peu connus à cette époque.

Malgré les facilités d'étude qu'il trouvait en Hollande et les relations qu'il y avait contractées, il retourna à Berlin ; mais bientôt dégoûté du peu de protection que les sciences naturelles obtenaient alors dans son pays, il accepta l'offre que lui fit Catherine II de Russie, de faire partie d'une mission scientifique. L'expédition, qui avait pour but principal d'aller observer, en Sibérie, le passage de Vénus sur le soleil, était composée d'astronomes, d'ingénieurs et de naturalistes, et ces derniers devaient parcourir en différents sens l'immense territoire qu'ils avaient à explorer.

Pallas partit au mois de juin 1768, parcourut les plaines qu'arrose le Volga, visita les bords de la mer Caspienne, explora les monts Ourals, vit Tobolsk, gagna les monts Altaï, et atteignit les frontières de la Chine. Il rentrait à Saint-Pétersbourg en 1774, après six années de voyages difficiles et fatigants, dans des pays inconnus, parmi des peuples rudes et sauvages. Mais, exténué de fatigue, épuisé par les privations, à trente-trois ans, ses cheveux étaient blanchis et sa vue altérée. Et cependant, de tous ses compagnons, il était le moins maltraité, car seul il fut en état de donner une relation de ce voyage.

L'impératrice le récompensa d'ailleurs noblement; il fut comblé de titres et de décorations, pourvu de bons bénéfices, et lorsque, pour rétablir sa santé, il manifesta l'intention de se retirer en Crimée, Catherine lui fit don de deux villages et d'une somme considérable pour son installation. Il y passa quinze ans, occupé de ses études et de la publication de ses ouvrages; mais enfin, las de son isolement et tourmenté du désir de revoir l'Europe civilisée, il vendit ses biens à vil prix, quitta la Crimée et revint à Berlin, sa ville natale. Les académies savantes se disputèrent l'honneur de le compter parmi leurs membres, et celles de Berlin, de Stockholm, de Paris, lui ouvrirent leurs portes. A l'âge de soixante-dix ans, son activité infatigable le poussait encore à voyager en France et en Italie, lorsqu'il tomba malade et mourut le 8 septembre 1811.

Pallas fut un des hommes les plus éminents du dix-huitième siècle; sa vie tout entière fut consacrée à la science et personne n'y a porté plus loin l'activité, le courage et l'esprit d'observation. L'estime et l'amitié de tous ceux qui l'approchèrent et les bonnes relations qu'il entretint avec ses émules prouvent la droiture et la douceur de son caractère.

Le nombre des ouvrages de Pallas est considérable ; nous ne citerons ici que les plus importants. Dans ses *Voyages à travers plusieurs provinces de l'empire russe*, trois volumes in-4° (1771-1776), et son *Tableau physique et topographique de la Tauride* (1795), in-4°, il donna de nombreuses observations géologiques, qu'il développe dans ses *Observations sur la formation des montagnes et les changements arrivés à notre globe*. Ce dernier ouvrage, de l'aveu de Cuvier, a donné naissance à la nouvelle géologie. C'est là que se trouve établie, pour la première fois, cette règle générale de la succession des trois ordres primitifs de montagnes : les granitiques au milieu, les schisteuses à leurs côtés, et les calcaires en dehors.

Dans ses mémoires sur les *Ossements fossiles de Sibérie*, il décrit les restes d'éléphant, de rhinocéros, d'hippopotame, de buffle, etc., animaux qui ne vivent aujourd'hui que sous la zone torride, et rapporte ce fait encore plus extraordinaire d'un rhinocéros trouvé tout entier dans la terre gelée, avec sa peau et sa chair ; il constate, en outre, que ces ossements fossiles diffèrent de ceux des animaux analogues, aujourd'hui vivants ; il fournit ainsi des matériaux à Buffon pour ses *Époques de la nature* et préluda aux beaux travaux de Cuvier sur la paléontologie. Sur la botanique, Pallas a donné, dans ses divers ouvrages, d'utiles renseignements ; il a enrichi la science d'un grand nombre de plantes nouvelles et publié la flore de Russie, *Flora rossica*, en deux volumes in-folio, avec planches (1784).

Mais ce sont surtout ses travaux zoologiques qui apportent à la science des éléments nouveaux de progrès. Son premier ouvrage, sa thèse inaugurale sur les vers intestinaux : *De infestis viventibus intra viventia* (1760), est un chef-d'œuvre ; son *Elenchus zoophytorum* (1766) donne la revue et le catalogue d'un ordre entier d'êtres organisés que, quelques années auparavant, l'on considérait comme des plantes. Il y dispose avec une rare sagacité la riche moisson de zoophytes que lui offraient les riches collections de Hollande, et écrit une introduction remarquable sur la nature de ces animaux. Il établit les principes de l'anatomie zooclassique, en démontrant que les classes des animaux devaient reposer sur les considérations de l'organisation intérieure et extérieure, ainsi que sur le mode de génération, et les appliqua non seulement aux classes supérieures, mais également aux invertébrés. Il ne reconnaît dans la nature que deux règnes : le règne organique et le règne inorganique ; il divise le premier en végétaux et animaux, et les zoophytes font le passage des animaux aux végétaux. Il en conclut que la nature ne fait point de sauts, mais qu'elle a disposé tous les êtres organiques dans une série continue, et qu'elle a enchaîné par un lien d'affinité très étroit les espèces en genres, ceux-ci en ordres, les ordres en classes et les classes entre elles. Il repousse l'échelle continue des êtres, conçue par Bonnet, et représente le système de tous les corps organiques par l'image d'un arbre qui, dès la racine, produit un double tronc contigu des plantes et des animaux les plus simples et qui vont en divergeant à mesure qu'ils s'élèvent. Idée reprise et élaborée de nouveau par Cuvier. Sous le rapport de la nomenclature et de la classification, il se rapproche de la méthode naturelle ; ses descriptions sont d'une exactitude parfaite ; ses observations toujours justes et souvent profondes ; ses relations de voyages sont, suivant l'expression de de Saussure, une mine inépuisable pour le naturaliste.

On lui doit, en outre, d'importants travaux d'ethnographie : *Documents historiques sur les peuplades mongoles*, deux volumes in-4° (1802), et de linguistique : *Vocabulaire des langues de tout l'univers*, quatre volumes in-4° (1790), dans lequel il compare deux cent soixante-huit mots en deux cents langues d'Asie et d'Europe.

Pallas eut pour compagnon de voyage et comme collaborateur Théophile Gmelin, neveu de Jean-George GMELIN, né à Tubingen, dans le Wurtemberg, en 1709. Ce dernier était fils d'un pharmacien qui, lui-même, cultivait les sciences naturelles. Il étudia la médecine et fut reçu docteur dès l'âge de dix-huit ans. Appelé en Russie pour professer l'histoire naturelle, il fit partie d'une expédition scientifique ayant pour but d'explorer la Sibérie et le Kamtschatka, en 1733. Il revint en Europe après dix années de voyage dans ces contrées inhospitalières, épuisé par les fatigues et les privations qu'il avait endurées, et ayant contracté le germe de la maladie qui devait l'enlever quelques années après. De retour dans sa patrie, il publia la *Flore de Sibérie*, quatre volumes in-4° (1747), son *Voyage en Sibérie*, quatre volumes (1751), et mourut à l'âge de quarante-cinq ans, avant d'avoir pu mettre en ordre toutes les observations qu'il avait faites en Sibérie.

Samuel-Théophile GMELIN, né à Tubingen, en 1745, embrassa la carrière de son oncle et se fit recevoir docteur en médecine à dix-neuf ans.

Appelé en 1766 à Saint-Pétersbourg pour occuper la chaire de botanique, il s'y lia avec Pallas et fit partie, comme lui, de la seconde expédition sibérienne ordonnée par Catherine II ; mais, moins heureux que son ami, il ne devait pas en revenir. Après avoir passé cinq années à explorer les bords du Don et du Volga et les confins de la Perse, il résolut de visiter la côte orientale de la mer Caspienne. En vain Pallas s'efforça de le détourner de ce projet ; il y persista. Arrêté et jeté en prison par un khan des Kirghiz, le chagrin et l'insalubrité de son cachot développèrent chez lui une maladie mortelle, et, lorsque l'impératrice Catherine, informée de cet événement, put intervenir, on ne tira de la prison qu'un cadavre. Il n'avait pas trente ans. On doit à Théophile Gmelin une *Histoire des Fucus*, avec planches, in-4° (1768) ; c'est le premier ouvrage qui ait été publié sur les varechs. La relation de ses voyages a été rédigée par Pallas, d'après ses notes.

Un troisième GMELIN (J.-Frédéric), également neveu de Jean-George, né à Tubingen en 1748, resta dans son pays, où il professa la médecine et l'histoire naturelle. On lui doit une *Histoire générale des pois-*

sons et la treizième édition du *Systema naturæ*, de Linné, beaucoup augmentée.

La minéralogie n'avait encore fait que de bien faibles progrès ; son caractère purement descriptif, favorisant peu les hypothèses, n'offrait nul attrait aux créateurs de systèmes ; aussi voit-on que c'est la partie la plus faible dans Buffon. Linné, qui porta le même esprit méthodique dans toutes les branches de l'histoire naturelle, introduisit dans la classification des minéraux l'importante considération de la forme cristalline, fondant ainsi l'école géométrique à laquelle Haüy devait donner un si grand développement. Bientôt, cependant, on reconnut les étroites relations qui unissent la minéralogie à l'étude des terrains, et les recherches dirigées dans cette voie amenèrent d'heureuses découvertes.

Parmi les savants qui ont le plus contribué à répandre en France le goût de la minéralogie, il faut citer J.-Étienne GUETTARD, né à Étampes, en 1715. Il fit ses études médicales et se fit recevoir docteur. Admis de bonne heure à l'Académie des sciences, il publia dans le recueil des travaux de cette Société de nombreux mémoires sur la minéralogie, et entreprit de faire connaître toutes les richesses de la France en ce genre ; travail immense auquel il se livra avec la plus grande activité. Parmi ses travaux les plus importants, nous citerons ses mémoires *Sur la nature et la situation des terrains qui traversent la France et l'Angleterre* (1746) ; il y démontre l'analogie des terrains de ces deux pays ; *Sur les granits de France* comparés à ceux d'Égypte (1751) ; *Sur quelques montagnes de la France qui ont été des volcans* (1752) ; il y prouve, le premier, que les principales montagnes de l'Auvergne sont des volcans éteints ; *Minéralogie du Dauphiné* (1779) ; *Atlas et description minéralogique de la France* (1780), avec quarante cartes. On lui doit aussi des travaux importants sur la physiologie végétale ; il reprit les expériences de Hales sur la nutrition, la circulation et la transpiration des végétaux, et y ajouta plusieurs observations intéressantes. Guettard mourut en 1786.

En 1785, HUTTON, médecin d'Édimbourg qui cultiva avec succès la philosophie, la physique, la géologie et la minéralogie, publia une *Théorie de la terre*, où il explique, par l'action du feu central, non seulement la formation d'une foule de roches et de minéraux, mais aussi celle de nos continents, qu'il considère comme soulevés du fond des eaux. Il fut le chef de l'école des *vulcanistes*.

A ces géologues succéda Werner, de qui date, en réalité, l'ère scientifique de la minéralogie et de la géognosie.

Gottlob WERNER naquit à Wehlau, dans la Haute-Lusace, en 1750. Fils d'un directeur des forges, ses jouets furent des minéraux, et il en connut les noms avant de savoir lire. Aussi était-il à peine âgé de vingt-quatre ans lorsqu'il publia son ouvrage : *Traité des caractères des minéraux* (1774), opuscule de quelques pages, mais où les caractères des minéraux sont exposés avec tant de méthode et de précision, qu'il devint aussitôt classique. Werner fut nommé, l'année suivante, professeur à l'École des mines de Freyberg et inspecteur du cabinet, ce qui lui permit de perfectionner son système et de le populariser dans ses cours, qui furent très suivis. Dans d'autres écrits : *Classification et description des montagnes* (1787) et *Nouvelle Théorie de la formation des filons* (1791), il attribuait à l'eau la formation de tous les terrains, et fut le chef de l'école des *neptuniens*. Il mourut à Dresde en 1817.

Pallas et de Saussure, dont l'un explora les monts Ourals et la Sibérie et l'autre la chaîne des Alpes, contribuèrent largement aux progrès de la géologie par leurs nombreuses observations.

Jusqu'à Werner, on n'avait pris en considération pour la classification des minéraux que les caractères extérieurs ; vers 1760, le Suédois Cronstedt et, après lui, son compatriote Bergmann eurent recours à un nouveau principe de classification : la composition chimique des minéraux, que l'illustre Berzélius, également Suédois, devait porter si loin au dix-neuvième siècle.

En 1782, ROMÉ DE LISLE publia son *Essai de cristallographie,* dans lequel il établit le principe de la constance des angles dans les cristaux, et s'appliqua à tirer de ces formes géométriques des caractères. distinctifs. Mais il s'arrêta aux surfaces et ne comprit pas l'importance de la structure intime des minéraux, qu'il était donné à Haüy de mettre en lumière.

René-Just HAÜY naquit à Saint-Just (Oise), en 1742. Fils d'un pauvre tisserand, il paraissait destiné à suivre la même carrière que son père, lorsque son intelligence précoce et sa piété le firent remarquer par le supérieur d'un couvent établi dans son village. Il fut d'abord placé comme enfant de chœur ; puis son protecteur lui obtint une bourse au collège de Navarre, à Paris, où ses rapides progrès et sa conduite irréprochable lui valurent l'emploi de régent de quatrième à vingt et un ans ; puis, celui de régent de seconde, en même temps qu'il était ordonné prêtre.

S'étant lié avec Lhomond, bien connu par ses livres classiques, et qui était régent de sixième au collège du Cardinal-Lemoine à la même époque que lui, il l'accompagna dans ses excursions botaniques et prit goût à cette science. Dès ce moment, il comprit sa véritable vocation, et devint un des habitués du Jardin des plantes, qui était voisin de son collège. Il entrait écouter les cours, autant que le lui permettaient ses fonctions au collège, et donnait surtout la préférence à celui de minéralogie que professait alors Daubenton. Ce dernier appliquait le système de cristallisation inventé par Romé de Lisle, et démontrait que la forme régulière des cristaux est due à l'action des forces agissant sous l'empire de lois précises ; mais ces lois étaient encore inconnues.

Ce fut une maladresse qui mit Haüy sur la voie de cette découverte : un groupe de spath calcaire qu'il examinait lui échappa des mains et se brisa. Frappé de la régularité des cassures, Haüy ramasse ces débris, les examine avec soin et entrevoit des relations constantes entre les formes diverses de ces fragments. Il se remet avec ardeur à l'étude de la géométrie, met successivement en pièces tous les échantillons de sa collection, à laquelle il tenait tant, calcule les angles d'après des méthodes qu'il se crée, les mesure ensuite, et trouve ces angles précisément de la mesure que lui donnait le calcul ; sous les faces accessoires qui les revêtent, il découvre les faces primitives de chaque cristallisation, et, de celles-ci, il déduit sûrement les faces secondaires. Enfin, il crée de toutes pièces une science nouvelle, la minéralogie cristallographique.

Haüy, sûr de sa théorie, la communiqua à son maître Daubenton, qui s'empressa d'en faire part au célèbre Laplace. Celui-ci comprit toute la valeur de cette découverte, et l'exposa devant l'Académie des sciences, qui ouvrit ses portes au modeste savant.

Ayant atteint le temps de sa retraite au collège, il la demanda et se consacra tout entier à ses travaux de minéralogie. Vivant fort retiré, tout entier à ses études, et complètement étranger aux événements politiques, il faillit cependant en être victime. Sa qualité de prêtre non assermenté le fit jeter en prison comme suspect, et, sans le dévouement de son élève et ami Geoffroy Saint-Hilaire, il y eût sans doute perdu la vie ; car, à quelques jours de là, avaient lieu les massacres de septembre.

Après les mauvais jours de la Terreur, Haüy fut nommé conservateur du Cabinet des mines, puis professeur de minéralogie au Muséum. Napoléon le fit chanoine de Notre-Dame, membre de la Légion d'honneur, professeur à la Faculté des sciences, et lui accorda une pension de 6 000 francs. Ce fut peut-être à cette faveur qu'il dut l'indifférence du gouvernement de la Restauration ; aussi mourut-il pauvre, en 1822, ne laissant à sa famille d'autre héritage que sa précieuse collection, dont l'acquéreur fut un Anglais. Cette collection a fait, depuis, retour à la France et figure dans les galeries du Muséum.

Ses principaux ouvrages sont : *Essai d'une théorie sur la structure des cristaux* (1784) ; un *Traité de minéralogie*, quatre volumes in-8° (1801), et son *Traité de cristallographie*, deux volumes in-8° (1822). Ces ouvrages plaçaient la France au premier rang dans cette branche de la science. Son système donnait à la minéralogie une précision absolue, mathématique, en soumettant à l'observation géométrique les angles et les faces que présentent tous les minéraux cristallisés. On lui doit encore un *Traité de physique*, remarquable par la clarté des démonstrations et l'élégance du style.

Parmi les géologues du dix-huitième siècle, on doit citer Jean-André DELUC, né à Genève en 1727. Fils d'un négociant de cette ville, il fut d'abord destiné au commerce ; mais ses goûts l'entraînant vers les sciences, il s'y adonna avec ardeur et se fit bientôt connaître par plusieurs observations intéressantes sur la météorologie et l'hygrométrie. A l'âge de dix-sept ans, accompagné de son frère qui n'en avait que quinze, il fit plusieurs excursions géologiques dans les montagnes de la Suisse, et recueillit des échantillons de minéraux qui furent le noyau du beau cabinet minéralogique qu'il devait fonder plus tard dans sa ville natale.

Deluc inventa le baromètre portatif, explora la

Suisse et la Savoie, étudia les glaciers, peu connus avant lui, et consigna ses observations et ses idées dans ses *Lettres physiques et morales sur les montagnes et sur l'histoire de la terre et de l'homme*, 1780, six volumes in-8°. Il visita ensuite le nord de l'Europe, l'Allemagne, l'Angleterre, et, dans ce dernier pays, la reine Charlotte l'accueillit avec faveur et lui donna un logement au château de Windsor. Ce fut là qu'il mourut à l'âge de quatre-vingt-dix ans.

Comme géologue, Deluc a cherché à prouver que la dernière révolution subie par le globe ne remontait pas au delà de cinq à six mille ans, opinion adoptée par Cuvier. Outre ses *Lettres physiques et morales*, Deluc a laissé des *Lettres sur quelques parties de la Suisse*, 1787, in-8°; des *Lettres à Blumenbach sur l'histoire physique de la terre*, et un *Abrégé des principes et des faits concernant la cosmologie et la géologie*, 1802, in-8°.

Un des plus éminents géologues du dix-huitième siècle, Henri-Bénédict DE SAUSSURE, naquit à Genève le 17 février 1740. Il était neveu du philosophe Bonnet, auprès duquel il contracta le goût de l'histoire naturelle. Il s'adonna d'abord à la botanique, et, à l'âge de vingt-deux ans, on le voit déjà publier ses *Observations sur l'écorce des feuilles et des pétales*, mémoire plein d'ingénieuses remarques.

Mais bientôt l'étude de la structure du globe l'emporta dans son esprit sur celle de la structure des plantes. Il montra toujours une passion décidée pour les montagnes, et, à dix-huit ans, il avait déjà parcouru plusieurs fois les montagnes les plus voisines de Genève. Cela ne satisfaisant pas son ambition, il alla visiter les glaciers de Chamouny, dont l'accès était alors plus difficile et dangereux. Il traversa quatorze fois la chaîne entière des Alpes par huit passages différents, parcourut le Jura, les Vosges, les montagnes de l'Auvergne, de l'Allemagne, de l'Angleterre, de l'Italie, et les étudia le marteau de mineur à la main.

Bien des fois, il avait songé aux moyens de parvenir au sommet du mont Blanc; mais cette entreprise paraissait impossible, lorsqu'il apprit, en août 1786, que deux habitants de Chamouny venaient d'accomplir l'ascension. Aussitôt son parti est pris, il dresse ses plans, prépare ses instruments, et, l'année suivante, à pareille époque, accompagné de guides qu'il encourage par son exemple et ses promesses, il atteint le sommet du pic neigeux, le 8 août 1787, après trois jours d'efforts et de fatigue. Là, malgré le danger et le malaise que fait éprouver la raréfaction de l'air sur ces hauteurs prodigieuses, de Saussure procéda, à l'aide du baromètre, à la détermination de l'altitude du mont Blanc, qu'il fixa à 4800 mètres au-dessus du niveau de la Méditerranée, et fit d'importantes observations météorologiques.

Ses travaux sur la structure des hautes montagnes, sur la formation et la succession des couches terrestres, lui ont mérité une grande place parmi les fondateurs de la géologie, et Cuvier, qui a écrit l'éloge de de Saussure, le reconnaît pour son maître et son guide. En physique, il inventa ou perfectionna plusieurs instruments précieux : l'hygromètre, l'eudiomètre, l'électromètre. Son principal ouvrage est intitulé : *Voyage dans les Alpes*, quatre volumes in-8° (1779-1796); il a donné, en outre, une foule de mémoires ou dissertations dans les recueils savants de l'époque. Une statue en bronze lui a été élevée, le 28 août 1887, à Chamouny.

De Saussure mourut en 1799, laissant un fils, Théodore de Saussure (1767-1845), qui a donné de bons travaux sur la physique et la chimie végétale, et une fille, Mme Necker, qui s'est fait un nom dans les lettres.

La géologie et la minéralogie durent encore de bonnes observations à Dolomieu, dont l'existence accidentée fut malheureusement trop courte.

Sylvain-Tancrède DE GRATET DE DOLOMIEU naquit à Dolomieu, dans le Dauphiné, en 1750. Destiné à la carrière militaire, il entra dans l'ordre des chevaliers de Malte pour y faire son noviciat. Mais à la suite d'un duel qui coûta la vie à son adversaire, il fut mis en prison. Pendant les dix mois que dura sa captivité, il étudia la physique, la géologie et la minéralogie, dont il avait pu se procurer des traités, et la lecture de ces ouvrages développa chez lui le goût des sciences. Il parcourut le Portugal, la Sicile, la Calabre, les Pyrénées et les Alpes, le marteau de géologue à la main et le sac sur le dos, bravant les fatigues et les dangers.

Dolomieu dut sans doute à ces voyages d'éviter le péril que lui eût fait courir, pendant la Terreur, sa qualité de noble; cependant, en 1796, il fut nommé professeur à l'École des mines, et l'année suivante, il fut appelé à faire partie de l'expédition d'Égypte. Il accepta avec joie ; mais la flotte française, que montait Bonaparte, s'arrêta, par son ordre, devant Malte qu'il convoitait ; l'île fut prise, l'ordre des chevaliers de Malte supprimé, et la présence de Dolomieu sur les navires français eut pour lui de funestes conséquences. Signalé partout comme traître et renégat, bien qu'il ignorât complètement les projets de Bonaparte, il fut, à son retour, jeté par la tempête sur les côtes du royaume de Naples, et mis en prison. Pendant près de deux ans, il y subit le traitement le plus indigne, privé de papier, de plumes et des choses les plus nécessaires ; il ne perdit pas courage et se retrempa dans ses souvenirs. Avec un morceau de bois noirci à la fumée de sa lampe, il écrivit, sur les marges de trois volumes, qu'il était parvenu à soustraire à ses geôliers, un *Traité de philosophie minéralogique*, qui fut imprimé après sa mort (1802). La paix signée entre la France et Naples lui rendit sa liberté, et il put revenir à Paris (1799).

Daubenton étant mort l'année suivante, Dolomieu fut nommé professeur de minéralogie au Muséum d'histoire naturelle ; mais il ne jouit pas longtemps de sa position : au bout de quelques mois, il fut enlevé par une maladie aiguë, à l'âge de cinquante et un ans. On lui doit les relations de ses *Voyages aux îles Lipari et au mont Etna*, où il émet des idées nouvelles sur les volcans, et de nombreux mémoires sur la géologie et la minéralogie.

L'un des hommes qui ont le plus honoré l'humanité et la science, non seulement par les services qu'il a rendus à cette dernière, mais aussi par le noble et généreux emploi qu'il fit de sa fortune, sir Joseph Banks, naquit à Londres, en 1743, d'une famille noble et riche. Son goût pour les sciences naturelles se prononça de bonne heure, et, resté maître d'une belle fortune à dix-huit ans, par suite de la mort prématurée de ses parents, il s'adonna tout entier à leur étude. Herborisant sans cesse, recueillant des insectes et d'autres animaux, achetant, sans compter, chez les marchands, les objets rares et curieux venus de l'étranger, il ne tarda pas à posséder de fort belles collections et une riche bibliothèque, et se trouva bientôt en relations avec la plupart des naturalistes, que lui concilièrent son aimable caractère et sa libéralité.

Mais Banks, doué d'une activité infatigable et d'une curiosité non moins grande, ne pouvait se contenter des plaisirs tranquilles du collectionneur. Cook allait faire son premier voyage de découvertes sur l'*Endeavour*; Banks obtint de faire partie de l'expédition et put emmener à ses frais un secrétaire, deux dessinateurs et son ami le docteur suédois Solander.

On mit à la voile le 26 août 1768, et l'expédition était de retour le 12 juin 1771, après avoir visité la Nouvelle-Zélande, les côtes de l'Australie et les archipels du Grand Océan. Ce fut dans cette expédition que Botany-Bay reçut son nom, de la multitude de plantes nouvelles qu'y recueillirent les deux amis. Ils revinrent chargés de magnifiques collections, et

Banks fut accueilli à Londres avec un enthousiasme général.

L'année suivante, il nolisa un navire à ses frais, et entreprit, avec Solander, un voyage dans le nord de l'Europe ; il visita la grotte de Staffa, les Hébrides, l'Islande, et en rapporta des documents précieux. Mais ni lui ni Solander ne les mirent en œuvre ; tous deux ont fort peu écrit. Ces richesses scientifiques ne furent cependant pas perdues, et il les mit généreusement à la disposition des savants, ses contemporains ; sa maison était le rendez-vous des naturalistes de toutes les nations.

Banks faisait le plus noble emploi de sa fortune et de son influence. Deux fois les Irlandais, pressés par la famine, reçurent de l'illustre baronnet des cargaisons de blé. Broussonnet, dans son exil, était soutenu par lui ; il fit parvenir ses secours à Dolomieu jusque dans les prisons de Messine ; racheta, pour Humboldt, ses caisses enlevées par des corsaires ; rendit, sans y toucher, les collections précieuses du naturaliste français La Billardière, tombées entre les mains des Anglais.

En 1778, Banks fut nommé à la présidence de la Société royale de Londres et la conserva jusqu'à sa mort, qui eut lieu le 19 mai 1820. George III, qui avait pour lui la plus grande estime, le nomma son conseiller ; mais Banks n'usa de cette haute position que pour diriger les affaires scientifiques. Il confia le soin de ses collections au savant botaniste Robert Brown, à qui il les légua après sa mort, avec reversibilité au Musée britannique, et donna à cet établissement sa bibliothèque, dont le catalogue seul comprend cinq volumes in-8°. On ne connaît de Banks que des articles sur divers sujets insérés dans les *Transactions philosophiques* de Londres.

A la fin du dix-huitième siècle, la botanique avait atteint le plus haut degré d'importance en France, sous l'impulsion de savants tels que Laurent de Jussieu et Desfontaines, et à côté d'eux brillait André Thouin, qui, de simple jardinier, devint chef des cultures, professeur et membre de l'Académie des sciences.

André THOUIN était né, en 1747, au Jardin du roi, où son père remplissait les fonctions de jardinier en chef. La culture et l'étude des plantes avaient été sa première et, en quelque sorte, sa seule occupation. Lorsque son père mourut, en 1764, il avait dix-sept ans et était l'aîné de six enfants. Buffon et de Jussieu l'avaient vu naître ; ils le savaient intelligent et laborieux et lui firent obtenir l'emploi de son père.

André Thouin ne tarda pas à justifier la bonne opinion qu'il avait inspirée à ses protecteurs. Buffon avait entrepris l'agrandissement du jardin ; ce fut Thouin qui, malgré sa jeunesse, devint l'agent principal de ces nombreuses opérations. Il se montra à la fois homme d'affaires, architecte habile, jardinier consommé et botaniste instruit. En tout, il apporta une intelligence heureuse et une activité incroyable. Par ses soins se multiplièrent et se répandirent de tous côtés les plantes les plus rares, les fleurs les plus belles. Ses instructions et ses leçons formèrent une foule de jardiniers habiles, qui propagèrent, en province et dans les colonies, le goût et les préceptes de l'horticulture.

Lorsqu'en 1793 fut réorganisé l'établissement du Jardin des plantes, on créa pour lui la chaire de culture, qu'il occupa pendant vingt ans avec distinction. Admis à l'Académie des sciences et décoré de la Légion d'honneur à la fondation de l'ordre, il mourut dans le jardin où il était né et qu'il avait complètement transformé, à l'âge de soixante-dix-sept ans (1824). On lui doit un *Essai sur l'économie rurale*, une *Monographie des greffes* et une foule de mémoires.

A la même époque, le peintre hollandais Van Spaëndonck mettait au service de la science la magie de ses pinceaux. Il dessinait les animaux à côté de Buffon, les plantes sous les yeux de de Jussieu, et poussa au dernier degré de perfection l'art de peindre les fleurs. De son école sortirent une foule d'élèves qui répandirent dans les ateliers et les fabriques cette élégance de forme et cette richesse de coloris tant admirées dans les produits de notre industrie française.

A ces travaux, qui embrassent l'ensemble et les détails de la science, se joignent des flores plus nombreuses pendant ce siècle qu'à toutes les époques précédentes. Pontedera décrit les plantes d'Italie, OEder celles du Danemark, Jacquin celles d'Autriche, Smith celles d'Angleterre, et Lamarck fait paraître sa *Flore française.*

Vers la fin du dix-huitième siècle, la France exerçait sur l'Europe une grande influence intellectuelle ; les lettres et les sciences lui tenaient lieu de gloire, de puissance et de liberté ; tous les yeux étaient fixés sur elle ; tous les peuples épiaient la moindre étincelle partie de ce foyer de lumières. La langue et les idées de la France étaient partout ; partout se retrouvaient les idées de ses philosophes, Voltaire, Diderot, Helvétius, Rousseau, dont les doctrines attaquaient les préjugés et les abus, et jetaient les semences d'une révolution terrible, mais nécessaire. Jamais la science n'avait été si populaire, si pratique, en accord si parfait avec les lettres. Aussi que de théories, que de systèmes, que d'investigations en tout genre, que de découvertes ! Que de progrès en astronomie avec Lacaille, Lalande, Cassini, Chappe ; en mathématiques avec Clairaut, d'Alembert, Condorcet ; en botanique avec Adanson, Desfontaines, les de Jussieu ! Quel magnifique monument élevé à l'histoire naturelle par Buffon !

La philosophie expérimentale de Locke, propagée par Voltaire et Condillac, avait été adoptée universellement ; l'esprit d'examen se mit plus que jamais à tout analyser, tout expérimenter, tout dissoudre. Puis surgit une nouvelle école qui, exagérant les principes du philosophe anglais, en vint à nier tout ce qui ne tombe pas sous les sens, tout ce qui ne supporte pas la preuve expérimentale ou la démonstration mathématique ; en un mot, tout ce qui est purement idéal et de sentiment. Mais, en même temps, cette école matérialiste professait un amour sincère de l'humanité et une ferme croyance en sa perfectibilité. Ce fut même cette idée de progrès qui inspira aux chefs de cette école, Diderot et d'Alembert, la pensée de l'*Encyclopédie*, vaste répertoire de toutes les connaissances humaines en trente-cinq gros volumes in-4°. Ces philosophes, les encyclopédistes, étaient tous des savants, et ils eurent pour but d'éclairer les intelligences et de perfectionner les procédés de l'industrie. Leur œuvre est assurément l'un des monuments les plus remarquables de notre littérature. Elle a été imitée dans presque tous les pays, et n'a jamais été surpassée, eu égard à la date à laquelle elle a été publiée. Elle fait connaître l'état des sciences, des arts, des métiers, et constitue l'inventaire des connaissances acquises dans la seconde moitié du dix-huitième siècle.

Toutefois, cet esprit de discussion et de libre penser qui se mêlait à tout; ces doctrines qui renouvelaient toutes les idées morales, politiques et sociales, devaient forcément, comme tous les grands mouvements, entraîner une certaine perturbation, une révolution; et cette révolution qui allait bouleverser radicalement un ordre social assis depuis des siècles, qui allait changer même l'esprit et le caractère de la nation, ne pouvait être qu'une lutte où chacun, prenant part aux agitations politiques, aux questions sociales, n'avait plus le loisir de s'occuper des sciences. La Révolution française portait dans son sein le germe de la guerre ; bientôt toute l'Europe fut embrasée, et, pendant vingt-cinq ans, il y eut dans les sciences une perturbation violente.

Un décret du 18 août 1792 supprimait les universités, les facultés et autres institutions de même nature, et le Jardin des plantes était du nombre. Ce fut Lakanal, député de l'Ariège, qui, par son énergie, détourna le coup fatal et fit ériger le Jardin du roi en Muséum national d'histoire naturelle. Ce fut lui qui, après le 9 thermidor, provoqua la fondation de l'École normale, de l'École des langues orientales et du Bureau des longitudes; c'est à lui qu'on dut encore l'organisation des écoles primaires et des écoles centrales.

Ce rapide exposé du dix-huitième siècle montre les progrès qu'avait fait l'esprit humain, dégagé peu à peu des entraves que lui imposaient la superstition et l'autorité despotique des maîtres de la science. Chaque jour voit paraître un progrès, une découverte nouvelle, qui ouvrent aux sciences une large voie dans laquelle s'avancera hardiment le dix-neuvième siècle.

IV

Progrès des sciences au dix-neuvième siècle. — Voyages scientifiques.
— Lamarck. — Théorie du transformisme. — Geoffroy Saint-Hilaire.
— L'anatomie philosophique et la tératologie. — Georges Cuvier. —
L'immutabilité des espèces. — Les révolutions du globe. — Discussion
célèbre. — Frédéric Cuvier. — Duméril. — Duvernoy. — Latreille.
— Valenciennes. — Savigny. — De Blainville. — Alexandre Bron-
gniart.

Au seuil du dix-neuvième siècle, les traités de Lu-
néville et d'Amiens, en ramenant la paix, donnèrent
à la France un moment de repos et de prospérité. On
vit se développer alors une magnifique émulation
pour tous les progrès. Les mœurs redevinrent polies ;
l'agriculture, avec la terre libre et morcelée entre
des mains laborieuses, doubla les richesses du sol ;
l'industrie, forcée par les nécessités de la patrie à
chercher des ressources en elle-même, enfanta des
merveilles par les applications de la chimie ; de nouvelles industries sorties de la rigueur du blocus con-
tinental firent remplacer le sucre de canne par le
sucre de betterave, cultiver la garance et le pastel,
inventer des machines à filer et tisser le coton, et l'histoire doit conserver, à côté des noms de Fourcroy,
Berthollet, Chaptal, ceux de Richard-Lenoir, Ober-
kampf, Philippe de Girard, etc. Le génie de Bonaparte
se montra dans les travaux de la paix comme dans
ceux de la guerre ; il réorganisa les bibliothèques,

les musées, les établissements d'instruction publique, protégea les arts et les sciences et, sous son règne, ces dernières firent des prodiges.

Encouragés par les résultats obtenus dans les voyages antérieurs et poussés par le goût toujours croissant des sciences naturelles, une foule d'hommes entreprenants et instruits vont explorer les diverses contrées du globe. C'est d'abord la célèbre expédition d'Orient, pendant laquelle Geoffroy Saint-Hilaire, Savigny, Cordier, Delille, dressent l'inventaire des richesses naturelles de l'Égypte ; puis, La Billardière, qui a suivi d'Entrecasteaux à la recherche de l'infortuné La Pérouse, rapporte de ce voyage des plantes et des animaux nouveaux. Baudin visite les Antilles, la Nouvelle-Hollande, l'archipel Indien, et les naturalistes Bory de Saint-Vincent, Lesueur et Perron, qui l'accompagnent, en rapportent une riche moisson.

Bosc visite les États-Unis ; Olivier, le Levant ; Turpin explore Saint-Domingue ; Poiret, la Barbarie ; Delalande, l'Afrique et le Cap ; Michaux, Cayenne et l'île de France, décrite avec tant de charme par Bernardin de Saint-Pierre ; Lesueur, de la Pylaie, Ch. Bonaparte, parcourent l'Amérique septentrionale ; Humbold, Bonpland, Roulin, Alcide d'Orbigny, explorent l'Amérique du Sud ; Jurieu, le Chili ; Auguste Saint-Hilaire, le Brésil ; Diard, Duvaucel, Jacquemont, Dussumier, visitent les Indes ; Caillé pénètre dans l'intérieur de l'Afrique jusqu'à Tombouctou. Mais nous ne pouvons les citer tous, même en nous bornant aux voyageurs français. Qui ne connaît les

explorations scientifiques des Freycinet, des Duper-
rey, des Dumont d'Urville, des Dupetit-Thouars, qui,
secondés par les naturalistes Quoy, Gaimard, Gaudi-
chaud, Lesson, Eydoux, enrichirent le Muséum de
collections magnifiques. Mais que de victimes, hélas!
parmi ces hommes ardents, ces savants infatigables,
toujours prêts à affronter les privations les plus
cruelles, les dangers les plus grands, pour se vouer
à l'exploration des diverses contrées du globe. Perron
meurt à trente-cinq ans des suites d'une maladie con-
tractée dans les pays chauds, Delalande à trente-sept
ans, Mungo-Park à trente-quatre ans. Duvaucel périt
dans l'Inde, où mourut aussi, à l'âge de trente et un
ans, Victor Jacquemont.

Les Portugais, les Espagnols, les Hollandais et surtout les Anglais, utilisant leur puissance coloniale,
prennent une large part aux expéditions scientifiques
et multiplient les acquisitions nouvelles, au point
qu'il devient impossible aux savants d'embrasser à
la fois les trois règnes de la nature. Les matériaux
deviennent si abondants, les naturalistes si nombreux, que, même en nous tenant aux plus illustres,
pour résumer l'histoire des travaux de ce siècle, nous
serons obligés de traiter à part et successivement
chaque branche de la science.

Un des plus grands naturalistes dont les travaux
inaugurent le dix-neuvième siècle est Lamarck. Bien
qu'appartenant en partie au dix-huitième siècle, c'est
dans le nôtre qu'il fit connaître ses théories et publia ses ouvrages les plus importants. J.-B.-Pierre-

Antoine DE MONET, chevalier DE LAMARCK, né à Barentin, près de Bapaume, en 1744, était le onzième enfant du seigneur de ce lieu. Suivant l'usage du temps, sa qualité de cadet le fit destiner à l'Église, et on l'envoya au collège des jésuites d'Amiens. Le jeune Lamarck eût beaucoup préféré suivre la carrière des armes, qu'avait embrassée presque toute sa famille ; mais sa déférence aux ordres de son père le retint pendant quelque temps au séminaire. Cependant, celui-ci étant mort en 1760, Lamarck quitta aussitôt les révérends pères et, muni d'une simple recommandation que lui remit une amie de sa famille pour le colonel du régiment de Beaujolais, il partit, monté sur un mauvais cheval, pour rejoindre l'armée française alors en lutte contre la Prusse et l'Angleterre alliées.

A peine âgé de dix-sept ans et d'apparence assez chétive, Lamarck se vit d'abord repoussé, mais sur son insistance, on l'admit pourtant comme volontaire. Dès le lendemain de son arrivée, il prit part au combat de Willinghausen et s'y conduisit avec tant de bravoure, qu'il fut nommé officier sur le champ de bataille. Peu après, il reçut un brevet de lieutenant et fut envoyé en garnison à Monaco. Mais sa carrière militaire fut de courte durée ; gravement blessé dans une chute, il dut venir se faire soigner à Paris, et sa guérison traînant en longueur, il quitta définitivement le service.

Réduit à une modique pension de quatre cents francs, il fut obligé, pour vivre, de travailler dans les bureaux d'un banquier, et consacra tous ses loisirs à l'étude des sciences. Celle qui l'intéressait le plus était la botanique ; il s'y adonna bientôt exclusivement, et avec une persévérance telle que, au bout de dix ans, il se révéla tout à coup au monde savant dans un ouvrage aussi remarquable par la nouveauté du plan que par l'exécution. C'était la *Flore française*, à laquelle il appliquait une méthode aussi commode qu'ingénieuse, et dont il était l'inventeur.

Ayant fait lui-même l'expérience de la difficulté qu'offraient les systèmes imaginés pour la détermination des plantes, Lamarck avait eu l'idée d'en créer un nouveau qui devait conduire plus facilement et plus sûrement à ce résultat. Prenant pour point de départ les conformations les plus générales, et en procédant toujours par voie *dichotomique*, il ne laissait chaque fois à choisir qu'entre deux caractères opposés, divisant et subdivisant toujours par deux, jusqu'à ce que, n'ayant plus à se décider qu'entre deux caractères bien tranchés, on arrivât infailliblement à la détermination de l'espèce que l'on étudiait. A une époque où Rousseau, par des écrits pleins de charme, avait rendu la botanique populaire, un ouvrage qui en facilitait l'étude ne pouvait manquer d'être bien accueilli. Buffon y donna toute son approbation et obtint de faire imprimer la *Flore française* par l'Imprimerie royale ; Daubenton en écrivit le discours préliminaire. Peu après, une place dans la section de botanique étant devenue vacante à l'Académie des sciences, Lamarck y fut admis (1779).

Buffon voulant faire voyager son fils en Europe, choisit Lamarck pour l'accompagner ; mais afin qu'il

ne pût être considéré comme un simple précepteur, il
lui fit obtenir le titre de botaniste du roi, avec mission de visiter les jardins et les cabinets étrangers.
Pourvu de recommandations puissantes, Lamarck
parcourut pendant deux ans la Hollande, l'Allemagne
et la Hongrie, avec son jeune élève.

A son retour en France, il cultiva la botanique avec
une nouvelle ardeur, et se chargea de l'histoire naturelle des végétaux dans l'*Encyclopédie méthodique*.
Ce grand ouvrage, moins connu que sa *Flore*, mais
beaucoup plus important, lui acquit de justes droits
à la célébrité. D'ailleurs Lamarck n'avait pour vivre
que son travail ; car la faveur de Buffon ne lui avait
valu aucun établissement solide. Ce ne fut qu'en 1788
que le successeur de ce grand homme, le marquis de
La Billardière, le fit nommer botaniste du Cabinet et
gardien des herbiers du roi.

Lorsque le Jardin et le Cabinet du roi furent recon-
stitués, en 1793, sous le nom de *Muséum d'histoire
naturelle*, tous les fonctionnaires supérieurs furent
chargés du professorat ; une chaire fut assignée à
chacun d'eux, en raison de sa capacité. Mais Lamarck,
dernier venu, ne put choisir ; la chaire de botanique
était occupée par Desfontaines, et il ne restait plus
que celle de zoologie, relative aux insectes et aux
vers, qui, selon la nomenclature de l'époque, comprenait les crustacés, les mollusques et les zoophytes.
Lamarck fut obligé de la prendre. Il avait alors cinquante ans et ne connaissait cette partie de la zoologie
que pour s'être occupé des coquilles, mais il ne se
découragea pas ; il se mit à étudier cette matière si

nouvelle pour lui, et se trouva bientôt en état non seulement de professer cette branche de la science avec éclat, mais encore d'y acquérir une réputation supérieure à celle qu'il avait obtenue en botanique. Il publia son *Système des animaux sans vertébrés*, ou Tableau général des classes, des ordres et des genres de ces animaux (1801), esquisse du grand ouvrage qu'il publia plus tard (1815-1822), en sept volumes, sous le titre d'*Histoire naturelle des animaux sans vertèbres*, ouvrage qui est demeuré classique et qui sera toujours considéré comme un des plus beaux monuments élevés à l'histoire naturelle.

Lamarck avait beaucoup médité sur les lois générales de la physique et de la chimie, sur les phénomènes météorologiques, sur les révolutions du globe, sur les lois qui président à l'organisme et à la vie ; il a publié sur ces divers sujets des écrits empreints d'une indépendance d'opinion, d'une hardiesse qui ont souvent été jugées avec rigueur. Mais si ses théories sont parfois en désaccord avec les faits, elles présentent toujours des idées profondes et lumineuses.

Doué d'un esprit à la fois méthodique et spéculatif, il entreprit d'expliquer les phénomènes du monde organique, en les rattachant à des idées philosophiques et générales qu'il a surtout développées dans sa *Philosophie zoologique* (1809), et plus tard, dans l'introduction de son *Histoire naturelle des animaux sans vertèbres* (1815) ; ouvrages remarquables, qui ne furent pas justement appréciés par ses contemporains, mais qui, dans ces derniers temps, ont reçu

LAMARCK

D'APRÈS UN DESSIN DE BOILLY.

une éclatante réparation (1). La doctrine de Lamarck
porte aujourd'hui le nom de *Transformisme ;* elle a
pour base l'hypothèse de la variabilité des espèces.

Mais à l'époque de Lamarck, la science était encore
trop incomplète, trop imparfaite ; la géologie était
dans l'enfance, la paléontologie n'existait pas. On ne
soupçonnait pas que l'étude des espèces éteintes allait
bientôt permettre de reconstituer les anciennes populations du globe et de combler en partie les lacunes
de la série organique. Buffon déjà avait émis cette
idée que toutes les espèces groupées dans une même
famille semblent être sorties d'une souche commune ;
l'hypothèse du transformisme était contenue en germe
dans cette remarque de Buffon. Mais cette boutade
de génie n'aspirait pas à expliquer l'évolution des
formes de la vie et la disposition sériaire des êtres ;
elle ne menaçait aucune doctrine philosophique et
put se produire sans scandale. Il en fut autrement
lorsque Lamarck, d'abord en 1801, puis en 1809, s'é-
levant tout à coup à une conception plus générale, nia
résolument la fixité des types organiques et proclama
le changement continu et indéfini comme une loi de
la nature. A la doctrine de l'harmonie préétablie et
des causes finales, il substituait celle de l'évolution
progressive des êtres et expliquait ainsi un grand
nombre de faits de la plus haute importance : l'adap-

(1) En 1845, MM. Deshayes et Milne Edwards ont publié une
nouvelle édition de son *Histoire naturelle des animaux sans vertèbres,* et récemment, M. Martins a édité sa *Philosophie zoologique,*
que le naturaliste allemand Hœckel proclame une œuvre admirable.

tation des espèces à leur milieu, la complication crois-
sante des organismes qui se sont développés d'époque
en époque, enfin et surtout la formation, l'évolution
et la disposition de la série organique. Mais, comme
tous les créateurs de systèmes, il le poussa à l'extrême
et y joignit des explications hypothétiques qui donnèrent prise à la critique, et compromirent jusqu'au
principe lui-même.

« Si le naturaliste, partant des êtres élémentaires
directement engendrés par la nature, considère l'ensemble des animaux ou des végétaux, dit Lamarck,
il reconnaît bien vite que, d'un groupe à l'autre, l'organisation s'élève par degrés et se perfectionne en se
compliquant. »

Les êtres élémentaires formés par l'action des forces
physiques et ayant, grâce à elles, reçu la première
étincelle de vie, se sont développés dès les premiers
jours du globe et se développent encore journelle-
ment. Ce sont ces proto-organismes qui ont donné
naissance à tous les êtres que renferment le règne
animal et le règne végétal. Les animaux et les végétaux sont descendus les uns des autres par une série
ininterrompue de transformations graduelles, dans la
suite des siècles. Il recherche ensuite les causes de
ces transformations, et les trouve dans l'influence
modificatrice des milieux, de l'habitude, des croisements.

« Physiologiquement, dit-il, il est établi que les
organes se développent par l'action, et diminuent,
puis s'atrophient par l'inaction ; il est établi, d'autre
part, que les modifications survenues passent aux

descendants. En changeant les actions d'un animal, on change sa structure, puisqu'on développe les parties nouvellement mises en usage en diminuant celles qui ne sont plus employées ; mais comme en modifiant le milieu dans lequel l'animal se meut, vous changez ses actions, il en résulte que, dans un espace de temps assez long, à un changement de milieu correspond un changement d'organisation. » Dès lors, pour Lamarck, toutes les espèces animales étaient dues à l'action indirecte et continue des changements de milieu sur des germes primitifs qui, d'après lui, se seraient développés spontanément au sein des eaux ou aux dépens des humeurs des êtres existant déjà.

Il s'attache à démontrer la gradation que présente l'ensemble des espèces et des types, invoque les exemples de variation si nombreux, si frappants que présentent les espèces domestiques, et conclut que l'espèce, en général, ne possède pas la constance absolue qu'on lui attribue d'ordinaire. Chaque jour, d'ailleurs, on découvre de nouveaux intermédiaires entre les types qu'on avait pu croire nettement séparés, et il cite les monotrèmes (ornithorynque, échidné), récemment découverts, et qui forment le passage des mammifères aux reptiles et aux oiseaux.

« Il est évident, dit-il, que la nature n'a pu produire et faire exister à la fois tous les animaux ; car elle n'opère que graduellement, et même ses opérations s'exécutent, relativement à notre durée individuelle, avec une lenteur qui nous les rend insensibles.

« Tout ce qui a été acquis, dit-il, tout ce qui a été

tracé ou changé dans l'organisation des individus pendant le cours de leur vie, est conservé par la génération et transmis aux nouveaux individus qui proviennent de ceux qui ont éprouvé ces changements. C'est en vertu de cette action de l'hérédité que les moindres modifications accumulées de génération en génération, dans des périodes dont la longueur échappe à notre observation, finissent par produire les changements les plus variés et les plus frappants. »

Il insiste sur l'accord existant entre les conséquences de sa théorie et les faits de la géographie, sur la facilité résultant de ses doctrines pour rendre compte des rapports mutuels des groupes zoologiques.

La géologie, la paléontologie surtout, étaient loin, à l'époque où il écrivait, d'être ce qu'elles sont devenues ; il ne pouvait donc pas s'appuyer sur elles comme on l'a fait depuis. Cependant, il attribue les modifications des animaux fossiles, si différents des espèces vivantes, à l'influence des changements subis par le globe ; changements qui ont entraîné pour les êtres vivants des besoins nouveaux, des habitudes nouvelles, et par conséquent des transformations. De toutes ces données résulte pour Lamarck la conviction que l'espèce n'existe pas. « Parmi les corps vivants, dit-il, la nature ne nous offre d'une manière absolue que des individus qui se succèdent les uns aux autres par la génération ; les espèces n'ont qu'une constance relative et ne sont invariables que temporairement. »

Bien qu'il pèche parfois par les détails, le système

de Lamarck, dans son ensemble, est bien lié d'un bout
à l'autre, et il rend parfaitement compte des faits
connus de son temps. Mais ces idées philosophiques,
qui devançaient son époque, furent alors mal accueil-
lies et trop souvent défigurées par ses adversaires,
dont la plupart ont condamné leur auteur sans aucune
étude faite aux sources mêmes et d'après d'infidèles
comptes rendus. Ces grandes vues auxquelles Geoffroy Saint-Hilaire prêta l'appui de son génie, furent
combattues avec acharnement par Cuvier, qui, se
laissant entraîner à un esprit de parti pris, ne lui a
pas rendu justice. Si les contemporains des deux
grands naturalistes ont hésité entre eux, nous pouvons dire que le temps a donné raison à Lamarck, et
que ce dernier a fait preuve d'un esprit plus philosophique que son adversaire. Cuvier croyait à l'immutabilité des espèces, et Lamarck affirmait leur variabilité, admise aujourd'hui par presque tous les
naturalistes.

On a souvent accusé Lamarck d'athéisme, mais à
tort. A diverses reprises, dans ses ouvrages, il proclame très expressément l'existence de Dieu. « On a
pensé que la nature était Dieu même, dit-il, chose
étrange ! On a confondu la montre avec l'horloger,
l'ouvrage avec son auteur. La nature n'est en quelque
sorte qu'un intermédiaire entre Dieu et les parties de
l'univers physique pour l'exécution de la volonté divine. »

La vieillesse de Lamarck fut attristée, non seulement par les critiques souvent acerbes auxquelles il
fut en butte, mais encore par les infirmités de l'âge

et l'insuffisance de sa fortune. Son travail assidu et l'emploi fréquent du microscope avaient considérablement affaibli sa vue, et, dans les derniers temps, il devint complètement aveugle. Les amis des sciences, attirés par la haute réputation que lui avaient valu ses ouvrages, voyaient ce délaissement avec surprise; il leur semblait qu'un gouvernement qui se posait en protecteur des sciences aurait dû mettre un peu plus de soin à s'informer de la position d'un vieillard illustre. Mais sa vie retirée et sa persistance dans des systèmes, peu d'accord avec les idées qui dominaient alors, ne lui avaient pas concilié les dispensateurs des grâces. Ceux qui le connaissaient sentaient redoubler leur estime à la vue du courage avec lequel cet homme de bien supportait les atteintes de la fortune et celles de la nature. Mais si quelque chose put adoucir ses souffrances, ce fut certainement le dévouement de sa fille qui, entièrement consacrée aux devoirs de l'amour filial, ne le quitta pas un instant pendant des années entières, ne cessa de se prêter à toutes les études qui pouvaient suppléer au défaut de sa vue, d'écrire sous sa dictée une partie de ses derniers ouvrages, de l'accompagner, de le soutenir tant qu'il put faire encore quelque exercice. Il mourut le 18 décembre 1829, âgé de quatre-vingt-cinq ans.

Lamarck fut plein de dévouement à la science; passionné pour l'étude de la nature, il consacra sa vie entière aux progrès de l'histoire naturelle. Tous les actes de sa vie prouvent en lui une volonté ferme, un courage que peut-être bien peu de personnes montreraient dans une position semblable à la sienne.

L'un des savants qui ont le plus contribué aux progrès de l'histoire naturelle et de la philosophie de cette science, Étienne Geoffroy Saint-Hilaire, était né le 15 avril 1772, à Étampes, dans une famille dont un des membres avait déjà laissé un nom célèbre dans la chimie et la matière médicale. Son père, juge au tribunal de cette ville et chargé de famille, destina Étienne, le plus jeune, à l'état ecclésiastique, et l'envoya au collège de Navarre, à Paris, pour y faire ses études. Mais, malgré la position honorable que de puissantes protections lui promettaient dans l'Église, le jeune Geoffroy, chez qui ne se déclarait pas la vocation cléricale, obtint de son père la permission d'étudier les sciences.

Il entra au collège du Cardinal-Lemoine et eut pour maîtres Haüy et Fourcroy qui, bientôt séduits par les charmes de son esprit et de son caractère, l'honorèrent de leur amitié. L'abbé Haüy, déjà célèbre comme minéralogiste, le recommanda à Daubenton, qui occupait alors la chaire d'histoire naturelle au Collège de France, et celui-ci, frappé de la haute intelligence et des observations profondes de son élève, se l'attacha comme aide préparateur.

En 1792, le jeune Geoffroy avait vingt ans. La monarchie s'écroulait et, dans sa chute, le trône ébranlait l'autel. Les prêtres, de même que les nobles, devenaient suspects et, comme tels, ils étaient incarcérés. Le savant abbé Haüy fut arrêté le 13 août et avec lui les autres ecclésiastiques qui professaient au collège du Cardinal-Lemoine. A cette nouvelle, Geoffroy Saint-Hilaire, effrayé du danger auquel est exposé son maître et son ami, court chez Daubenton, chez les membres de l'Académie, et, grâce à ses démarches, obtient sa mise en liberté. Ce fut encore à son généreux mais dangereux dévouement que d'autres prêtres, incarcérés à Saint-Firmin, durent leur salut. Le tocsin du 2 septembre annonçait l'heure du massacre des prisonniers. Geoffroy pénètre dans la prison, déguisé en commissaire de section, et indique aux prisonniers les moyens préparés pour leur fuite ; lui-même il passe la nuit du 2 au 3 septembre sur les murs de la prison, au haut d'une échelle, et, au péril de sa vie, il parvient à arracher douze victimes à la mort.

En vertu de la loi du 10 juin 1793, l'ex-Jardin du roi fut réorganisé sous le titre de *Muséum d'histoire naturelle*, et l'on y créa douze chaires de haut enseignement. Malgré son jeune âge, et sur la recommandation de Daubenton, Geoffroy Saint-Hilaire fut appelé à celle de zoologie. Il refusa d'abord cette chaire, qui revenait de droit à Lacépède ; mais, sur les instances de celui-ci et de son protecteur, il se résigna à accepter cette lourde charge. Tout, en effet, était à créer dans l'enseignement qui lui était destiné ; mais, plein d'ardeur pour la science, il ne se découragea pas, et commença aussitôt à former les collections qui devaient servir de base à son cours, y employant souvent ses propres ressources.

Doué d'une noblesse de caractère qui ne connaissait ni l'égoïsme ni la jalousie, il était toujours prêt à encourager ceux dont les travaux pouvaient faire progresser la science. Ce fut ainsi qu'il accueillit le jeune Cuvier, que lui recommandait l'agronome Tes-

GEOFFROY SAINT-HILAIRE

D'APRÈS UN DESSIN

COMMUNIQUÉ PAR M. ALBERT GEOFFROY SAINT-HILAIRE.

sier, ami de sa famille. « Venez parmi nous, lui écrivait-il ; venez jouer le rôle d'un nouveau Linné, d'un législateur de l'histoire naturelle. » Pendant trois ans, tout fut commun entre les deux jeunes savants ; ils partagèrent le même toit, la même table et les mêmes travaux, qui commencèrent à rendre leur nom célèbre, et bientôt Geoffroy fit nommer son ami professeur adjoint à la chaire d'anatomie comparée.

En 1798, entraîné par son ardeur de savoir, Geoffroy Saint-Hilaire partait pour l'Égypte comme membre de la célèbre commission de littérateurs et de savants, dont faisaient partie Monge, Fourier, Larrey, Jomard, Savigny, Berthollet et une foule d'autres déjà illustres ou prêts à le devenir. Pendant quatre années, il se livra avec ardeur à ses explorations et à ses travaux ; tour à tour géologue, zoologiste, ethnographe, archéologue, il recueillit d'immenses matériaux et de précieuses collections, étudia les mœurs et l'organisation des animaux de l'Égypte, notamment du crocodile, de l'ibis, de la mangouste, etc. ; il fait l'anatomie du polyptère, dont la découverte, au dire de Cuvier, eût valu à elle seule le voyage d'Égypte ; il étudie les poissons du Nil et écrit son beau mémoire sur l'anatomie des organes électriques du malaptérure et de la torpille.

On connaît le triste dénouement de cette célèbre expédition et les désastres qui l'accompagnèrent ; la commission de l'Institut d'Égypte, réfugiée à Alexandrie et livrée sans défense à l'ennemi par la capitulation, allait tomber entre les mains des Anglais avec toutes ses richesses. Ceux-ci insistaient arrogamment pour qu'on leur livrât sans délai les matériaux amassés par nos savants avec tant de peine. On allait céder à la force, lorsque Geoffroy, plein d'indignation, se lève et, s'adressant au commissaire anglais, proteste au nom du droit des gens.

« Non, s'écrie-t-il, nous n'obéirons pas. Votre armée n'entre que dans deux jours dans la place. Eh bien, d'ici là le sacrifice sera consommé ; nous brûlerons nous-mêmes nos richesses. Vous disposerez ensuite de nos personnes comme bon vous semblera. Ah ! c'est à la célébrité que vous visez ; eh bien, comptez sur les souvenirs de l'histoire, vous aussi vous aurez brûlé une bibliothèque d'Alexandrie ! »

Tout le monde applaudit à cette patriotique indignation ; les collections furent sauvées, et le grand ouvrage sur l'Égypte, seul trophée de cette expédition, put recevoir son exécution.

De retour en France, Geoffroy reprit son cours de zoologie ; il mit en ordre les magnifiques collections qu'il avait rapportées et s'occupa de les décrire dans une série de mémoires remarquables, où se trouvent déjà exposées les théories nouvelles qui le préoccupaient. Il entreprit ensuite le *Catalogue des mammifères* du Muséum, où il commença à modifier la classification qu'il avait établie, en collaboration avec Cuvier, dans un mémoire précédent. Tel est le point de départ de la scission qui allait surgir entre ce dernier et lui, l'origine de la lutte mémorable qui devait diviser plus tard ces deux grands naturalistes.

En 1808, Geoffroy quittait de nouveau la France. Napoléon, maître du Portugal, avait résolu d'y envoyer un savant pour reconnaître les matériaux scientifiques que l'on pourrait tirer de cette source, et ce fut à Geoffroy Saint-Hilaire qu'il confia cette mission délicate, dans laquelle il donna de nouvelles preuves de son amour pour la science, de son courage et de son équité. Loin d'abuser des pouvoirs absolus dont il est muni, il déclare qu'il ne veut rien obtenir qu'à titre de don ou en échange des nombreux échantillons qu'il a apportés de France ; loin de piller, il émonde et complète les collections, les classe méthodiquement et s'attire partout l'estime et le respect. Mais trahi de nouveau par les hasards de la guerre, après la bataille de Vimeiro, les Anglais voulurent retenir les caisses que le savant emportait, et ce ne fut que grâce aux déclarations et aux instances des conservateurs portugais eux-mêmes qu'il put rapporter à Paris une riche collection des produits naturels du Brésil ; encore fut-il obligé d'abandonner quatre caisses, et c'étaient celles qui contenaient ses propres effets.

Depuis son retour de Portugal, Geoffroy ne quitta plus la France. Membre de l'Institut depuis 1807, puis successivement associé à toutes les sociétés savantes de l'Europe, qui se faisaient une gloire de le compter dans leur sein, il consacra paisiblement au perfectionnement de la zoologie la longue vie qui lui restait encore à parcourir. Il conserva toujours au Muséum la chaire créée en 1793, et fut nommé, en 1809, professeur de zoologie à la Faculté des sciences. C'est dans cette chaire que, soutenu par l'intérêt sympathique et respectueux d'un auditoire d'élite, il put s'élancer plus libre dans le champ des abstractions et présenter avec autorité ces grandes lois de l'organisation animale à la conception desquelles son nom est demeuré attaché.

En 1818, Geoffroy Saint-Hilaire publia son ouvrage célèbre intitulé : *Anatomie philosophique*, où il expose les lois qu'il a conçues, en les appuyant sur les faits qui résultent de ses longues observations zoologiques. Il s'attache à démontrer l'unité de plan de composition du règne animal. « La nature, dit-il, a formé tous les êtres vivants sur un plan unique, essentiellement le même dans son principe, mais varié de mille manières dans toutes ses parties nécessaires. ».

Appuyé sur la *loi des connexions*, qui lui permet de reconnaître toujours un même organe et d'en suivre pas à pas les métamorphoses, il montre comment les mêmes parties, bien que différenciées à l'infini dans leur forme, leur volume, leurs usages, restent, au fond, les mêmes chez tous et révèlent un même plan. Il signale l'importance des organes rudimentaires frappés d'avortement par suite du défaut d'usage. Il retrouve l'appareil vocal chez les poissons, qui pourtant sont muets ; découvre des dents chez le fœtus de la baleine, puis chez celui des oiseaux, dont le bec ne s'organise que plus tard par le dépôt de la matière cornée sur les bulbes.

En appliquant ses principes au développement anormal et incomplet que l'on désignait sous le nom de *monstruosités*, il donne l'explication la plus rationnelle de ces phénomènes à l'aide du principe de l'arrêt de développement des organes. Pour lui, les monstres ne sont plus que des anomalies secondaires et accidentelles, qu'il classe, démontrant à quel genre d'accident tel ou tel monstre doit sa naissance, et fondant une science nouvelle à laquelle il donne le nom de *tératologie*.

Jusque-là, le savant naturaliste n'avait appliqué le principe de l'unité de composition qu'aux animaux vertébrés, et Cuvier lui-même applaudissait à ses travaux. « M. Geoffroy Saint-Hilaire, disait-il dans son rapport, est parvenu à ramener à une loi commune des conformations que la première apparence pouvait faire juger entièrement diverses. Dès à présent, personne ne peut douter que le crâne des animaux vertébrés ne soit ramené à une structure uniforme et que les lois de ces variations ne soient déterminées. »

Mais lorsque Geoffroy, poursuivant ses vues, voulut les appliquer aux invertébrés et démontrer l'analogie existant entre ceux-ci et les vertébrés, Cuvier manifesta son improbation et la lutte commença. La belle ordonnance des quatre embranchements que celui-ci avait établie dans le règne animal se trouvait menacée par le principe d'un plan unique dans l'organisation des animaux de toutes les classes ; il était naturel qu'il s'efforçât de la défendre, et l'on sait avec quel talent il savait faire prévaloir ses idées.

Le débat fut porté devant l'Académie, en 1830, et le bruit de cette discussion célèbre retentit dans le monde entier. Les savants se partagèrent en deux camps, les uns pour Cuvier, les autres pour Geoffroy. Parmi ces derniers, l'illustre Gœthe applaudissait du fond de l'Allemagne et se passionnait à ce point que, rencontrant un ami, il s'écria :

— Vous connaissez les dernières nouvelles de France; que pensez-vous de ce grand événement?

C'était dans les derniers jours de juillet 1830.

— C'est une terrible histoire, lui répond l'ami, et, au point où en sont les choses, on doit s'attendre à l'expulsion de la famille royale.

— Eh! il s'agit bien de trône et de dynastie, reprend Gœthe ; je vous parle de la séance de l'Académie des sciences de Paris. C'est là qu'est le fait important et la véritable révolution, celle de l'esprit humain!

La discussion fut étincelante, et l'habileté et l'éloquence de Cuvier parurent l'emporter; mais de l'aveu même de l'un des disciples les plus distingués de ce dernier (Flourens), dans les débats célèbres qui s'étaient ouverts devant l'Académie entre les deux rivaux, le droit n'avait peut-être pas été du côté de celui dont le plaidoyer avait pu paraître alors le plus habile.

Cette discussion mémorable eut sur les deux adversaires l'effet ordinaire de toutes les discussions ; chacun d'eux en sortit un peu plus arrêté dans ses convictions. Geoffroy résuma ses opinions dans un livre intitulé : *Principes de philosophie zoologique,* et Cuvier annonça qu'il publierait les siennes sous ce titre : *De la variété de composition dans les animaux.* Cette controverse célèbre, à laquelle la mort de Cuvier (1832) devait mettre un terme fatal, appela l'attention sur les théories philosophiques de Geoffroy Saint-Hilaire, et l'opinion publique comprit enfin tout ce qu'il y avait de puissance et de force dans ces idées nouvelles.

Hâtons-nous de dire que ces deux hommes illustres ne furent jamais qu'adversaires scientifiques et ne cessèrent point d'être personnellement amis. Lorsque Geoffroy perdit une de ses filles, âgée de vingt ans, il vit accourir, l'un des premiers auprès de lui, Cuvier, qui ne pouvait s'associer à un tel deuil sans rouvrir les blessures de son propre cœur, ayant lui-même perdu une fille de vingt-deux ans, quelque temps auparavant. De son côté, le lendemain de la mort de Cuvier, Geoffroy Saint-Hilaire demandait le premier, sur la tombe de son ami, qu'une statue fût élevée à l'illustre défunt.

Geoffroy Saint-Hilaire survécut douze ans à Cuvier. Honoré de toute l'Europe, voyant avec bonheur les principes rénovateurs qu'il avait eu la gloire d'émettre le premier se propager peu à peu, en suscitant de tous côtés des découvertes qui, pour appartenir à d'autres, ne touchaient que plus vivement son cœur; considéré universellement, depuis la mort de Cuvier, comme la tête principale de ce bel établissement du Muséum, à la gloire duquel il avait contribué pour une si large part, il laissait arriver la vieillesse avec une sérénité triomphante.

Cependant, ses dernières années furent éprouvées; atteint de cécité dès 1840, il dut abandonner ses travaux. Ce fut alors qu'il montra cette constance et cette grandeur d'âme du vrai sage. Acceptant sans murmurer toutes les infirmités que la vieillesse lui apportait, entouré de sa famille, de ses amis et de ses élèves, il vécut encore quatre ans, consolant ceux qui pleuraient en le voyant souffrir, et leur disant : « Je suis heureux. » Le 19 mai, au matin, il s'éteignit, le sourire sur les lèvres, et, trois jours après, plus de deux mille personnes conduisaient au Père-Lachaise les restes mortels de Geoffroy Saint-Hilaire.

Pour apprécier ce grand naturaliste, il fallait un grand naturaliste, et voici ce qu'en a dit Serres : « Consultez les travaux immenses qu'a publiés Geoffroy, rassemblez les souvenirs de ses leçons si vives, si originales, si attachantes, partout vous trouverez la même philosophie, et cette philosophie, je la définis par ces mots : l'art d'observer en grand. C'est cet art, dont Geoffroy Saint-Hilaire avait hérité de Buffon, qui lui a valu ses succès et qui lui a frayé les routes nouvelles qu'il a tracées dans les sciences zoologiques et anatomiques ; qui lui fit reconnaître l'arbitraire des classifications fondées sur l'immutabilité des espèces, dont la nature lui montrait à chaque pas la variabilité ; qui lui fit rechercher dans l'action des agents extérieurs les causes de ces variations et la raison de ces zones zoologiques du globe, dans lesquelles se circonscrivent les familles et les genres ; qui lui fit poser les jalons de cette classification parallélique des animaux que son fils a si nettement formulée et qui préside à la révolution qui s'opère en ce moment dans toutes les branches de la zoologie. »

De vastes connaissances, un génie hardi, d'admirables qualités d'esprit et de cœur, droiture, loyauté, générosité, bonté, courage, désintéressement, tel était Geoffroy Saint-Hilaire !

Son fils, Isidore Geoffroy Saint-Hilaire, a élevé un monument à sa mémoire par son livre : *Vie, travaux et doctrine scientifique d'E. Geoffroy Saint-Hilaire*, et sa ville natale, Étampes, lui a érigé une statue.

L'illustre adversaire de Geoffroy Saint-Hilaire, Georges CUVIER, naquit le 23 août 1769, la même année que de Humboldt, dans la ville de Montbéliard, chef-lieu d'une principauté appartenant alors aux ducs de Wurtemberg, mais qui, depuis, a été réunie à la France. Sa famille, protestante, était originaire d'un village du Jura, qui porte encore le nom de Cuvier.

Son père, officier au service de la France, épousa, à l'âge de cinquante ans, une femme beaucoup plus jeune que lui, et qui fut la mère et le premier maître de Georges Cuvier. Femme d'un esprit supérieur et mère pleine de tendresse, elle se donna tout entière à l'éducation de son fils, et s'appliqua à développer les heureuses facultés dont il fit preuve dès sa plus tendre enfance.

Doué d'une mémoire prodigieuse et d'une aptitude extraordinaire à tous les travaux de l'esprit, le jeune Cuvier manifesta de bonne heure les qualités qui furent plus tard un des traits distinctifs de son génie. Avide de lecture et curieux de toutes choses, il dévorait les livres que sa mère choisissait avec un soin judicieux. Un exemplaire de Buffon, qu'il trouva par hasard dans la bibliothèque d'un de ses parents, décida de sa vocation. Il le lut, le relut et l'apprit en quelque sorte par cœur, s'appliquant à en copier les figures, et les enluminant d'après les descriptions.

Envoyé à l'Université Caroline de Stuttgart pour y faire ses études, il y remporta de brillants succès, et se destina d'abord à l'administration ; mais la position peu fortunée de ses parents le détourna de la carrière administrative, et il quitta Stuttgart avant d'y avoir terminé ses études, pour accepter les fonctions de précepteur dans une riche famille de Normandie établie près de Fécamp. Il avait alors dix-neuf ans.

Là, entouré des productions les plus variées de la terre et de la mer, il put se livrer avec ardeur à son étude favorite, et, dès lors, la dissection de nombreux animaux de toutes les classes lui suggéra la première idée d'une réforme à introduire dans la classification méthodique des animaux.

Ce fut à cette époque qu'un heureux hasard lui fit faire la connaissance du médecin en chef de l'hôpital militaire de Fécamp, Tessier, homme érudit et très versé lui-même dans les sciences naturelles. Frappé de l'étendue du savoir du jeune Cuvier et de la profondeur de ses idées, il écrivit à ses amis du Jardin des plantes, de Jussieu et Geoffroy Saint-Hilaire, pour leur faire part de la découverte qu'il venait de faire. Ceux-ci appelèrent le jeune savant auprès d'eux. On lui confia, comme adjoint, la chaire d'anatomie comparée du Muséum national.

Dès ses premières leçons, on comprit ce qu'il y avait, entre ses mains, d'avenir pour cette science. Employant tour à tour l'analyse et la synthèse, il arrivait à la classification des animaux par l'étude de leurs organes, et à la division de leurs fonctions, par l'étude des actes qu'ils accomplissent. Il disposait les

faits dans un ordre tel, que, de leur simple rapprochement, sortaient ces lois admirables qui donnèrent
à l'anatomie comparée une certitude presque mathématique.

Une de ces lois, la plus féconde en résultats pour
la science, est celle qu'il a nommée le *principe de la
corrélation des formes;* elle consiste en ceci : que tout
être organisé forme un système unique, dont les
parties se correspondent et concourent à la même
action définitive par une action réciproque; en un
mot, que toutes les parties des animaux sont entre
elles dans un rapport tel que, la forme de l'une étant
donnée, l'on peut en général en déduire celle de
toutes les autres.

Le simple raisonnement démontre qu'il en doit être
ainsi, puisque tous les organes d'un animal, devant
concourir au même but, doivent se trouver coordon-
nés d'une manière conforme à ce but. Si les intestins
d'un animal sont organisés de manière à ne digérer
que de la chair et de la chair récente, par exemple, il
faut aussi que ses mâchoires soient construites pour
dévorer une proie ; ses griffes pour la saisir et la dé-
chirer ; ses dents pour la couper et la diviser ; le système entier de ses organes de mouvement pour la
poursuivre et pour l'atteindre ; ses organes des sens
pour l'apercevoir de loin. Il faut même que la nature
ait placé dans son cerveau l'instinct nécessaire pour
savoir se cacher et tendre des pièges à ses victimes.

Linné, le premier, dans un ouvrage resté célèbre
sous le nom de *Système de la nature,* avait entrepris
de faire connaître et de classer tous les êtres de la

nature. Doué d'un génie analytique, plein de patience et de sagacité, il substitua au désordre des systèmes établis avant lui une classification méritant véritablement ce nom, classification fondée sur les véritables caractères, et qui a servi de base à celles qui ont été créées depuis. Un autre mérite de Linné est d'avoir réformé ou plutôt fondé la nomenclature. Cet ouvrage célèbre, véritable monument élevé à l'histoire naturelle, est le point de départ des progrès sérieux de la science des êtres.

Cependant, cette classification, si remarquable fût-elle au moment où elle parut, ne laissait pas que de présenter des défauts. Elle était basée sur les caractères extérieurs, qui trompent souvent. Ainsi les cétacés se trouvaient parmi les poissons, les crustacés parmi les insectes ; les mollusques nus étaient séparés des mollusques à coquilles et confondus avec les zoophytes dans la classe des vers.

Cuvier, lui, étudia la structure intime des animaux ; armé du scalpel, il interrogea leur organisation et porta la lumière dans les parties encore obscures de l'édifice. C'est au moyen de ces études approfondies sur l'organisation, c'est par l'anatomie qu'il parvint à opérer successivement la réforme de toutes les branches de la zoologie.

Ses leçons devinrent rapidement célèbres, et, moins d'un an après son arrivée à Paris, en 1795, sa réputation égalait déjà celle des plus célèbres naturalistes. Cette même année, qui est celle de la création de l'Institut national, il fut nommé, avec Daubenton et Lacépède, dans la section de zoologie. Il avait alors

GEORGES CUVIER

D'APRÈS UNE ESTAMPE DE LA BIBLIOTHÈQUE NATIONALE.

vingt-six ans. En 1799, la mort de Daubenton lui fit donner la chaire d'histoire naturelle au Collège de France ; puis, en 1802, il succéda à Mertrud comme professeur titulaire au Jardin des plantes. En 1803, il fut nommé, à l'unanimité, secrétaire perpétuel de l'Académie des sciences, et c'est en cette qualité qu'il composa, cinq ans plus tard, son célèbre *Rapport sur les progrès des sciences naturelles depuis* 1789. Ce rapport, où le talent de l'écrivain est à la hauteur de la science du savant, fut fort remarqué par l'empereur, et devint le point de départ des honneurs et des faveurs dont fut comblé Cuvier, qui, il faut bien le dire, montra une égale aptitude pour la science administrative et pour les sciences naturelles. L'étendue de son esprit embrassait tous les ordres d'idées et se prêtait avec la même facilité à tous les genres de travaux. Nommé maître des requêtes, puis grand maître de l'Université, sous l'Empire, il devint président au conseil d'État, puis enfin pair de France en 1831. Mais revenons au savant.

Tout le monde sait aujourd'hui que le globe que nous habitons présente, presque partout, des traces irrécusables des révolutions qu'il a subies à diverses époques. Les productions de la création actuelle, de la nature vivante, recouvrent partout les débris d'une création antérieure, d'une nature détruite. D'une part, des amas immenses de coquilles et d'autres corps marins se trouvent à de grandes distances de toute mer, à des hauteurs où nul océan ne saurait atteindre aujourd'hui ; et de là sont venus les premiers faits à l'appui de toutes ces traditions de déluges, conservées chez tant de peuples. D'autre part, les grands ossements découverts à divers intervalles, dans les entrailles de la terre, dans les cavernes des montagnes, ont fait naître ces autres traditions populaires, non moins répandues et non moins anciennes, de races de géants qui auraient peuplé le monde dans ses premiers âges. Tels sont ces os de mastodonte, que l'on fit passer, à la fin du dix-septième siècle, pour ceux du géant Teutobochus, roi des Cimbres, défait par Marius ; tels, encore, ceux dont un savant médecin allemand fit le sujet d'une fameuse dissertation sous le titre de l'*Homme témoin du déluge*, en 1726.

Ici encore, c'est Cuvier qui, faisant de l'anatomie comparée l'application la plus neuve et la plus brillante, tire des mondes entiers de leurs ruines, de leurs débris, et ressuscite en quelque sorte des milliers d'êtres étranges dont les générations ont disparu avant l'apparition de l'homme sur la terre.

« La moindre facette d'os, dit le grand naturaliste, la moindre apophyse, ont un caractère déterminé, relatif à la classe, à l'ordre, au genre et à l'espèce auxquels ils appartiennent, au point que, toutes les fois que l'on a seulement une extrémité d'os bien conservée, on peut, avec de l'application et en s'aidant avec un peu d'adresse de l'analogie et de la comparaison effective, déterminer toutes ces choses aussi sûrement que si l'on possédait l'animal entier. » Et telle était, en effet, la sûreté de son savoir et de sa méthode, que souvent, sur un seul os, il est parvenu à déduire la forme et la proportion des autres parties d'un animal et à reconstruire son squelette avec une précision telle, que les découvertes postérieures d'autres fragments de ce même animal venaient confirmer tout ce qu'avait pressenti son génie.

Il en donna une preuve justement à propos de ce fameux homme témoin du déluge, dont on avait cru reconnaître les débris incorporés dans un schiste trouvé non loin du lac de Constance. Ces débris ne consistaient qu'en une portion du crâne et de la colonne vertébrale. « Il est irrécusable, avait dit le savant allemand, que voici une moitié, ou peu s'en faut, du squelette d'un homme... C'est une des reliques les plus rares que nous ayons de cette race maudite, qui fut ensevelie sous les eaux. »

Cette opinion hypothétique devait s'évanouir devant l'esprit observateur de Cuvier. Ce savant jugea, d'après les grandeurs relatives des os, que le prétendu homme fossile n'était autre qu'une salamandre aquatique de taille gigantesque et d'espèce inconnue.

Pour confirmer cette opinion, il fit graver le squelette de la salamandre tel qu'il devait être, et bientôt le résultat justifia ses prévisions de la façon la plus éclatante. Ayant obtenu de faire creuser la pierre qui contenait ce vieux témoin du déluge, l'opération se fit devant plusieurs savants distingués. On avait sous les yeux le dessin du squelette de la salamandre, et à mesure que le ciseau enlevait un éclat de pierre, on voyait paraître au jour quelques-uns des os que ce dessin avait annoncés d'avance.

Cuvier a pressenti tout ce qu'il y avait de vérités cachées, de faits historiques sur l'existence du globe;

dans les restes des animaux fossiles, dont les débris
se trouvaient disséminés dans les entrailles de la terre,
il a pu exhumer des générations entières, rapprocher
des ossements sans nom, et créer avec ces éléments
réunis des quadrupèdes, des reptiles, dont les dimen-
sions colossales ou les formes bizarres rappellent les
créations fabuleuses de l'antiquité. Ces découvertes
ont éclairé d'un jour tout nouveau l'histoire de la
terre et de ses habitants ; elles ont fait de la géologie
une véritable science. Sans doute Cuvier s'est trompé
sur plusieurs points importants : dans sa théorie des
révolutions du globe et des cataclysmes successifs détruisant par intervalles tout ce qui avait vie et nécessitant chaque fois une création nouvelle ; dans sa doctrine de la permanence des espèces, dans sa négation
du singe et de l'homme fossiles ; mais il est le premier
qui ait prouvé que la terre fut autrefois habitée par
une succession de différentes séries d'animaux distincts de ceux qui y vivent actuellement.

Cuvier a été non moins utile à la science par les
magnifiques collections qu'il a créées au Muséum, et
qui toutes ont été mises en ordre par lui, que par les
immortels ouvrages qu'il a produits. Son *Règne animal*, son *Histoire naturelle des poissons*, ses *Leçons
d'anatomie comparée*, ses *Recherches sur les ossements
fossiles* et les innombrables mémoires qu'il a publiés,
resteront toujours comme des modèles de science, de
méthode et de style.

Comme professeur, Cuvier eut peu de rivaux. Son
débit était grave et même un peu lent au début de sa
leçon ; mais bientôt il s'animait par le mouvement

des pensées, et alors ce mouvement qui se communiquait des pensées aux expressions, sa voix pénétrante, l'inspiration de son génie peinte dans ses yeux et sur son visage, tout cet ensemble opérait sur son auditoire l'impression la plus vive et la plus profonde. Comme écrivain, Cuvier, sans avoir la pompe, la majesté, l'éclat de Buffon, se distingue par un style naturel, grave, précis, élégant, qui reflète les qualités dominantes de son esprit : l'ordre, la clarté, la force et la netteté de l'expression.

A l'égard de ses qualités personnelles, les traits dominants de son caractère étaient le sentiment profond de l'ordre et de la justice. Dans les débats académiques, et comme secrétaire perpétuel de l'Académie des sciences, il se plaisait à rendre hommage au talent et aux découvertes de ses adversaires. Ses rapports faits à l'Académie sont, en général, un modèle d'impartialité et de bon goût. Sa demeure était ouverte à tous les savants, et les étudiants étaient souvent encouragés par les conseils, la bourse et le crédit de leur illustre maître. Comme ombre au tableau, on lui a reproché d'avoir courtisé le pouvoir et sacrifié parfois ses convictions scientifiques aux exigences de l'orthodoxie.

Malgré sa constitution robuste et vigoureuse, Cuvier fut frappé, le 10 mai 1832, au soir, d'une attaque de paralysie, peut-être due à l'excès de travail. Il eut rapidement jugé que tout était fini pour lui. Il exprima quelques regrets de ne pouvoir terminer les travaux qu'il avait commencés ; mais, bientôt résigné, il prit quelques dispositions pour la publication de ses

œuvres et mourut le 14 mai, dans sa soixante-troi-
sième année. Sa perte fut vivement sentie dans le
monde entier, et longtemps la science porta son deuil.

Cuvier est mort sans enfants. Il avait épousé la
veuve du fermier général Duvaucel, mort sous la Terreur, et en avait eu deux fils et deux filles ; mais tous
les quatre moururent jeunes. Il ne laissait qu'un frère,
plus jeune que lui, et dont le plus beau titre de gloire
est peut-être d'avoir été le frère de Georges Cuvier ;
mais le nom, il est vrai, était lourd à porter.

Pendant la première moitié du dix-neuvième siècle,
la science zoologique, en France, sembla se résumer
dans Geoffroy Saint-Hilaire et Cuvier ; tous les esprits
se partagèrent entre ces deux illustres rivaux. Le premier, comme Lamarck, soutenait la mutabilité des
types ; il trouvait dans l'évolution des espèces l'explication du grand fait qu'il avait mis en lumière : l'u-
nité de composition organique, et celle de cet autre
fait non moins frappant : que les phases transitoires
du développement embryonnaire d'un animal reproduisent des états qui sont permanents chez des animaux placés plus bas dans la série. Il pensait que les
conditions du monde ambiant ayant subi graduellement des modifications profondes, il était impossible
que les espèces seules fussent restées immuables au
milieu du changement universel, et il n'hésita pas à
déclarer que les espèces actuelles provenaient directement, par une évolution lente et continue, par une
série ininterrompue de générations et de transformations, de celles dont on retrouve les débris dans les

couches du globe. Son esprit philosophique, affranchi de toute pression extra-scientifique, se refusait à admettre ces destructions soudaines et ces créations successives qu'invoquait l'auteur du *Discours sur les révolutions du globe.*

Depuis longtemps la grande majorité des naturalistes croyait à la permanence des types. On admettait généralement que chaque espèce, une fois établie par un acte spécial et instantané du pouvoir créateur, ne pouvait subir aucune altération, ni sous l'influence des milieux, ni sous celle des croisements ; la nature, disait-on, avait établi entre les espèces des barrières infranchissables. Cuvier soutint ce système et le cimenta par sa doctrine des révolutions du globe, dans laquelle chaque révolution est signalée par la destruction subite des espèces anciennes et par la création non moins subite des espèces nouvelles à chaque époque.

Dans ce débat grandiose qui rendit l'Europe attentive pendant toute une année, on trouvait toujours au fond de chaque question la lutte de deux doctrines, de deux philosophies, dont l'une ne reconnaissait, dans le cours des choses, que l'action des causes naturelles, tandis que l'autre faisait intervenir, pour résoudre les difficultés, l'action d'un pouvoir surnaturel. Les esprits se partagèrent entre ces deux doctrines rivales ; mais la majorité des suffrages se prononça pour l'école de Cuvier. La doctrine de la permanence des espèces devint une opinion classique, presque orthodoxe ; elle fut la base de l'enseignement officiel de l'histoire naturelle. Cependant, pour être réduit à l'état d'hérésie, le transformisme n'était pas mort. On vit de loin en loin quelques savants revenir au principe de la variabilité des espèces; Bory de Saint-Vincent, Léopold de Buch, Herbert, Rafinesque, d'Omaliùs d'Halloy, Owen, Serres, et depuis que cette doctrine a été remise en lumière par Darwin, la grande majorité des naturalistes s'y sont ralliés.

Cuvier laissa derrière lui de nombreux disciples, dont quelques-uns furent pour lui d'habiles collaborateurs, et se sont acquis du renom dans la science. Duméril, Duvernoy, Valenciennes, Latreille, Brongniart, prirent part à ses travaux ou continuèrent à développer ses principes.

Son frère, Frédéric CUVIER, né à Montbéliard, en 1773, était de six ans plus jeune que lui. A l'inverse de celui-ci, qui avait eu de brillants succès dans l'Université, Frédéric montra peu d'aptitudes, et ses parents le retirèrent du collège pour le mettre en apprentissage chez un horloger ; mais, dès que son frère aîné eut obtenu une position assurée au Muséum, il l'appela auprès de lui. Frédéric comprit les devoirs de sa nouvelle position; il se livra avec ardeur à l'étude des sciences, et, en aidant son frère à classer les collections du Muséum, il devint naturaliste.

Chargé, en 1804, de la direction de la ménagerie, il en profita pour étudier l'instinct et l'intelligence chez les animaux, et, pendant trente ans, il continua ses observations, qui lui ont fourni le sujet de mémoires extrêmement intéressants. Scrupuleux observateur, il ne rapporte que ce qu'il a vu et ne se livre à aucune hypothèse, et, si la composition artistique de ses portraits est inférieure à celle de Buffon, ils lui sont supérieurs comme fidélité. On lui doit, en outre, un travail important sur les dents des mammifères, une *Histoire des cétacés*, qui fait partie des *Suites à Buffon*, et une *Histoire des mammifères*, commencée en commun avec Geoffroy Saint-Hilaire. Nommé inspecteur général de l'Université en 1820, il travailla, avec son frère, à répandre l'enseignement de l'histoire naturelle dans les collèges. Il mourut, en 1838, à Strasbourg, d'une congestion pulmonaire, au milieu de sa tournée d'inspection. Il était membre de l'Académie des sciences et de la Société royale de Londres.

Ami et collaborateur de Cuvier, André-Marie-Constant DUMÉRIL, né à Amiens, en 1774, fit ses études médicales et obtint au concours la place de préparateur et démonstrateur de l'École anatomique de Rouen. L'année suivante (1794), il fut nommé prosecteur à la Faculté de médecine de Paris, puis chef des travaux anatomiques, et enfin professeur d'anatomie dans la même Faculté (1801). Il se lia d'amitié avec Georges Cuvier, et fut appelé au Muséum d'histoire naturelle pour suppléer Lacépède dans la chaire d'erpétologie et d'ichtyologie, dont il devint titulaire en 1825. Il fut admis à l'Académie des sciences en 1814 et à celle de médecine en 1820.

Ce fut Duméril qui rédigea les deux premiers volumes des *Leçons d'anatomie comparée*, travail continué depuis par Duvernoy. Après avoir publié un grand nombre de recherches sur divers groupes du règne animal, il entreprit, en collaboration avec

Bibron, son *Histoire générale des reptiles*, neuf volumes in-8°, avec atlas de cent vingt planches (1834-54), où il suit la méthode naturelle fondée sur la subordination des caractères. On lui doit aussi des *Considérations générales sur la classe des insectes*, in-8° (1823), et de nombreux mémoires dans les *Comptes rendus de l'Académie*. Il mourut en 1860.

Compatriote de Cuvier, Georges-Louis DUVERNOY, né à Montbéliard en 1777, fut d'abord attaché, comme pharmacien, à l'armée des Alpes (1799). Il fut appelé par Cuvier et associé à la rédaction de ses *Leçons d'anatomie comparée*, dont il publia les trois derniers volumes. Nommé professeur de zoologie à la Faculté des sciences de Paris, il préféra à cette position enviable ses affections de famille, et pendant vingt ans, il exerça la médecine dans son pays natal.

Ayant perdu sa femme et ses enfants, il rentra dans la carrière scientifique en acceptant la chaire de zoologie à la Faculté des sciences de Strasbourg; il avait alors cinquante ans (1827). A partir de ce moment, et comme pour amortir ses chagrins par le travail, il montra une activité incroyable. Il donna une nouvelle classification des mammifères, une *Monographie des musaraignes*, des *Études sur le foie*; *Sur les serpents venimeux*, des *Observations physiologiques sur le caméléon*. L'Académie des sciences lui ouvrit ses portes en 1833, et il occupa, en 1837, la chaire d'histoire naturelle au Collège de France, après la mort de Cuvier.

Plus tard (1850), il succéda à de Blainville dans le cours d'anatomie comparée et occupa ainsi les deux

chaires dans lesquelles s'était illustré le grand homme
qui fut son maître et son ami. Dans cette dernière
partie de sa vie, il fit paraître des *Leçons sur les corps
organisés* (1839), une nouvelle édition des *Leçons
d'anatomie comparée* de Cuvier (1835-45), neuf volumes in-8°, et un grand nombre de mémoires : *Sur
le système nerveux des mollusques, Sur l'anatomie de
l'orang et des autres singes supérieurs, Sur les organes
de la génération des reptiles, scorpions, crustacés, my-
riapodes, céphalopodes,* etc., *Sur les cétacés vivants
et fossiles, Sur l'yack, Sur les rhinocéros fossiles,* etc.
Il mourut en 1855, âgé de soixante-dix-huit ans.

La méthode de Jussieu qui, au dix-huitième siècle,
avait donné à la botanique un si beau lustre, et que
Cuvier venait d'appliquer à la zoologie, trouva dans
Latreille un interprète habile. Né le 29 novembre
1762, à Brives (Corrèze), dans une famille noble,
mais à laquelle il ne tenait que par les liens de la
nature, Pierre-André LATREILLE fut destiné à l'état
ecclésiastique et reçut dans ce but une bonne instruction. La lecture des ouvrages de Réaumur et de
Bonnet lui inspira le goût de l'entomologie, et il
occupa tous ses loisirs à recueillir et à étudier les
insectes. Venu à Paris en 1791, il se lia avec les entomologistes les plus en renom : Fabricius, Olivier,
Bosc, et se fit bientôt connaître par plusieurs mémoires importants. Les mesures prises contre le
clergé, en 1792, ruinèrent les faibles ressources que
Latreille devait à son état, et il ne dut même qu'à un
hasard heureux d'échapper à la mort. Incarcéré

comme prêtre réfractaire et condamné à la déportation, la découverte d'un insecte nouveau, sur les murs de sa prison, lui permit de faire connaître sa triste position à Bory de Saint-Vincent, qui parvint à lui faire rendre la liberté. A partir de ce moment, il put se livrer en paix à son étude favorite. Fabricius, élève de Linné, avait introduit une nouvelle méthode de classification des insectes fondée sur les caractères de la bouche, et, bien qu'elle eût le défaut, comme toutes les méthodes rigoureuses fondées sur un seul organe, de réunir des objets parfois très éloignés naturellement les uns des autres, elle était généralement adoptée. Latreille chercha à en établir une basée sur les rapports naturels, et l'on trouve, dans ses différents ouvrages, le développement de cette idée, dont la première esquisse parut en 1796, sous le titre de *Précis des caractères des insectes.* En 1798, il entra au Jardin des plantes comme aide-naturaliste, et fut chargé de suppléer Lamarck. Il conserva cette position modeste pendant près de trente ans, et ce fut durant cette période qu'il rédigea la plupart de ses ouvrages, tels que son *Histoire des fourmis,* le *Genera crustaceorum et insectorum,* son *Histoire des crustacés et des insectes,* en quatorze volumes in-8° (1802-1805), enfin, toute la partie entomologique du *Règne animal* de Cuvier.

Latreille entra à l'Académie des sciences en 1814, et devint, en 1829, à la mort de Lamarck, titulaire de la chaire qu'il occupait depuis si longtemps; mais il jouit peu de cette position et mourut le 6 février 1833, quelques mois après Cuvier, son protecteur et son ami. Outre les ouvrages cités plus haut, on doit à Latreille une foule de mémoires et de notices sur divers sujets d'histoire naturelle disséminés dans les recueils scientifiques de l'époque.

Les zoologistes français ont beaucoup contribué aux progrès de la partie de l'histoire naturelle relative aux animaux de la classe des poissons. C'est à l'un d'eux, à Valenciennes, que l'on est redevable de l'ouvrage le plus étendu et le plus savant qui ait encore été publié sur ce sujet, dont Cuvier avait laborieusement établi le plan.

Né au Jardin des plantes en 1794, Achille VALENCIENNES était fils d'un aide-naturaliste de Daubenton. Il obtint une bourse au collège de Rouen, y remporta le grand prix de mathématiques et allait entrer à l'École polytechnique quand son père mourut. Devenu le seul soutien de sa mère, le jeune Valenciennes se vit obligé d'abandonner ses rêves d'avenir et accepta une place de préparateur qu'on lui offrait au Muséum. Il fut d'abord préparateur de Geoffroy Saint-Hilaire pour les mammifères; puis passa dans le service de Lamarck qui s'occupait des invertébrés, et enfin dans celui de Lacépède qui professait l'histoire des reptiles et des poissons. Il avait donc abordé toutes les branches de la zoologie et, dans toutes, il avait montré une activité et une intelligence parfaites. Doué d'une mémoire prodigieuse, il put suffire à sa tâche et acquérir les connaissances les plus variées sur les diverses parties de la zoologie. Cuvier préparait à cette époque son grand ouvrage sur le *Règne animal;* il confia

18

à Valenciennes la détermination et le classement des oiseaux. Lorsque, plus tard, le grand naturaliste entreprit l'*Histoire naturelle des poissons*, il prit pour collaborateur Valenciennes, et il est hors de doute que la plus grande partie de cette œuvre considérable appartient à ce dernier. Des vingt volumes que comprend cet ouvrage, huit seulement furent publiés du vivant de Cuvier.

Nommé maître de conférences à l'École normale en 1830, puis professeur au Muséum, Valenciennes entra à l'Académie des sciences en 1834. Son *Histoire naturelle des poissons* (1829-1849) est un monument qui suffit seul à illustrer un nom, et lui a fait décerner unanimement le titre de premier ichtyologiste de l'époque.

Dans ce grand ouvrage, l'anatomie marche de front avec la description extérieure, et la physiologie n'y est pas non plus négligée. On lui doit encore une *Histoire naturelle des mollusques, des annélides et des zoophytes* (1833), une traduction des *Observations de géologie* de Humboldt et de nombreux mémoires et articles sur divers sujets d'histoire naturelle. Valenciennes prit toujours parti pour Cuvier, qu'il était fier d'appeler son maître, et, exagérant même son principe qu'il n'y avait que des faits, il ne coordonna pas en corps de doctrine les fruits de ses nombreuses observations. Il mourut en 1865.

Parmi les savants qui firent partie de l'expédition d'Égypte, figurait, à côté de Geoffroy Saint-Hilaire, LELORGNE DE SAVIGNY, né à Provins en 1777. Destiné à entrer dans les ordres, il fit ses études chez les oratoriens; mais, lorsque éclata la Révolution, l'ordre fut supprimé, et Savigny vint à Paris pour terminer ses études. Il suivit les cours de médecine et d'histoire naturelle, et se fit bientôt connaître par quelques écrits sur la botanique, qui le firent nommer professeur à l'École centrale de Rouen. Mais, à la même époque, Bonaparte organisait l'expédition d'Égypte, et Savigny fut désigné pour accompagner Geoffroy Saint-Hilaire. Il parcourut l'Égypte et les côtes de la mer Rouge, pour recueillir et étudier les animaux invertébrés dont il était chargé, et s'acquitta de sa tâche avec un zèle et une intelligence remarquables.

De retour en France, il se mit au travail avec un redoublement d'ardeur et publia plusieurs mémoires sur des sujets entièrement nouveaux, travaux que Cuvier caractérisait par ces mots: *Savigny ne découvre pas, il révèle.* Ses ouvrages sur les annélides, sur les ascidies, sur la composition de la bouche des insectes, sont des modèles de sagacité et de finesse d'observation, en même temps qu'ils dénotent un esprit de généralisation à la fois hardi et rigoureux. Ses belles recherches sur les insectes d'Égypte auraient suffi pour illustrer son nom. Si l'on excepte Latreille, personne n'a traité cette étude avec autant de supériorité et de philosophie. Les planches qu'il a dessinées lui-même pour l'anatomie des insectes dans l'atlas du grand ouvrage sur l'Égypte, sont admirables, et ce fut un malheur pour la science que leur auteur ne pût en donner ni le texte ni l'explication.

Ces beaux travaux, qui lui ouvrirent les portes de l'Académie des sciences (1821), sont encore aujourd'hui le point de départ de quiconque s'occupe des mêmes sujets. Malheureusement, il fut arrêté, dans la force de l'âge, au milieu de sa carrière scientifique, qui promettait d'être si belle ; il avait quarante-six ans lorsqu'il fut atteint d'un mal étrange et terrible, d'une affection nerveuse qui rendait ses yeux incapables de supporter la lumière et lui causait des visions terribles. Pendant vingt-sept ans, il vécut plongé dans une obscurité complète, au milieu de souffrances inouïes que s'efforçaient en vain de calmer ses amis. La mort seule put mettre un terme à ce long martyre, en 1851.

Un émule de Cuvier, bien que sa renommée ne soit pas comparable à celle de ce dernier, fut DUCROTAY DE BLAINVILLE, né à Arques, près de Dieppe, en 1778. Comme cadet de famille, il fut destiné à la profession des armes et placé à l'école militaire de Touques. Appartenant à une famille noble et élevé dans des principes tout à fait contraires à la Révolution, il vit celle-ci avec effroi, et son père étant mort, il s'enfuit brusquement de son école et se réfugia à bord d'un bâtiment de guerre étranger. Il avait alors quatorze ans (1792). Rentré en France en 1796, il eut le malheur de perdre sa mère, et, abandonné à lui-même dans un âge si peu avancé, au milieu des troubles et des écarts de la société de l'époque, il eut beaucoup de peine à s'y frayer une carrière. D'abord élève de Mars dans la grande école des Sablons, il en sortit pour entrer au Conservatoire de musique, puis dans l'atelier du peintre David.

Il avait atteint vingt-sept ans et flottait encore sans

avoir trouvé sa voie, lorsque le hasard le poussa au Collège de France où il entendit une leçon de Cuvier. Il en sortit enthousiasmé et résolut dès lors de se vouer à l'étude des sciences naturelles. Cette fois, il se tint parole, et se mit au travail avec une telle ardeur, qu'au bout de deux ans, il se faisait recevoir docteur en médecine. Il suivait assidûment les leçons de Cuvier, et celui-ci ne tarda pas à le distinguer et à le choisir pour le suppléer dans ses leçons au Collège de France et au Muséum.

En 1812, de Blainville obtenait au concours la chaire de zoologie et d'anatomie à la Faculté des sciences. Cuvier jouissait alors dans la science d'une autorité incontestée, d'une glorieuse renommée; il avait tendu à de Blainville une main protectrice, l'avait admis aux travaux de son laboratoire, et voyait en lui un des soutiens de son école. Mais il n'en fut pas ainsi; doué d'une intelligence puissante et d'un esprit militant, il était plus disposé à se faire des idées à lui, qu'à être le vulgarisateur de celles des autres. Aussi, loin de marcher seulement dans les voies déjà aplanies par son illustre guide, il ne tarda pas à s'en écarter et à s'engager dans une route nouvelle, où ses progrès furent brillants et rapides. Il perdait ainsi la faveur et la protection du puissant maître; mais ce défaut de protection, en le laissant tout à lui-même et en l'obligeant de multiplier ses efforts, lui fut, en définitive, plus profitable que nuisible. Cette dissidence ne l'empêcha pas de poursuivre une honorable carrière et d'atteindre à tous les honneurs scientifiques réservés aux talents supérieurs.

Sans se laisser intimider par l'éclat dont les travaux de Cuvier étaient environnés, de Blainville ne craignit pas, dès son début, de se poser à côté de lui comme réformateur. Sa première publication fut une classification du règne animal (1816) conçue d'après des principes différents de ceux de Cuvier. Tandis que ce dernier s'appuyait sur l'anatomie comparée, sur la constitution interne des êtres pour construire l'édifice zoologique, de Blainville, considérant les formes extérieures des animaux comme traduisant toujours d'une manière fidèle les caractères essentiels de l'organisme, cherchait à fonder, sur la considération de ces formes et sur leur relation avec la disposition du système nerveux, sa nouvelle classification. Il se mit également en parallèle avec Cuvier par ses recherches anatomiques sur les mollusques et les zoophytes : *Manuel de malacologie et de conchyliologie* (1825), *Manuel d'actinologie* (1834), et publia de nombreux mémoires.

Son livre sur l'anatomie de la peau et sur les organes des sens envisagés dans la série animale tout entière, est riche en aperçus originaux, et l'on y trouve une foule d'observations nouvelles. Sans admettre toutes les idées de Blainville, on ne peut nier que ce zoologiste ait rendu à la science des services signalés, qu'il ait introduit un grand nombre de faits nouveaux et féconds, et n'ait fait preuve d'un esprit vigoureux et ingénieux.

En 1830, de Blainville fut admis à l'Académie des sciences, et, lorsqu'en 1832 Cuvier mourut, ce fut lui que tous ses confrères désignèrent pour le remplacer dans sa chaire d'anatomie comparée au Muséum. Ce fut alors qu'il entreprit l'*Ostéographie*, travail monumental destiné à servir de complément et de pendant au bel ouvrage de Cuvier sur les ossements fossiles. Malheureusement, ce vaste traité ne put être terminé; après dix années d'un travail suivi, il était arrivé au vingt-quatrième fascicule, dont chacun, il est vrai, représente un volume, lorsqu'il mourut le 1er mai 1850. Ce livre est considéré comme un travail d'érudition et de savoir pour les parties qu'il embrasse, et s'il lui eût été donné de le terminer, il eût certainement immortalisé son nom.

Doué d'une complexion vigoureuse, qui résistait à la fatigue d'un travail incessant, d'une imagination ardente, d'un esprit vif et critique, de Blainville fut un admirable professeur. Son élocution était facile et abondante, ses expressions fortes et heureuses, souvent originales; aussi ses cours attiraient de nombreux auditeurs.

Dans les dernières années de sa vie, de Blainville publia une *Histoire des sciences naturelles,* trois volumes in-8° (1845), où il fit preuve d'une immense érudition, et que l'on a même placée au-dessus de l'ouvrage de Cuvier. Dans ce livre, il détermine avec une précision extrême les acquisitions successives de la science, et marque ce qu'elle doit à chacun des savants dont il analyse les travaux. De Blainville était un catholique sincère et convaincu; de là, conformément à la morale de la scolastique, cette recherche des preuves dans les causes finales, et cette affectation de la démonstration *a priori* qui distinguaient son enseignement; toutefois, il montrait toujours une impartialité remarquable, même à l'égard de travaux qui attaquaient le dogmatisme de l'Église.

Cuvier représentait dans les sciences les principes du protestantisme, et l'on comprend que ces deux illustres champions, traitant les mêmes questions, aient professé des doctrines opposées. Un homme d'une intelligence ordinaire, dit Milne Edwards, n'aurait osé s'engager dans une pareille lutte, ou bien y aurait promptement succombé. De Blainville, au contraire, n'a point fléchi sous le fardeau qu'il s'imposait; il se sentait la force nécessaire pour fournir la longue carrière si glorieusement parcourue par son prédécesseur, et bien qu'il n'ait laissé dans la science ni des traces aussi profondes ni des monuments aussi beaux, ce n'est pas pour lui un faible honneur que d'avoir su briller à côté d'une pareille lumière.

A l'exemple des de Jussieu, la famille des Brongniart s'est illustrée dans les sciences naturelles. Le premier, Alexandre BRONGNIART, né à Paris en 1770, était fils de l'éminent architecte auquel on doit le palais de la Bourse et plusieurs autres monuments de la capitale, et neveu du chimiste Antoine Brongniart, professeur au Muséum. Entouré dès sa jeunesse de savants et d'artistes, son éducation se ressentit de cet heureux contact, si bien fait pour développer sa précoce intelligence. A dix-huit ans, en 1788, il fut l'un des fondateurs de la Société philomatique. Il était déjà préparateur au cours de son oncle, lors-

ALEXANDRE BRONGNIART

D'APRÈS UN DESSIN DE HENRIQUEL DUPONT

COMMUNIQUÉ PAR M. AD. BRONGNIART.

qu'il fut atteint par la réquisition ; il se fit commissionner comme pharmacien militaire à l'armée des Pyrénées, et en profita pour explorer ces belles montagnes en botaniste, en géologue et en zoologiste. De retour à Paris, il fut attaché, comme ingénieur, à l'Agence des mines, puis comme professeur d'histoire naturelle au Collège des Quatre-Nations. Il suppléa pendant quelque temps Haüy dans la chaire de minéralogie, et fut appelé à lui succéder au Muséum. Brongniart menait de front les diverses branches de l'histoire naturelle, et collaborait aux meilleurs recueils scientifiques de l'époque. Un mémoire sur *l'Art de l'émailleur* attira l'attention de Berthollet qui le fit nommer directeur de la Manufacture de porcelaine de Sèvres, qu'il dirigea depuis 1800 jusqu'en 1847. En 1807, parut son *Traité élémentaire de minéralogie,* que sa clarté et sa méthode rendirent aussitôt classique. Puis, il donna une classification des reptiles, qu'il divise en quatre ordres : *Sauriens, Batraciens, Chéloniens* et *Ophidiens,* division adoptée par Cuvier et, après lui, par tous les naturalistes. Ses études sur les coquilles fossiles et sur les trilobites, dont il reconnut le premier la véritable nature, le mirent en rapport avec Cuvier dont il devint le collaborateur et l'ami. Dès 1810, ils présentèrent à l'Institut leur *Essai sur la géographie minéralogique des environs de Paris ;* puis, deux ans après, la *Description géologique des environs de Paris.* Ces beaux travaux lui ouvrirent les portes de l'Académie des sciences (1815). Il voyagea en Suisse, en Suède et en Norvège, et y fit des recherches géologiques dont il donna les résultats dans plusieurs mémoires sur les plus anciens terrains fossilifères et sur les blocs erratiques. Puis il parcourut l'Italie et en rapporta de précieuses observations, entre autres sur les volcans. En 1825, il obtint le titre d'inspecteur général des mines.

Alexandre Brongniart était d'une activité prodigieuse ; professeur et conservateur au Muséum, depuis 1822, il donnait ses soins à la collection de minéralogie qu'il enrichit beaucoup ; placé à la tête de la Manufacture de Sèvres, il s'occupa constamment de perfectionner la fabrication des poteries en y portant le flambeau de la science moderne. Il y fonda le *Musée céramique*, et publia, en 1844, trois ans avant sa mort, son beau *Traité des arts céramiques*, deux volumes in-8° avec atlas, fruit de ses recherches pendant quarante ans. Il eut le bonheur de voir siéger à ses côtés, à l'Académie des sciences, son fils Adolphe Brongniart et ses deux gendres, le naturaliste Audouin et le célèbre chimiste Dumas. Alexandre Brongniart était renommé non seulement pour son vaste savoir, mais encore pour son affabilité et sa bienveillance. Sa maison, véritable sanctuaire de la science, était fréquentée par les savants et les artistes de toutes les nations. Il aimait et protégeait les jeunes travailleurs, et ses collections leur étaient libéralement ouvertes. Tous avaient pour lui autant d'attachement que de vénération, et lorsqu'il s'éteignit à l'âge de soixante-dix-sept ans, ce fut un deuil profond pour tous ceux qui l'avaient connu.

Son fils, Adolphe-Théodore Brongniart, né à Paris

en 1801, fit ses études médicales et se fit recevoir docteur en 1826, mais s'occupa surtout de botanique. A vingt-trois ans, il fondait, avec Audouin et Dumas, le recueil devenu célèbre sous le nom d'*Annales des sciences naturelles*. Ses travaux embrassent des recherches d'anatomie et de physiologie végétales, des études sur diverses familles de plantes, des essais de classification sur les champignons. En 1826, il publia son remarquable mémoire sur la génération et le développement de l'embryon végétal, qui, présenté à l'Académie des sciences, lui valut, en 1827, le grand prix de physiologie expérimentale. En 1834, il fut élu membre de l'Institut en remplacement de Desfontaines dont il continua l'enseignement au Jardin des plantes.

Adolphe Brongniart a publié, en outre, un grand nombre de mémoires importants sur les végétaux phanérogames, notamment la partie botanique du voyage d'exploration de la *Coquille* (1829) et diverses contributions à la flore de la Nouvelle-Calédonie (1861-1873). Il s'occupait simultanément avec une grande activité des végétaux fossiles, et l'on peut dire de lui qu'il a fondé la paléontologie végétale. Il publia, dès 1822, un mémoire sur la classification et la distribution des végétaux fossiles en général et sur ceux des terrains de sédiment supérieur en particulier, et en 1825, des observations sur quelques végétaux fossiles du terrain houiller et sur leurs rapports avec les végétaux vivants, puis le *Prodrome d'une histoire des végétaux fossiles* (1828), les *Recherches botaniques et géologiques sur les végétaux renfermés dans les diverses couches du globe* (1830), deux volumes in-4°, avec cent soixante planches, et ses *Considérations sur la nature des végétaux qui ont couvert la surface de la terre aux diverses époques de sa formation* (1838), in-4°.

On doit signaler particulièrement ses belles recherches sur les végétaux silicifiés. Elles furent couronnées par un dernier ouvrage qui n'a pu paraître qu'après sa mort et qui constitue une admirable illustration des graines fossiles : *Recherches sur les graines fossiles silicifiées* (1881, Imprimerie nationale, vingt et une planches en couleur).

La paléontologie, cette science si nouvelle et pourtant déjà si vaste, qui nous permet de lire l'histoire du globe sur les fossiles, comme nous lisons celle de l'homme sur les monuments du passé, cette science est donc d'origine toute française, et c'est à Cuvier et aux Brongniart qu'on la doit.

V

LES SCIENCES NATURELLES ET LA PHILOSOPHIE

AU DIX-NEUVIÈME SIÈCLE (SUITE).

Humboldt. — Bonpland. — De Candolle. — Robert Brown. — De
Mirbel. — Dutrochet. — Adrien de Jussieu. — Raspail. — Decaisne.
— Oken et les philosophes de la nature. — Gœthe naturaliste. —
Bory de Saint-Vincent. — Flourens. — Ehrenberg. — Dujardin. —
Rudolphi.

L'un des savants les plus remarquables qu'ait
produit le dix-neuvième siècle est sans contredit
Alexandre de Humboldt, qui fit preuve d'une multi-
plicité et d'une profondeur de connaissances dont peu
d'hommes ont offert l'exemple.

Alexandre, baron DE HUMBOLDT, naquit à Berlin,
en 1769, en cette année féconde qui produisit Napoléon, Cuvier, Canning, Walter Scott et Chateaubriand.
Né au sein d'une famille riche et haut placée, il reçut
une instruction très complète et manifesta, dès l'enfance, un goût prononcé pour les voyages. Envoyé,
avec son frère aîné, à l'Université de Gœttingue, il y
fit connaissance de Forster, qui avait été l'un des
compagnons de Cook, et il fit avec lui des excursions
géologiques au Harz et sur les bords du Rhin. Les
récits de Forster ne firent qu'exalter en lui la passion
des voyages, et, dès lors, il fit ses plans. Il alla à
Freiberg étudier la géologie et la minéralogie sous
Werner, s'appliqua aux sciences naturelles et, pen-

dant dix ans, mûrit ses plans et prépara leur exécution.

En 1779, il partit pour l'Espagne, en compagnie du
botaniste Bonpland, et, de là, se rendit avec lui en
Amérique. Une relâche aux Canaries lui fournit l'occasion de faire l'ascension du pic de Ténériffe ; il traça
des descriptions remarquables de l'île, des phénomènes volcaniques dont elle est le siège, de ses caractères géologiques et de la manière dont la végétation
y est distribuée. De là, il passa dans l'Amérique du
Sud et y resta cinq ans avec Bonpland. Tous les travaux qu'il y accomplit : explorations des montagnes,
des vallées et des côtes, observations astronomiques
et météorologiques, levés de plans, collections de
toutes sortes, sont de la plus haute valeur scientifique. Il traversa la vallée de l'Orénoque, reconnut le
singulier réseau de rivières qui met ce fleuve en communication avec l'Amazone, et se disposait à l'explorer, lorsqu'il en fut empêché par le despotisme jaloux
du gouvernement portugais. Il visita Cuba, le Mexique,
et dressa les premières cartes un peu exactes de ces
contrées. Puis il gagna la chaîne des Andes, mesurant la hauteur des montagnes, la profondeur des
vallées, observant les volcans et s'élevant jusqu'à
5 500 mètres sur le Chimborazo. De là, il retourna à
Mexico, puis à la Havane, et rentrait à Paris avec son
fidèle compagnon Bonpland en 1804. C'était alors, au
sein de la grande capitale, une période d'éclat pour
les lettres, les sciences et la politique ; Laplace, Gay-
Lussac, Cuvier, Lamarck, Lacépède, Desfontaines,
Jussieu, Berthollet, Biot, Dolomieu, Geoffroy Saint-

Hilaire étaient à la tête du monde savant. Les jeunes voyageurs rapportaient des trésors inestimables ; ils furent bienvenus de tous. Humboldt se fixa à Paris et y passa la majeure partie de son temps jusqu'en 1827, se consacrant tout entier à la publication des résultats de son voyage. L'ouvrage, auquel prirent part plusieurs savants français, se compose de douze volumes in-4° de texte et de trois volumes in-folio de planches et cartes. Les trois premiers volumes, contenant le récit du voyage, portent le titre de : *Voyages aux régions équinoxiales du nouveau continent, par A. de Humboldt et A. Bonpland* (1809) ; puis vinrent successivement : *Vues des Cordillères et monuments des peuples indigènes de l'Amérique,* in-folio ; *Recueil d'observations de zoologie et d'anatomie comparée,* deux volumes in-8° ; *Essai politique sur le royaume de la Nouvelle-Espagne* (1811), deux volumes in-4° et atlas ; *Physique générale et géologie,* in-4° ; *Essai sur la géographie des plantes,* in-4°. Cette œuvre, véritable monument de la science, dénote chez son auteur un vaste esprit, un savoir considérable et, dans les parties descriptives, une belle imagination d'écrivain. Cette dernière qualité brille surtout dans ses *Vues de la nature* (1827), deux volumes in-12, livre charmant où la peinture des tropiques est aussi vive que sur la toile d'un grand peintre.

En 1827, cédant aux instances de son frère et de son souverain, il retourna se fixer à Berlin, où il reçut le titre de conseiller intime. Cependant, deux ans après, il accepta la direction d'une mission scientifique dans l'Asie centrale, que lui offrait l'empereur

de Russie. L'exploration dura neuf mois, et Humboldt
en consigna les résultats dans un ouvrage intitulé :
*l'Asie centrale ; recherches sur les chaînes de mon-
tagnes et la climatologie comparée,* trois volumes in-8°.
Revenu à Berlin, il fut, en 1830, choisi par son gouvernement pour aller porter en France, à la dynastie
nouvelle, les félicitations officielles. La France était
d'ailleurs, pour Humboldt, comme une seconde patrie, à laquelle il tenait par sa mère, qui descendait
d'une famille de Bourgogne forcée à s'expatrier par
la révocation de l'édit de Nantes ; aussi conserva-t-il,
jusqu'en 1847, l'habitude de faire une excursion
annuelle à Paris, et ce fut encore là qu'il donna
l'*Examen critique de la géographie du nouveau continent,* cinq volumes in-8° (1838).

Humboldt, le premier, reconnut les relations générales des traits physiques du globe, les lois des climats, base de tout le système des courbes isothermes,
la hauteur relative des chaînes de montagnes et des
plateaux, la géographie botanique ou la distribution
des plantes sur toute la surface terrestre. Le premier,
il imagina ces méthodes graphiques universellement
employées aujourd'hui pour la représentation des
phénomènes naturels, les premières coupes géologiques, la figuration par des lignes des moyennes
climatologiques, etc.

La dernière période de la vie de Humboldt s'écoula
tout entière à Berlin. Là, jusqu'à la fin de sa longue
et laborieuse carrière, il travailla à la publication du
Cosmos, dernier effort de la maturité de son intelligence. Cet *Essai d'une description physique du monde,*

ALEXANDRE DE HUMBOLDT

D'APRÈS UN BUSTE DE RAUCH

(COLLECTION DE M. A. DE QUATREFAGES).

comme il l'intitule, résume l'ensemble des connaissances humaines sur le ciel et la terre et place son auteur au premier rang comme philosophe et comme observateur. Le premier volume parut à Berlin, en 1845 ; Humboldt avait alors soixante-treize ans, et il donna le quatrième volume en 1858, année qui précéda celle de sa mort.

Comme naturaliste, Humboldt a laissé des *Expériences sur l'irritabilité nerveuse et musculaire,* et un *Recueil d'observations de zoologie et d'anatomie comparée,* plein de documents précieux pour l'histoire naturelle. Sa description du condor est digne de Buffon ; sa *Synopsis des singes de l'Amérique du Sud,* ses études sur l'anguille électrique et les silures, celles qu'il a publiées sur la respiration des crocodiles et sur le larynx des oiseaux, sont des plus remarquables. Il prit, en outre, une part très active à l'ouvrage sur les *Plantes équinoxiales,* de Bonpland, et les chapitres relatifs à la distribution géographique des familles végétales lui appartiennent en propre, ainsi que la plupart des dessins.

On a souvent discuté sur les idées philosophiques de Humboldt touchant les problèmes de la destinée de l'homme et de l'origine des choses. L'école de l'athéisme moderne l'a revendiqué comme son chef, tandis que d'autres ont vu dans ses écrits une adhésion au christianisme. Il est difficile de trouver dans les ouvrages de Humboldt une preuve de la nature exacte de ses convictions ; mais on y comprend que, s'il ne fut point un croyant, il ne fut point non plus un sceptique. Il n'est aucun de ses écrits qui ne respire le respect de tout ce qui est grand, de tout ce qui est bon, et sa sympathie, sa bienveillance pour les jeunes gens adonnés à l'étude se traduisaient par de nombreux services.

Il serait injuste de ne pas consacrer quelques mots à BONPLAND, qui fut le compagnon fidèle et le collaborateur de Humboldt.

Né à la Rochelle, en 1773, Aimé Bonpland servit quelque temps comme chirurgien. Adonné à l'histoire naturelle, il se lia avec Alexandre de Humboldt et l'accompagna en Amérique. Il rapporta de ce voyage six mille plantes inconnues en Europe, décrivit leurs caractères botaniques et leurs propriétés, et en fit don au Muséum d'histoire naturelle de Paris. Napoléon le récompensa par une pension, et peu après par la place de directeur des cultures de la Malmaison, qu'il garda jusqu'en 1814. A cette époque, il entreprit une longue excursion en Amérique, débarqua à Buénos-Ayres vers la fin de 1816, et se mit en route pour les Andes ; mais, arrivé dans les environs du Paraguay, il fut enlevé par les ordres du dictateur Francia, qui le soupçonnait d'être un espion politique, fut interné à Santa-Maria, et ne put recouvrer sa liberté qu'en 1832. Il se retira au Brésil et y mourut en 1858.

Outre sa collaboration aux ouvrages de Humboldt sur l'Amérique, Bonpland a publié : les *Plantes équinoxiales* (1805), deux volumes in-folio, avec cent quarante planches ; la *Monographie des mélastomées*, deux volumes in-folio et cent vingt planches ; *Description des plantes rares de la Malmaison* (1813), in-folio et soixante-quatre planches ; *Mimosées et autres plantes légumineuses du nouveau continent* (1819), in-folio, soixante planches ; *Nova genera et species plantarum* (1815), sept volumes in-folio.

La science botanique dut encore d'importants travaux à de Candolle. Né à Genève en 1778, d'une famille calviniste de Provence expatriée, Augustin-Pyrame DE CANDOLLE vint à Paris à l'âge de dix-huit ans pour y étudier la médecine ; mais ayant suivi le cours de Desfontaines, il s'éprit de la botanique et s'y adonna tout entier. Il publia, en 1799, une *Histoire des plantes grasses* qui commença sa réputation ; puis il se livra à des recherches sur le sommeil des végétaux, dont il consigna les résultats dans plusieurs mémoires. Bientôt après il prit pour sujet de sa thèse de doctorat : *les Propriétés médicales des plantes,* et fut chargé par Lamarck de refondre sa *Flore française,* dont il donna, de 1804 à 1815, une nouvelle édition complètement refondue en six volumes in-8°.

A la mort de Broussonnet, en 1808, de Candolle obtint la chaire de botanique à la Faculté de médecine de Montpellier avec la direction du Jardin botanique, et donna, en 1813, sa *Théorie élémentaire de la botanique,* ouvrage remarquable dans lequel il enseigne les rapports naturels des parties de la plante, analyse la valeur de chacune de ces parties, et y pose la première base de sa théorie générale sur l'organisation des êtres. Selon lui, chaque classe d'êtres est soumise à un plan général toujours symétrique, quelle qu'en soit l'apparence.

En 1815, la Restauration lui ayant fait un crime de

la faveur dont il jouissait sous l'Empire, de Candolle quitta la France et se retira à Genève. Sa patrie le reçut avec empressement et créa pour lui une chaire d'histoire naturelle et un jardin botanique, et il fut élu membre du Conseil souverain. Reprenant avec ardeur ses études scientifiques, il entreprit un travail gigantesque ayant pour but la description de toutes les plantes connues. Il en publia la première partie en 1824, sous le titre de : *Prodromus systematis naturalis regni vegetabilis,* et y travailla jusqu'à sa mort qui arriva en 1841, laissant inachevé ce travail dont il légua la continuation à son fils. Cet immense ouvrage, où quatre-vingt mille plantes sont rangées dans l'ordre naturel, ne fut achevé qu'en 1849. Il comprend douze énormes volumes in-8°, de sept à huit cents pages chacun ; chaque plante s'y trouve indiquée avec ses caractères, ses rapports, sa description entière ; tout, dans cette description, est d'une précision sans exemple.

Il a donné encore l'*Organographie,* deux volumes in-8° (1827), et la *Physiologie végétale,* trois volumes in-8° (1832), qui lui valut le grand prix de la Société royale de Londres. Outre ces divers ouvrages, de Candolle a donné une foule de mémoires, parmi lesquels des *Expériences relatives à l'influence de la lumière sur les végétaux* et la *Géographie botanique.*

Il est le seul, depuis Linné, qui ait embrassé toutes les parties de la science des végétaux avec un génie égal. Il s'attacha à découvrir les lois intimes de la végétation, suivit les organes des plantes dans toutes leurs transformations et expliqua, d'une manière

DE CANDOLLE

D'APRÈS UN PORTRAIT DE M><> MUNIER-ROMILLY

COMMUNIQUÉ PAR M. ALPHONSE DE CANDOLLE.

heureuse, les difformités ou anomalies apparentes..
Sa classification, généralement adoptée aujourd'hui,
est un perfectionnement de la méthode naturelle.

Contemporain de de Candolle et chef de l'école de
botanique anglaise, Robert BROWN, né à Montrose, en
Écosse, en 1781, fut protégé par sir J. Banks, qui le fit
attacher à un voyage d'exploration dans la Nouvelle-
Hollande (1801). Il revint en Angleterre cinq ans
après, avec une collection de plus de quatre mille
espèces de plantes. A son retour, Banks le prit pour
conservateur de ses collections et de sa bibliothèque,
et le mit à même de publier le résultat de ses explorations, qu'il donna dans son *Prodromus floræ Novæ
Hollandiæ* (1810), ouvrage des plus remarquables.

On lui doit un très grand nombre de mémoires
qui, pour les botanistes de notre temps, sont demeu-
rés des modèles. Dans ses *Mélanges ou Opuscules de
botanique* sont consignées plusieurs découvertes dans
la physiologie végétale, entre autres celle du mouvement particulier des molécules de la poussière fécon-
dante auquel les botanistes ont donné le nom de
mouvement brownien, et la démonstration du passage des capsules polliniques à travers le style jusqu'aux ovules. Dans ses *Observations sur la botanique
des terres australes* et ses *Suppléments à la Flore de la
Nouvelle-Hollande,* Robert Brown a apporté de nombreux changements aux groupes naturels du *Genera*
de Jussieu ; il en a subdivisé les familles, et en a
créé de nouvelles pour des plantes inconnues jusqu'à
lui. Ces changements, souvent importants, toujours
justifiés, appuyés sur des observations d'une rigou-

.reuse exactitude, ont été acceptés par tous les botanistes.

Outre les travaux cités plus haut, on doit à ce savant botaniste la description d'un grand nombre de
plantes recueillies par d'autres ; telles sont les plantes
de Java, *Javanica* (1802-1815), la *Flore du voyage
en Abyssinie,* de Salt (1816), la *Flore de l'expédition
dans l'intérieur de l'Afrique,* de Clapperton, celle des
voyages aux régions antarctiques de Ross, Parry et
Franklin.

Robert Brown mourut en 1858, membre de la
Société royale de Londres, associé de l'Académie des
sciences de Paris, et conservateur de la section de botanique du British Museum, auquel il légua les magnifiques collections que lui avait laissées sir J. Banks.

L'anatomie végétale, qui pénètre dans l'intimité
des tissus, et qui dut naissance aux travaux de Malpighi et de Grew, avait subi une longue période
d'arrêt, lorsqu'un botaniste français, Brisseau de Mirbel, vint lui donner une vie nouvelle.

Charles-François Brisseau de Mirbel, né à Paris
le 27 mars 1776, était fils d'un jurisconsulte qui le
destina à l'étude du droit ; mais les goûts du jeune
Mirbel le portaient vers les sciences naturelles, et il
mit plus d'ardeur à l'étude de la botanique qu'à celle
des *Pandectes.* Son assiduité, son intelligence et son
talent de dessinateur le firent admettre comme aide-
naturaliste au Muséum d'histoire naturelle. Chargé
du cours de botanique à l'Athénée, il s'y fit remarquer
et collabora aux *Suites à Buffon,* de Sonnini, pour

lesquelles il écrivit l'*Histoire naturelle des plantes.*

En 1803, il obtint la place d'intendant des jardins de la Malmaison, où il se livra tout entier à son étude favorite. Plusieurs mémoires qu'il adressa à l'Institut, sur la structure des tissus des plantes et l'évolution de leurs organes lui valurent un siège à l'Académie des sciences en 1808, et la chaire de botanique à la Faculté des sciences de Paris.

A la Restauration, il entra dans la vie politique et fut appelé par son ami Decazes, alors ministre, au poste de secrétaire général du ministère de l'intérieur. A la chute du cabinet, il retourna à ses études scientifiques. Son passage au ministère fut marqué par de nombreuses améliorations en faveur de l'agriculture et par l'appui qu'il accorda aux savants et aux artistes. Il avait épousé une Polonaise, Marie Leczinska, artiste de mérite, qui illustra le nom de Mirbel comme miniaturiste, et jouit d'une grande réputation sous la Restauration.

Dans sa vieillesse, Brisseau de Mirbel devint presque aveugle, et s'éteignit doucement à l'âge de soixante-dix-huit ans. Esprit plein de finesse et de pénétration, artiste dans l'âme autant qu'anatomiste consommé, Brisseau de Mirbel proclama, dès 1800, l'unité d'origine et de composition des tissus végétaux qu'il ramène tout entiers à la cellule. Loi féconde, dit M. H. Baillon, car tous ses successeurs se sont inspirés à cette source ; ce principe les a soutenus et guidés dans leurs travaux. En France comme en Allemagne, tous doivent les immenses progrès réalisés en un demi-siècle, dans cette partie de la science, à la découverte de Mirbel. Les idées et les découvertes de ce savant botaniste sont résumées dans son *Traité d'anatomie et de physiologie végétales,* deux volumes in-8° ; dans sa *Théorie de l'organisation végétale* et ses *Éléments de botanique et de physique végétales,* deux volumes in-8°, et dans un grand nombre de mémoires insérés dans les *Comptes rendus de l'Académie des sciences,* les *Annales des sciences naturelles,* etc.

La physiologie végétale dut également une partie de ses progrès à René-Joachim DUTROCHET, né au château de Néon (Indre), le 14 novembre 1776, d'une famille noble et riche. Il dut suivre son père, officier au régiment du Roi, qui émigra à la suite des événements de 1793. Ses biens furent confisqués et le jeune Dutrochet alla rejoindre ses deux frères qui servaient comme officiers dans l'armée vendéenne. La pacification des provinces insurgées lui ayant permis de venir à Paris en 1796, il y fit ses études médicales, soutint sa thèse, fut nommé médecin militaire et envoyé en cette qualité à l'hôpital de Burgos, où sévissait le typhus. Atteint lui-même par l'épidémie, il rentra dans sa famille et se livra dès lors à l'étude des sciences. De nombreux mémoires, dont quelques-uns furent fort remarqués, le firent admettre à l'Académie de médecine en 1823 et à l'Académie des sciences en 1831.

Ses principaux ouvrages sont : *Nouvelle Théorie de la voix et de l'harmonie* (1810); *Recherches sur l'accroissement et la reproduction des végétaux* (1821), couronné par l'Académie des sciences ; *Sur l'endos-*

mose et l'exosmose (1828); *Sur le développement de l'œuf et du fœtus; Recherches anatomiques et physiologiques sur la structure intérieure des animaux et des végétaux.* On lui doit, en outre, en histoire naturelle, des *Recherches sur les rotifères; Sur le développement de la salamandre aquatique; Sur le canal alimentaire chez les insectes; Sur la structure et la régénération des plumes,* etc.

Les travaux de Dutrochet se distinguent par l'originalité; il s'efforce d'expliquer les phénomènes de la vie par les lois de la physique et de la chimie. On lui doit surtout la découverte des singuliers phénomènes auxquels il a donné les noms d'*endosmose* et d'*exosmose,* et qui sont une des causes principales de l'ascension de la sève.

A la même époque, Adrien DE JUSSIEU, dernier représentant de cette illustre famille, se fit remarquer par plusieurs mémoires importants. Fils unique d'Antoine-Laurent, il était né à Paris, au Jardin des plantes, le 23 décembre 1797. Il se montra de bonne heure digne du beau nom qu'il portait; il eut de brillants succès dans ses études classiques et remporta le prix d'honneur au grand concours des collèges de Paris. Il remplaça son père dans sa chaire au Muséum, en 1826, et s'efforça de perfectionner sa méthode. Il fut reçu membre de l'Académie des sciences en 1831, et mourut en 1853, à l'âge de cinquante-cinq ans.

Adrien de Jussieu, qui vénérait la mémoire de ses aïeux, se montra toujours sévère dans ses travaux et sobre dans ses écrits; il comprit qu'il se devait à lui-même de ne publier que des œuvres irréprochables, aussi a-t-il peu produit. Son premier ouvrage fut un *Mémoire sur la famille des euphorbiacées,* qui lui servit de thèse inaugurale pour obtenir le titre de docteur en médecine. Il présenta ensuite à l'Académie des sciences plusieurs mémoires sur les *Rutacées,* les *Méliacées,* les *Malpighiacées,* etc., etc., monographies complètes encore regardées aujourd'hui comme des modèles de science, d'exactitude et de style. En 1839, il donna ses *Recherches sur la structure des plantes monocotylédones,* qui sont restées classiques, ainsi que son *Cours élémentaire de botanique,* traduit dans toutes les langues et répandu dans les mains de tous les étudiants.

En 1824, François RASPAIL publia un nouveau système de physiologie végétale, dans lequel il attribue la formation successive de toutes les parties du végétal à une vésicule primordiale, et explique la modification des organes par transformation. Auguste DE SAINT-HILAIRE, après avoir exploré pendant six ans les diverses parties du Brésil, d'où il rapporta d'immenses herbiers qu'il décrit dans sa *Flore du Brésil,* trois volumes in-8° (1832), fit paraître un remarquable traité de *Morphologie végétale* (1840), modèle d'élégance et de précision.

Ce que de Mirbel avait fait pour l'origine des tissus, son élève, J.-B. PAYER, tenta de le faire pour les organes de la fleur; il publia, en 1857, son *Traité d'organoyénie comparée de la fleur,* ouvrage excellent, où sont étudiées avec une rare perfection, au point de vue du développement floral et dans leurs principaux types, les familles de plantes représentées dans nos champs ou nos cultures, au nombre de cent cinquante-trois.

Celui qui a occupé en dernier lieu la chaire des Jussieu et que nous avons eu personnellement l'honneur de connaître, est Joseph DECAISNE, né à Bruxelles en 1807, de parents pauvres et français. Il entra à l'âge de dix-sept ans comme garçon jardinier au Jardin des plantes de Paris. Son intelligence, son zèle et son aptitude spéciale pour le dessin le firent remarquer et encourager par Adrien de Jussieu, alors directeur du jardin botanique.

Le garçon jardinier consacra tous ses moments de loisir à son instruction, et fut bientôt en état de servir d'aide-botaniste au professeur Adrien de Jussieu. Doué d'une belle intelligence, d'un caractère doux et serviable, Decaisne se fit des amis, et en 1850, il fut appelé à remplacer Mirbel dans la chaire de culture au Muséum ; puis il occupa celle de botanique en 1856. Anatomiste, physiologiste et descripteur de premier ordre, Decaisne n'abandonna jamais la pratique pour la théorie ; il fit de nombreuses expériences sur l'acclimatation des plantes, et donna aux *Annales des sciences naturelles* et à la *Revue horticole* de nombreux articles. L'un des fondateurs de la Société botanique de France, il publia sa *Flore des jardins et des champs* et son *Jardin fruitier du Muséum;* puis son *Traité de culture,* et, en collaboration avec le docteur E. Lemaout, le *Traité général de botanique,* pieux monument élevé à la mémoire des Jussieu.

Voué avec ardeur aux progrès des sciences, il encourageait les travailleurs, les aidait de ses conseils et souvent même revoyait leur travail. C'est lui qui, en collaboration avec Thuret, son élève, a découvert les organes reproducteurs des algues, démontrant ainsi l'existence de la sexualité chez les cryptogames, et ouvrant un champ nouveau aux investigations. Il s'occupa de la classification des algues, et démontra la nature végétale des corallines, que quelques naturalistes, à l'exemple de Cuvier, plaçaient parmi les polypiers calcifères. Il montra que les rhinanthacées vivent en parasites aux dépens des graminées; enfin on lui doit des mémoires importants sur la garance, sur la betterave, sur l'igname, sur la ramie, et des recherches sur la maladie de la pomme de terre.

Decaisne s'éteignait sans souffrance le 8 février 1882, dans ce Jardin des plantes où il avait passé près de soixante ans. Les savants rendirent hommage à son savoir, et les pauvres, qui suivaient en grand nombre son convoi, honorèrent la charité et la bienfaisance de cet homme de bien.

Un des représentants les plus remarquables des théories nuageuses de la philosophie allemande du dix-neuvième siècle, Lorenz OKEN, naquit dans le village de Bolsbach (duché de Bade), en 1779, d'une famille de paysans dont le véritable nom était Okenfuss. Il fréquenta d'abord l'école de son village; mais, en 1793, ayant perdu ses parents, le curé de l'endroit, qui avait été frappé de son intelligence précoce et de sa bonne conduite, l'envoya au gymnase des franciscains, puis au collège de Bade, où il étudia le grec, les mathématiques et les sciences naturelles. Il s'en fut ensuite à Fribourg pour y suivre les cours de médecine. Là, il sut aussi, par son intelligence et son application, gagner la sympathie de ses professeurs, et il obtint une bourse de 120 florins (environ 300 francs) par an, qui lui permit de vivre par des prodiges d'économie. Il se fit recevoir docteur en 1804, et, dès l'année suivante, il fit paraître son premier travail : *Esquisse d'un système de biologie.*

Nommé professeur de biologie à Gœttingue, en 1806, Oken occupa l'année suivante la chaire de physiologie comparée à Iéna, et y professa jusqu'en 1819. Professeur brillant et sachant intéresser son auditoire par ses idées neuves et originales, sa réputation grandit, et ce fut pendant cette période qu'il publia ses mémoires les plus importants : *Sur l'univers* (1808), *Discours sur la lumière et la chaleur* (1809), *Bases d'une classification naturelle des minéraux;* puis son *Traité de philosophie naturelle* (1811), et son *Traité d'histoire naturelle* en six volumes (1813).

Avec l'année 1817, commença la publication, par Oken, du journal l'*Isis*, encyclopédie scientifique, où étaient insérés ou analysés tous les travaux importants, et qui exerça, sur le développement des sciences naturelles en Allemagne, une influence considérable. Mais, bientôt, sa liberté de pensée et sa brusquerie un peu tranchante déplurent au gouvernement du grand-duc, qui supprima le journal. Oken dut quitter le duché et se rendit à Leipzig, où il fit imprimer sa revue ; puis il fut appelé à l'Université de Zurich, en 1823, pour y occuper la chaire des sciences naturelles. Il se livra, dès lors, à ses travaux avec une grande activité ; publia une nouvelle édition de sa

Philosophie naturelle (1831), et sa grande *Histoire naturelle générale* en treize volumes (1833), ouvrage plein d'érudition et de renseignements précieux, qui eut alors un grand retentissement.

Oken mourut à Genève, le 11 août 1851, âgé de soixante-douze ans. Il fut le chef de l'école des *Philosophes de la nature* qui, laissant de côté l'observation et l'expérience, se livrèrent aux spéculations scientifiques les plus aventureuses. Il admet la génération spontanée. « C'est du mucus de la mer, *protomucus*, que sont sortis tous les êtres vivants. » De ce mucus proviennent des vésicules organiques, qu'il nomme *infusoria,* et les animaux et les plantes ne sont rien autre chose qu'un assemblage de très nombreuses vésicules semblables. Ces idées ont été reprises en Allemagne dans ces derniers temps. Oken voyait dans les animaux la représentation des diverses parties de l'homme, synthèse de la création, merveilleuse réduction de l'univers, véritable microcosme. Le microcosme résultait lui-même de la répétition des parties primitivement semblables entre elles, plus ou moins modifiées ; cette idée, fausse sans doute, si on la prend dans toute sa généralité, n'est cependant pas stérile ; c'est elle qui conduit Oken à voir dans le crâne une modification de la colonne vertébrale, et, dans les os qui la composent, des vertèbres transformées ; c'est elle qui a fait rechercher, depuis, dans un organisme donné, les parties de même nature, qui les a fait suivre dans toutes les transformations qu'elles peuvent subir, dans tous les rôles qu'elles peuvent jouer.

Il peut sembler étrange que nous placions Jean-Wolfgang Goethe, l'un des plus grands génies des temps modernes, qui, pendant plus d'un demi-siècle, remplit le monde de sa gloire littéraire, parmi les plus célèbres naturalistes. C'est à ce dernier point de vue que nous nous en occuperons ici. Né à Francfort-sur-le-Mein, le 28 août 1749, Gœthe fut instruit par son père, jurisconsulte habile, qui cultivait aussi les lettres et les arts. Il passa sa première jeunesse livré à l'heureuse influence de la vie de famille, puis alla terminer ses études à Leipzig et à Strasbourg, où il conquit son diplôme de docteur en droit, tout en se livrant à l'étude des lettres et des sciences.

De retour à Francfort, où Gœthe comptait exercer l'état d'avocat, il débuta dans la carrière poétique par le drame de *Goetz de Berlichingen* (1773), que suivit bientôt le célèbre roman de *Werther*, puis le drame d'*Egmont*. Il reçut alors de pressantes invitations du duc de Saxe-Weimar, qui l'attacha à sa personne comme conseiller privé. Gœthe fut bientôt l'âme de cette petite cour devenue le rendez-vous des savants et des littérateurs de l'Allemagne, et ce fut de là qu'il étonna l'Europe par la multitude et la supériorité de ses productions poétiques, littéraires et scientifiques, que devait couronner son célèbre drame de *Faust*. Il s'éteignit doucement le 22 mars 1832, et fut enterré dans la chapelle grand-ducale, à côté de Schiller, son émule et son ami.

Bien qu'il doive sa renommée aux lettres, Gœthe, pendant toute sa vie, fit marcher de front l'histoire naturelle et la littérature, non comme une simple distraction à ses grands travaux, mais comme une œuvre sérieuse et dans laquelle il a marqué l'empreinte de son génie. Ainsi, durant un voyage qu'il fit en Suisse avec le duc de Weimar, c'est le gisement des montagnes qui le préoccupe ; il y fait des observations sur la météorologie et sur la nature du sol. Dès sa jeunesse, la botanique avait appelé son attention et plus tard (1787), en Sicile, il ébauchait les premiers linéaments de sa *Métamorphose des plantes,* qui devait introduire dans la botanique un nouveau système de genèse végétale. Il y montre que tous les organes de la plante, depuis les cotylédons jusques et y compris les graines, ne sont que des modifications de la feuille ; que ce sont les mêmes organes qui s'étendent en feuilles sur la tige, se contractent pour former le calice, s'étendent de nouveau pour la corolle, se resserrent pour les étamines et s'étendent enfin pour la dernière fois dans le fruit.

Gœthe avait étudié l'anatomie sous Hoder, dans la célèbre école d'Iéna ; c'est donc en connaissance de cause, et non par intuition, comme on l'a dit, qu'il émit ses idées sur l'unité de composition, thèse développée, depuis, si heureusement par Geoffroy Saint-Hilaire. « Il existe un type primitif et universel, dit-il, dont on peut suivre très loin les diverses transformations. » Il était persuadé que dans tous les êtres domine une conformité d'organisation qui, formant un type exemplaire, se modifie à l'infini. Il voit, dans les os du crâne, le développement des vertèbres, et démontre chez l'homme l'existence de l'os intermaxillaire nié par Camper et Blumenbach, qui regardaient son absence comme un des caractères qui séparent l'homme du singe.

Il prit hautement le parti de Geoffroy Saint-Hilaire dans sa célèbre discussion avec Cuvier, et se montra l'adversaire déclaré de la doctrine des révolutions violentes et périodiques du globe soutenue par ce dernier.

« Ce qu'il y a, dans cette doctrine, de violent, de saccadé, répugne à mon esprit, dit-il, car ce n'est pas là une chose conforme à la nature. Je maudis cet abominable fatras des créations renouvelées. Et un de ces jours surgira un homme intelligent qui aura le courage de rompre en visière à cette folie acceptée de tout le monde. » Il se passa à peine quelques années avant que cette prévision se réalisât ; Constant Prévost combattit vivement ces doctrines et, en 1830, le savant géologue anglais sir Charles Lyell donna sa théorie des causes actuelles, aujourd'hui généralement admise.

L'un des plus fermes soutiens du transformisme et des théories de Lamarck, alors que ces théories avaient fort peu de partisans, fut Bory de Saint-Vincent. Né à Agen, en 1780, dans une famille riche et influente, dont plusieurs membres cultivaient avec succès les sciences naturelles, Jean-Baptiste-Georges-Marie BORY DE SAINT-VINCENT prit naturellement le goût de ces sciences au milieu des belles collections que possédaient ses parents et fit ses études à Bordeaux, où résidait sa famille. Fort jeune encore (1794), il eut le bonheur de coopérer au salut de l'abbé Latreille, le célèbre entomologiste, enfermé dans une prison de Bordeaux et condamné à la déportation.

A vingt ans, il entra dans l'armée et ne tarda pas à s'y faire distinguer; mais, sur la recommandation de Lacépède, son compatriote, il fut attaché comme naturaliste à l'expédition de découvertes commandée par le capitaine Baudin. Tombé malade à bord, il se fit débarquer à l'île de France, qu'il explora ainsi que les îles voisines, après son rétablissement. Il en étudia la géologie, y fit de riches moissons botaniques et entomologiques, et revint en France pour y publier son *Voyage dans les quatre îles principales des mers d'Afrique*. Mais il fut presque aussitôt obligé, comme militaire, de se rendre d'abord au camp de Boulogne, puis en Allemagne. A la paix, il revint en France, fit paraître l'ouvrage cité plus haut, en trois volumes in-8°, et publia son *Essai sur les îles Fortunées et l'antique Atlantide,* ouvrages qui lui valurent le titre de membre correspondant de l'Académie des sciences.

En 1809, Bory fit la campagne d'Espagne comme capitaine de dragons, puis il entra dans l'état-major du maréchal Soult, près duquel il se trouvait encore à la bataille de Toulouse. Après cette affaire, Bory se sépara de l'armée pour organiser une bande de guérillas contre les troupes anglo-espagnoles et tint la campagne pendant quelque temps dans les départements du Gers et du Lot-et-Garonne ; puis, à la dislocation des armées, il gagna Paris, avec le grade de colonel.

Pendant la première Restauration, il rédigea, avec

Étienne, Jouy et Harel, un journal antilégitimiste, *le Nain jaune*, où l'esprit et l'épigramme pleuvaient comme la grêle sur les partisans des Bourbons. Nommé député par la ville d'Agen, pendant les Cent-Jours, il s'opposa à la déchéance de l'Empire et au retour des Bourbons; mais, lorsque ceux-ci rentrèrent en France, Bory, l'un des premiers, fut inscrit sur les listes de proscription. Il se réfugia en Belgique, où la police le traqua comme une bête fauve dans les célèbres souterrains de Maëstricht. Durant cet exil si tourmenté, il mit au jour le *Voyage souterrain dans les cryptes de Maëstricht*, suivi des *Lettres sur les montagnes maudites des Pyrénées*, et publia, avec Drapiez et Van Mons, à Bruxelles, les *Annales des sciences physiques*, journal scientifique, dont huit volumes parurent successivement.

En 1819, une amnistie permit à Bory de rentrer à Paris. Il s'abstint de politique et s'adonna tout entier à ses occupations scientifiques. En 1823, il fit paraître son *Guide du voyageur en Espagne ;* puis l'*Itinéraire de don Quichotte ;* il prit la direction d'un *Dictionnaire classique d'histoire naturelle,* en douze volumes, où il rédigea un nombre considérable d'articles.

En 1828, sous le ministère de M. de Martignac, son ami d'enfance, fut organisée une expédition scientifique en Morée, et Bory fut appelé à diriger la section d'histoire naturelle. A son retour, il publia sur la Morée un grand ouvrage, qui fut imprimé aux frais de l'État et lui ouvrit les portes de l'Institut. Outre les ouvrages cités plus haut, on doit à Bory de nombreux articles dans les revues et les encyclopédies de l'époque, un *Essai sur la matière*, un *Traité des animaux microscopiques*, un *Essai zoologique sur le genre humain*, et un *Résumé de la géographie de la Péninsule ibérique*.

Bory de Saint-Vincent, que Geoffroy Saint-Hilaire proclama l'un des plus profonds philosophes et le premier micrographe de l'époque, était un fervent disciple de Lamarck. Il professait que l'eau avait été la source de toute vie et de toute organisation, parce qu'elle en contient les causes et les principes en dissolution ; il admettait la génération spontanée comme une nécessité inéluctable et la complication progressive des êtres vivants.

« Vers ces premiers âges où notre planète n'était qu'un océan, dit-il, ce fut dans la masse liquide qui lui servait d'amnios que durent apparaître les premiers-nés du monde, êtres ambigus et élémentaires qui présentent, tour à tour ou à la fois, les caractères généraux des deux grands règnes organiques. »

Le premier, il proposa de créer pour ces êtres mixtes, qui ont déconcerté les efforts de tant de naturalistes, un règne intermédiaire entre le règne animal et le règne végétal, sous le nom de *règne psychodiaire*. Cette innovation ne fut pas alors admise ; mais, dans ces derniers temps, le naturaliste Hæckel, le représentant le plus accrédité du transformisme allemand, a repris l'idée de Bory et créé le règne neutre des *protistes* (rhizopodes, infusoires, diatomées, myxomycètes, etc.), qu'il a éclairé par la découverte des monères, les êtres les plus simples qu'on puisse imaginer, puisqu'ils n'ont pas d'organes. Bory de Saint-Vincent avait fait une étude approfondie des *infusoires*, nom impropre qu'il proposa de changer en celui de *microscopiques,* et sur lesquels il publia un travail important et une revision des genres de Muller.

Ce naturaliste philosophe, qui avait, en réalité, touché à presque toutes les branches de la science, mourut d'une hypertrophie du cœur, le 23 décembre 1846, à l'âge de soixante-six ans.

Longtemps les diverses branches de l'étude des êtres animés étaient restées isolées; la zoologie ne consistait, en quelque sorte, qu'en inventaires descriptifs. C'est un des traits caractéristiques de la science moderne de faire concourir ensemble toutes ces branches à dévoiler la nature intime des êtres animés, à décrire et à expliquer les phénomènes variés dont ces êtres sont le siège, et à montrer les relations qui existent entre les modes de manifestation de la puissance vitale et la structure de la machine vivante. Flourens fut un des premiers à entrer dans cette voie.

Disciple de Cuvier et éminent physiologiste, Marie-Jean-Pierre FLOURENS, né à Maureilhan (Hérault), le 13 avril 1794, étudia la médecine à Montpellier. Il vint à Paris en 1814, muni d'une lettre de recommandation de de Candolle pour Cuvier, et se trouva ainsi placé au foyer scientifique de l'époque. Son travail ardent, son intelligence et sa bonne tenue attirèrent l'attention sur lui et lui concilièrent de hautes protections. Il s'adonna surtout à la physiologie, qu'il

professa à l'Athénée en 1821, et se fit bientôt connaître par des travaux importants et des expériences
ingénieuses. En moins de dix ans, Flourens fut
membre de l'Académie des sciences (1828), professeur d'histoire naturelle au Collège de France (1829),
chargé du cours d'anatomie au Muséum (1830), secrétaire perpétuel à l'Académie des sciences (1833),
membre de l'Académie française (1840), pair de
France (1846).

Flourens a été un auteur fécond ; ses publications
sont considérables et embrassent une période de près
d'un demi-siècle. Dans ses recherches physiologiques, il se montra physiologiste habile, unissant toujours les ressources d'un esprit ingénieux aux vues
larges d'un généralisateur. Il a publié : *Recherches
physiques sur l'irritabilité et la sensibilité* (1822), *Recherches sur les propriétés et les fonctions du grand
sympathique* (1823), *Recherches expérimentales sur les
propriétés et les fonctions du système nerveux dans les
animaux vertébrés* (1830), *Cours sur la génération,
l'ovologie et l'embryogénie* (1836). Ses expériences
sur le système nerveux sont le plus essentiel de ses
titres scientifiques, et forment en même temps la base
de toutes ses études philosophiques.

En 1822, Magendie avait établi, à l'aide d'expériences décisives, la distinction fondamentale des
nerfs moteurs et sensitifs de la moelle épinière ;
c'est à peu près vers la même époque que Flourens
présenta à l'Académie ses recherches expérimentales
sur le cerveau ; elles firent sensation dans le monde
savant et valurent à l'auteur un mémorable rapport

de l'illustre Cuvier. Gall avait eu le mérite de ramener les qualités morales au même siège, au même organe que les facultés intellectuelles ; il avait ramené la folie au même siège que la raison, dont elle n'est que le trouble. Mais, à côté de ce trait de génie, comme dit Flourens, se rencontraient des erreurs graves. Se fondant uniquement sur l'anatomie comparée, Gall pensa que les facultés intellectuelles étaient réparties dans toute la masse cérébrale, et sur cette erreur fut fondé le système des localisations phrénologiques. Flourens établit que l'intelligence est au contraire concentrée dans les parties les plus élevées de l'encéphale, et, par ses expériences, il prouva que l'ablation des hémisphères cérébraux suffit pour faire disparaître toutes les manifestations spontanées de l'intelligence. Il a résumé ses travaux sur ce sujet, dans son livre : *Examen de la phrénologie* (1841); et, partant de ces données expérimentales, il aborde ensuite ses études de psychologie comparée sur *l'Instinct et l'Intelligence des animaux* (1841).

A partir de cette époque, il s'élève au-dessus de la sphère purement physiologique et entreprend la publication d'une suite de traités qu'il appelle ses ouvrages philosophiques, scientifiques et littéraires. Dans son livre : *Fontenelle ou De la philosophie moderne relativement aux sciences physiques,* il expose d'une manière claire et rapide les principes de la philosophie expérimentale. Dans ses écrits sur *l'Histoire des travaux de Georges Cuvier* (1841), sur *l'Histoire des idées et des travaux de Buffon* (1844), il se fait le vulgarisateur heureux des idées et des travaux de ces deux grands génies qui, comme il le dit, se complètent et se comprennent l'un par l'autre. Dans ses *Éloges historiques*, deux volumes in-18 (1859), il s'efforce d'imiter Cuvier et souvent égale son maître ; il sait y concilier la bienveillance de la louange et l'impartiale sévérité de l'appréciation. Son style, élégant et agréable, se distingue par la netteté, la clarté et la précision.

Pendant sa vie, Flourens eut tous les honneurs et tous les succès ; ses ouvrages de vulgarisation lui procurèrent une popularité très grande. Ni les révolutions ni les honneurs n'interrompirent ses leçons et ses travaux, et ce n'est qu'en 1865 que, frappé d'une attaque de paralysie, il dut se retirer à la campagne. Il mourut à Montgeron le 6 décembre 1867.

Outre les ouvrages cités plus haut, on doit à Flourens : *Recherches sur le développement des os et des dents,* in-8° (1842); *Anatomie générale de la peau et des membranes muqueuses* (1843); *Mémoires d'anatomie et de physiologie comparées* (1844); *Théorie expérimentale de la formation des os,* in-8° (1847); *Histoire de la découverte de la circulation du sang* (1854); *De la longévité humaine* (1854); *l'Ontologie ou Étude des êtres* (1855); *De la vie et de l'intelligence* (1857). En 1864, il écrivit un *Examen du livre de Darwin sur l'Origine des espèces,* dont il combat les opinions, et en 1865, *De l'unité de composition et du débat entre Cuvier et Geoffroy Saint-Hilaire.*

Les perfectionnements apportés aux instruments

microscopiques avaient fait découvrir un monde nouveau dans les eaux croupissantes, dans les infusions
et dans une foule de corps. Malgré les expériences et
les travaux si remarquables de Redi, de Swammerdam, de Spallanzani, la croyance aux générations
spontanées avait repris une nouvelle importance
après les découvertes de Leuwenhoeck et de Needham
soutenus par Buffon.

Le naturaliste allemand Ehrenberg, habile micrographe, combattit l'hétérogénie et ébranla fortement
un système que devait définitivement renverser Pasteur de nos jours. Chrétien-Godefroi EHRENBERG
naquit à Delitsch, le 17 avril 1795, dans la Saxe
prussienne. Dès sa première jeunesse, il montra un
goût prononcé pour les sciences naturelles et rêva
d'étudier la nature, non seulement dans son pays,
mais sous les climats les plus variés.

Après avoir fait ses études médicales à Leipzig, il
se rendit à Berlin et se fit bientôt connaître par des
travaux intéressants. Ce fut d'abord un *Traité sur la
connaissance systématique des champignons*, dans lequel il combat l'opinion, alors généralement répandue, que ces cryptogames, aussi bien que les moisis-
sures, naissent spontanément ; puis il publia sa thèse
pour le doctorat, roulant sur le même sujet : *Sylvæ
mycologicæ Berolinenses* (les Forêts de champignons
de Berlin), qui contient la description d'un grand
nombre d'espèces nouvelles ; il y décrit leur mode de
reproduction par des spores, comme dans les algues.

Il porta ensuite son attention sur les infusoires,
étudia leur organisation et étonna les naturalistes en

leur annonçant que ces animalcules, qu'ils considé-
raient comme de simples grumeaux de matière organique (*Urschleim*), avaient une organisation très compliquée et se reproduisaient au moyen d'organes
spéciaux aussi bien que par bourgeonnement et par
simple division ; de là leur prodigieuse fécondité et la
rapidité de leur multiplication. Ehrenberg conclut
de là à l'absence de toute génération spontanée,
comme l'a fait, depuis, Pasteur par d'autres motifs.
La vie seule, disait-il, peut donner la vie ; proposition qui souleva d'assez vives discussions, et apporta
au nom d'Ehrenberg une certaine célébrité ; car, à
cette époque, le système nébuleux d'Oken et des philosophes de la nature dominait en Allemagne, et
les découvertes d'Ehrenberg lui portaient un rude
coup.

Sur ces entrefaites, une mission scientifique en
Égypte ayant été résolue, l'Académie des sciences de
Berlin, sur la recommandation de Humboldt, désigna
Ehrenberg et son ami, le docteur Hemprich, comme
naturalistes de l'expédition. Cette mission réalisait
un de ses vœux les plus chers, et il s'embarquait au
mois d'août 1820, à Trieste, pour Alexandrie. Après
six années d'explorations et de fatigues, ayant
échappé aux dangers et aux maladies par miracle,
Ehrenberg rentrait seul à Berlin, pleurant tous ses
compagnons enlevés un à un par les fatigues, les
accidents ou le typhus. Il ramenait avec lui quatre-
vingt mille échantillons, représentant plus de sept
mille espèces, dont trois mille de plantes et quatre
mille d'animaux, dont beaucoup nouvelles, qu'il fit

connaître dans une série de mémoires et dans ses *Symbolæ physicæ* (1828).

De nombreuses distinctions le récompensèrent de ses pénibles travaux; il fut nommé professeur à l'Université, membre de l'Académie des sciences de Berlin (1827), associé étranger de l'Académie des sciences de Paris (1830), puis officier de la Légion d'honneur. Il publia la relation de ses voyages en 1828 (*Voyage dans l'Afrique septentrionale entrepris dans l'intérêt des sciences naturelles pendant les années 1820-1825 par G.-J. Hemprich et C.-G. Ehrenberg,* (Berlin, 1828), puis donna ses *Recherches sur les coralliaires et la formation des îles madréporiques.* Il y distingua les vrais polypes (anthozoaires) des bryozoaires, que l'on confondait alors, et proposa une classification des zoophytes dont les traits généraux n'ont été que peu modifiés depuis.

En 1829, Ehrenberg accompagna Humboldt dans son voyage d'exploration aux monts Ourals et dans l'Altaï, et en rédigea la partie zoologique. De retour à Berlin, il reprit avec ardeur ses travaux micrographiques et publia son grand ouvrage sur l'*Organisation des animalcules infusoires,* travail des plus remarquables, autant par la nouveauté des faits qu'il y expose, que par la beauté des planches dont tous les détails sont dus à son crayon.

Pour mettre en évidence l'organisation intérieure des infusoires microscopiques, Ehrenberg employait un artifice de son invention; il projetait quelques grains d'une poudre très fine de carmin ou d'indigo dans l'eau où s'agitaient les animalcules; ceux-ci avalaient bientôt une certaine quantité de ces particules qui mettaient ainsi en évidence les organes qu'elles remplissaient ; mais cette manière de procéder l'induisit parfois en erreur en lui montrant une complexité d'organisation qui n'existe en réalité que dans un petit nombre, chez les hydatines et les rotifères, par exemple, que l'on range aujourd'hui parmi les vers.

Il annonça le premier que les carapaces de ces petits êtres formaient, par leur accumulation prodigieuse, d'immenses dépôts ; que la craie, l'ocre des marais, le tripoli, en étaient presque exclusivement formés, et que les infiniment petits avaient laissé, dans les couches géologiques du globe, des traces de leur existence beaucoup plus considérables que celles des mastodontes et des éléphants. Il étudia la phosphorescence de la mer et reconnut qu'elle était due à de petits organismes marins ; le premier, il donna l'explication des prétendues pluies de sang, des traces sanglantes sur le pain et sur d'autres substances, dues à la présence d'organismes microscopiques d'un rouge de sang (euglènes, astasies, etc.), de même qu'il avait reconnu la cause de la coloration à laquelle la mer Rouge doit son nom dans une algue microscopique (*Trichodesmium erythræum*).

On doit également à Ehrenberg des travaux importants sur les acalèphes et les méduses. On croyait, avant lui, que ces animaux n'étaient formés que d'une masse gélatineuse amorphe ; mais il démontra que ces êtres jouissaient, au contraire, d'une organisation très complexe, qu'ils avaient des tissus, des organes, des appareils distincts. Ces études remarquables ont eu, en outre, le mérite d'appeler l'attention sur les classes inférieures des animaux et de provoquer des recherches qui ont complètement changé les idées qu'on se faisait de la création animale. Peut-être n'est-ce pas son moindre mérite d'avoir, le premier, osé attaquer, en Allemagne, le système nébuleux des *philosophes de la nature*, qui y dominait alors, et d'avoir ramené les sciences zoologiques et physiologiques dans la voie de l'observation et de l'expérience.

Dans ses dernières années, Ehrenberg, la vue fatiguée par l'emploi incessant du microscope, ne pouvait plus observer ni dessiner; il trouva dans sa fille un aide précieux qui le suppléa dans ses travaux, entoura sa vieillesse des soins les plus dévoués, écrivant ou dessinant à ses côtés, s'inspirant de sa pensée. Grâce à ces soins pieux, le doyen des naturalistes de l'Europe s'éteignit en paix le 27 juin 1876, avec la satisfaction de laisser derrière lui une œuvre utile et un nom aimé et respecté de tous.

La micrographie dut également d'importants travaux à Félix DUJARDIN, né à Tours le 5 avril 1801. Fils d'un horloger sans fortune, il fit à peu près seul son éducation, et avec tant de succès, qu'il fut chargé des cours publics de géométrie et de chimie appliquée aux arts, institués au profit de la population laborieuse dans sa ville natale. Pendant sept années (1827 à 1834), il s'acquitta de cette honorable fonction ; mais, entraîné par ses goûts, il s'occupait surtout d'histoire naturelle.

Il publia d'abord une *Flore d'Indre-et-Loire* (1833) ; puis, à la suite d'une excursion au bord de l'Océan, il fit connaître l'*Organisation des rhizopodes* (1835), classés jusqu'alors parmi les mollusques et qu'il ramena au type des infusoires ou protozoaires. Il découvrit ce fait fondamental que ces animaux fabriquent pour ainsi dire de toutes pièces, avec la substance homogène de leur corps, des prolongements mobiles qui leur servent de pieds (pseudopodes), et qu'il comparait au chevelu d'une racine de végétal, d'où le nom qu'il leur donne.

Micrographe habile, il fit une étude approfondie des animalcules, et combattit les opinions d'Ehrenberg qui accordait à certains infusoires une organisation très compliquée. Les résultats de ses travaux, d'abord consignés dans les *Mémoires de l'Académie des sciences,* sont développés dans l'*Histoire naturelle des infusoires* (1841). Il démontra que la plupart de ces êtres inférieurs sont en réalité formés d'une substance molle, sans forme déterminée, d'une sorte de gelée incapable de se constituer en organes ou appareils, et à laquelle il donna le nom de *sarcode ;* c'est cette substance organique animale ou végétale à laquelle on applique aujourd'hui le nom de *protoplasma.*

Nommé en 1839 professeur de minéralogie et de géologie à la Faculté de Toulouse, Dujardin obtint la chaire de zoologie, lors de la création de la Faculté des sciences de Rennes, et la conserva jusqu'à sa mort en 1860. On doit encore à ce savant, outre de nombreux articles dans les revues et recueils scientifiques du temps, les *Promenades d'un naturaliste*

(1837), étude sur les insectes ; un *Traité élémentaire de zoologie* (1838) ; un *Manuel de l'observateur au microscope*, avec atlas (1842), excellent ouvrage, riche en faits nouveaux ; l'*Histoire naturelle des helminthes ou vers intestinaux* (1845) et plusieurs mémoires sur divers points de l'organisation des animaux articulés.

On ne peut parler de l'helminthologie, sans citer Ch.-Asmond RUDOLPHI, né à Stockholm en 1771 ; il étudia la médecine et fut nommé directeur de l'école vétérinaire de Stettin (1803) ; puis, en 1810, il fut nommé professeur et directeur du musée de Berlin. Bien qu'ayant laissé de nombreux mémoires sur l'anatomie, la physiologie, la zoologie et la botanique, il a surtout consacré ses études aux vers intestinaux ou entozoaires, qui sont la cause de tant de maladies chez l'homme et les animaux ; ses principaux ouvrages sur cette matière, l'histoire générale des vers intestinaux (*Entozoorum historia naturalis*), deux volumes in-8° avec planches (1810), et l'*Entozoorum synopsis* (1820), supplément du précédent, ont servi de point de départ aux travaux postérieurs sur cette classe d'animaux.

VI

La géologie : William Smith. — Léopold de Buch. — Omalius d'Halloy.
— Cordier. — Constant Prévost. — Elie de Beaumont. — Dufrénoy.
— La paléontologie : Lamarck et Cuvier. — Parkinson. — Buckland.
— Adolphe Brongniart. — D'Orbigny. — D'Archiac.

La géologie est une science toute moderne. Jusque vers la fin du dix-huitième siècle, l'histoire de la terre ne consistait guère qu'en théories géogéniques, auxquelles l'expérience n'avait nulle part, et dans lesquelles le déluge mosaïque remplissait toujours le rôle le plus important. Buffon, dans ses *Époques de la nature,* s'éleva à de grandes conceptions scientifiques ; mais l'observation et l'analyse des faits lui manquaient et, comme il le dit lui-même, ce ne sont encore là que des hypothèses. Werner, le premier, fit sortir de l'art des mines une véritable science et fonda l'école célèbre de Freiberg. Il distingua les terrains en plusieurs époques et détermina la composition minéralogique des roches. Pallas et de Saussure portèrent leurs investigations au sein même des montagnes dont ils étudièrent la constitution et contribuèrent largement aux progrès de la science par leurs nombreuses observations, qui étayaient les théories vulcanistes de Hutton et préparaient celle des soulèvements.

Un simple arpenteur, William Smith, en Angleterre, dressant consciencieusement le catalogue des couches qu'il avait rencontrées, reconnut que chacune d'elles était caractérisée par des fossiles spéciaux. Dès ce jour la science géologique était dotée de son plus puissant moyen d'information. Ces pétrifications, dans lesquelles un habile conchyliologiste du dix-huitième siècle, Martin Lister, ne voyait encore que des jeux de la nature, étaient destinées à devenir l'instrument par excellence de la distinction des périodes, et, grâce à ce secours, la géologie allait marcher à pas de géant dans la voie des découvertes.

Les travaux de Léopold de Buch, d'Omalius d'Halloy, de Humboldt, d'Élie de Beaumont, établissent définitivement la théorie du feu central et des soulèvements. Cuvier et Brongniart font paraître leur *Description géologique des environs de Paris* (1822), chef-d'œuvre d'exactitude et de méthode, et peu après Cuvier publie, avec ses magnifiques *Recherches sur les ossements fossiles,* son remarquable *Discours sur les révolutions du globe.* En 1829, Élie de Beaumont vint étonner le monde savant par sa théorie de l'âge relatif des montagnes, et l'année suivante il commençait avec Dufrénoy ce gigantesque travail de la carte géologique de France, qui exigea vingt années d'études et de recherches. Ce monument, achevé en 1841, fit naître une multitude de travaux partiels qui firent connaître avec plus de détails la structure de la terre dans chacun de nos départements.

En 1830, Charles Lyell, dans ses *Principes de géologie,* réagissant contre les exagérations de la doctrine des cataclysmes, repousse la théorie des convulsions générales, et montre que les phénomènes qui s'accomplissent actuellement à la surface du globe sont capables, à eux seuls, de produire sur lui les changements dont la géologie nous raconte l'histoire. Les travaux du savant géologue anglais ont fait de lui non seulement le chef incontesté de l'école des *causes actuelles*, mais le plus puissant vulgarisateur d'une science jusqu'alors réservée aux seuls initiés. Avant lui, d'ailleurs, un géologue français éminent, Constant Prévost, membre de l'Institut et professeur à la Faculté des sciences de Paris, avait combattu avec persévérance la théorie des cataclysmes imposée par le talent de Cuvier.

Retournons à l'histoire biographique de la géologie par l'un de ses fondateurs, Léopold DE BUCH, né à Stelpe (Prusse), en 1774. Il étudia la minéralogie et la géologie sous Werner, à l'école de Freiberg, et y puisa les principes neptunistes de son maître ; mais, après avoir voyagé en Italie, en France, après avoir visité le Vésuve et les volcans éteints de l'Auvergne, il reconnut le défaut des systèmes exclusifs qui se disputaient alors la prééminence, et, le premier, il fit la part du feu et celle de l'eau dans la constitution de l'écorce terrestre ; le premier, il définit un volcan, et nul plus que lui n'a contribué à préparer la vaste généralisation qui place dans le feu central la cause première et puissante des révolutions du globe. La théorie des soulèvements lui doit quelques-unes des preuves les plus concluantes sur lesquelles elle s'appuie, et il est le premier qui ait regardé comme appartenant à des soulèvements contemporains les chaînes de montagnes parallèles entre elles ; donnée considérablement étendue et agrandie par Élie de Beaumont.

Léopold de Buch a laissé de nombreux écrits ; les principaux sont : *Description géognostique de la Silésie* (1797), *Observations géognostiques faites en Allemagne et en Italie* (1809), *Voyage en Norvège et en Laponie* (1810), *Description physique des îles Canaries* (1825). Un de ses plus importants travaux est la *Carte géognostique de l'Allemagne* (1832). Le roi de Prusse, pour rendre hommage à son mérite, le nomma chambellan, et l'Institut de France l'élut membre associé. Il s'éteignit en 1853, à l'âge de soixante-dix-neuf ans.

Un contemporain de L. de Buch, auquel la géologie est également redevable de ses progrès, fut J.-B. d'OMALIUS D'HALLOY, qui naquit à Liège le 16 février 1783. Né dans une famille appartenant à la haute magistrature, il reçut une éducation en rapport avec la carrière qui lui était destinée ; mais ses aptitudes l'entraînèrent vers les sciences naturelles qu'il cultiva pendant toute sa vie. Après avoir terminé ses études de droit, il fut successivement maire de Skeuvre, sous-intendant de l'arrondissement de Dinant, secrétaire général à Liège, et enfin, en 1815, gouverneur de la province de Namur, fonction qu'il conserva jusqu'en 1830. En 1848, il fut appelé au Sénat où il ne tarda pas à être élu vice-président, titre qu'il conserva pendant vingt ans.

Mais son temps n'était pas consacré seulement à la politique ; la science y avait une large part, et surtout la géologie. Dès 1808, il publiait son *Essai sur la géologie du nord de la France,* qui peut être considéré comme l'un des principaux points de départ de la géologie stratigraphique. Aussitôt après la publication de son livre, d'Omalius fut chargé par Napoléon de dresser la carte géologique de l'empire français. L'exécution de cette carte demanda à son auteur six années de travail. Elle était terminée en 1813 ; mais les événements politiques qui survinrent en suspendirent la publication qui n'eut lieu que dix ans plus tard, en 1823 ; elle a beaucoup servi à la grande carte géologique de la France de Dufrénoy et Élie de Beaumont.

Outre un nombre considérable de notes et de mémoires sur la géologie, la paléontologie, l'ethnographie, la minéralogie, etc., insérés dans les journaux et revues scientifiques de l'époque, on doit à d'Omalius d'Halloy des *Éléments de géologie* (1831), qui eurent de nombreuses éditions ; une *Introduction à l'étude de la géologie* (1833), contenant des notions d'astronomie, de météorologie et de minéralogie ; les *Roches considérées minéralogiquement* (1841), in-8° ; *Coup d'œil sur la géologie de la Belgique,* in-8° (1842) ; un *Précis élémentaire de géologie,* in-8° (1843) ; *Des races humaines ou éléments d'ethnographie* (1845), etc.

D'Omalius était un partisan convaincu de la doctrine de l'évolution. Lorsqu'eut lieu, en 1830, entre Cuvier et Geoffroy Saint-Hilaire, cette discussion célèbre qui devait décider entre la théorie de l'immutabilité et celle de la transformation des espèces, et dont Cuvier parut sortir vainqueur, quelques rares savants prirent parti pour Geoffroy, et d'Omalius

d'Halloy fut de ceux-là. Convaincu que le transformisme pouvait seul expliquer la variété infinie des
êtres organisés et leur succession progressive dans
les couches terrestres, il s'en fit le défenseur, et accumula contre ses adversaires une foule d'arguments
qui n'ont rien perdu de leur valeur, et ont peut-être
contribué au grand développement qu'a pris, dans
ces derniers temps, la théorie nouvelle. Mais, quelle
que soit l'appréciation que l'on puisse faire de ses
idées, on doit reconnaître avant tout qu'une conviction sincère, la loyauté et la bonne foi faisaient le
fond de son caractère. D'Omalius d'Halloy mourut
en 1875, âgé de quatre-vingt-douze ans.

La connaissance et la description des roches fit de
grands progrès, grâce aux travaux de Cordier.

Élève de Dolomieu, qu'il avait accompagné en
Égypte, Louis CORDIER, né à Abbeville, en 1777, fut,
à son retour, nommé inspecteur des mines dans le
département des Ardennes, dont il publia la *Statistique minéralogique*. Une série de mémoires intéressants, qu'il publia dans le *Journal des Mines,* lui
valut, en 1810, le titre d'inspecteur divisionnaire. Il
fut appelé, en 1819, à la chaire de géologie du Muséum d'histoire naturelle à Paris, et, trois ans après,
à l'Académie des sciences, où il occupa le fauteuil
d'Haüy. Il donna, en 1827, un *Essai sur la température de l'intérieur de la terre,* dans lequel il accumule
les preuves du foyer central et donne une explication
ingénieuse des éruptions volcaniques. Pendant plus
de trente ans, il étudia la composition, l'origine, le
gisement et les autres caractères des roches, et réu-

nit une collection magnifique comprenant plus de dix mille échantillons, qu'il se proposait de classer d'après une méthode naturelle; mais la mort vint interrompre ce travail, en 1861. Sa collection a été conservée au Muséum de Paris. Cordier fut conseiller d'État sous Louis-Philippe, inspecteur général des mines, administrateur du Muséum et pair de France en 1839.

L'un des premiers qui osa attaquer ouvertement les théories de Cuvier sur les révolutions du globe, qu'avait déjà repoussées Goethe, fut Constant PRÉVOST. Né à Paris le 4 juin 1787, il étudia d'abord le droit, et travailla pendant quelque temps dans une étude de notaire; mais bientôt entraîné vers l'étude des sciences naturelles, il abandonna le droit pour la médecine et les cours du Muséum. Il se fit recevoir docteur en 1811 et débuta dans les sciences par un travail sur les poissons qu'il fit en commun avec de Blainville. Puis, il s'adonna exclusivement aux recherches géologiques et accompagna Brongniart dans ses voyages en France et en Allemagne.

Il partit ensuite avec Philippe de Girard pour l'Autriche, dans le but d'y fonder un grand établissement métallurgique, et profita de son séjour à Vienne pour en étudier le bassin géologique. Il publia le résultat de ses travaux dans un mémoire remarquable : *Constitution géologique du bassin de Vienne,* qui fut inséré dans la collection des savants étrangers (1820). Il y compare les dépôts viennois aux dépôts parisiens. Il fit ensuite paraître un mémoire sur la *Composition géologique des falaises de Normandie,* puis une *Étude sur les volcans.* Il professa la géologie à l'École centrale des arts et manufactures, puis à la Faculté des sciences de Paris, où une chaire fut créée pour lui en 1831.

Constant Prévost participa largement aux progrès de la géologie, non seulement par ses cours qui furent très suivis, mais aussi par ses nombreux travaux où l'on trouve beaucoup d'idées neuves. Disciple de Cuvier et de Brongniart, il n'accepta point servilement leurs doctrines et les discuta. Persuadé que tous les phénomènes qui nous entourent s'enchaînent sans discontinuité à ceux qui ont produit les divers états géologiques du globe, et n'en diffèrent pas essentiellement dans leurs causes et dans leurs effets, il combattit la théorie des révolutions subites, des soulèvements brusques, et y substitua la théorie des causes actuelles, que Lyell a développée avec tant de succès. On doit à Constant Prévost un grand nombre de mémoires, parmi lesquels nous citerons : *Sur le terrain nummulite de la Sicile, Origine du silex, de la craie et des meulières, Classification chronologique des terrains, Fossiles du bassin de la Gironde, Ancienne extension des glaciers, Recherches expérimentales sur les dépôts sédimentaires, Sur un oiseau fossile gigantesque de l'argile de Meudon, le Gastornis parisiensis, Sur les cavernes à ossements, Sur l'île Julia et sur les montagnes volcaniques,* etc., etc.

L'orographie et la théorie des soulèvements furent en quelque sorte créées par Élie de Beaumont et illustrèrent son nom. Né à Canon, près de Caen, le 25 septembre 1798, dans le château seigneurial de ses ancêtres, Élie de Beaumont (Armand-Léonce) fit ses études à Paris, au collège Henri IV ; il remporta, en 1817, le grand prix de mathématiques, entra le second à l'École polytechnique et en sortit le premier, avec le titre d'élève ingénieur des mines. Il visita l'Alsace, la Suisse, l'Auvergne, dont il étudia la géologie.

Ingénieur des mines en 1825 et professeur de géologie à l'École des mines en 1829, il ne craignit pas de heurter de front la doctrine de ses maîtres, et publia ses *Recherches sur quelques-unes des révolutions de la surface du globe,* où il développe sa théorie des soulèvements et de la direction des chaînes de montagnes. Cette théorie, qui fit sensation dans le monde savant, peut se résumer ainsi :

1° Les montagnes ont été soulevées par les agents intérieurs qui produisent et ont produit tous les phénomènes dits plutoniques, c'est-à-dire attribués à l'action du feu central du globe.

2° Ce soulèvement a eu pour premier effet de pousser au dehors des roches cristallines, dont les masses énormes forment le noyau des montagnes actuelles et viennent ordinairement se montrer à nu dans leurs parties élevées et jusqu'à leur sommet.

3° Le surgissement de ces roches cristallines a nécessairement rompu le sol résistant qui, auparavant, formait sur ces points la surface terrestre, et les deux bords de la vaste déchirure qui en résultait se sont redressés le long des pentes et à la base des masses cristallines soulevées.

4° Les couches sédimentaires redressées et disloquées qui s'observent au pied des montagnes sont donc celles qui existaient avant le soulèvement, et par conséquent avant les montagnes qui les dominent aujourd'hui.

5° Après l'apparition des crêtes montagneuses, les vallées situées à leur pied ont pu être envahies par de nouvelles mers ou des lacs et de nouveaux dépôts ont pu recouvrir les couches préexistantes à la montagne, mais nécessairement, ces nouveaux dépôts ont affecté une horizontalité qui contraste avec le redressement des couches antérieures au soulèvement.

6° Les couches sédimentaires qui, sur les flancs des montagnes, offrent une stratification discordante avec les couches redressées et affectent une direction horizontale, sont celles qui n'ont été formées qu'après le soulèvement.

7° Pour déterminer l'âge géologique d'une montagne, il faut donc constater à sa base quelles sont les couches redressées par le soulèvement, et quelles sont les couches qui se montrent encore horizontales et viennent avec cette direction mourir au pied de la montagne. Celles-ci sont en effet plus jeunes que toutes les couches redressées et plus âgées que toutes celles qui ne le sont pas.

Cette doctrine a imprimé à la géologie une marche ascendante des plus rapides, en permettant de déterminer l'âge relatif des chaînes de montagnes et des terrains, de préciser l'époque de leur formation, et de dresser des cartes géologiques correspondant à ces âges qui précédèrent peut-être de plusieurs milliers de siècles l'apparition de l'homme sur la terre. Élie de Beaumont ne s'est pas borné à poser les principes qui ont conduit à ces conséquences ; il en a fait la démonstration dans une foule de mémoires qui ont paru dans diverses publications, entre autres dans les *Annales des sciences naturelles,* le *Bulletin de la Société géologique de France,* les *Annales des mines,* etc. Il a en outre résumé ses idées fondamentales dans un article très développé du *Dictionnaire universel d'histoire naturelle.* Successeur de Cuvier au Collège de France (1832), ses *Leçons de géologie,* trois volumes in-8° (1845), resteront comme un modèle de méthode et de clarté. Nommé ingénieur en chef en 1833, et membre de l'Académie des sciences en 1835, il fut élu, en 1854, après la mort d'Arago, secrétaire perpétuel de cette Académie. Pendant vingt ans, il remplit ces fonctions et sut s'y montrer juste et bienveillant pour tous, sans complaisance et sans faiblesse pour personne. Toutefois pourrait-on lui reprocher de s'être montré injuste envers Darwin. On sait qu'il dressa, de concert avec Dufrénoy, la carte géologique de la France, travail gigantesque qui suffirait pour illustrer ses auteurs, et qu'il entreprit avec ce dernier le *Voyage métallurgique en Angleterre.*

Le 21 décembre 1874, plein de force en apparence et d'activité, il était entouré de sa famille qui était venue à Canon célébrer le soixante-seizième anniversaire de sa naissance, lorsque, le soir, on le trouva privé de vie dans la cour du château.

Collaborateur et ami d'Élie de Beaumont, P.-Armand Dufrénoy, né en 1792, à Sevran (Seine-et-Oise), était fils de Mme Dufrénoy, femme poète. Il entra à l'École polytechnique en 1811, à l'École des mines en 1813, et se fit bientôt connaître par plusieurs mémoires importants sur la géologie, tels que les *Recherches sur les terrains tertiaires et volcaniques de l'Auvergne, Sur les roches des Pyrénées, Sur les terrains volcaniques des environs de Naples*. Il fut chargé par le gouvernement, avec Élie de Beaumont, de dresser la carte géologique de la France, et pendant dix-huit ans (1823-1841) ils se consacrèrent à ce grand ouvrage, et attachèrent ainsi leur nom à l'un des plus beaux monuments de la science moderne. Rappelons qu'il publia en 1827, également en collaboration avec Élie de Beaumont, le *Voyage métallurgique en Angleterre,* dans lequel il fait connaître les procédés nouveaux de la fabrication du fer.

Ingénieur en chef des travaux publics en 1833, professeur à l'École des mines et au Muséum d'histoire naturelle, Dufrénoy fut élu membre de l'Académie des sciences en 1840, et nommé inspecteur général des travaux publics et directeur de l'École des mines en 1851. Appelé, par la nature de son enseignement, à s'occuper de minéralogie, il se livra à l'étude de cette science d'une manière spéciale, et s'appliqua surtout à lui rendre le caractère de science d'observation qu'elle avait en partie perdu par suite de l'introduction de méthodes trop exclusivement chimiques.

Il publia dans ce but un *Traité de minéralogie* auquel il fit l'application du système dichotomique de Lamarck, et y joignit un magnifique atlas, dont lui-même avait tracé toutes les figures. Outre les ouvrages déjà cités, on doit à Dufrénoy une foule de notes et de mémoires dans les *Comptes rendus de l'Académie des sciences,* les *Annales des ponts et chaussées,* le *Dictionnaire technologique,* etc. Il mourut en 1857.

La paléontologie est aujourd'hui une partie essentielle de la géologie ; elle jette un grand jour sur les questions relatives à l'âge des terrains, à leurs divisions, à l'évolution du globe et des êtres vivants qui ont habité sa surface. Elle a grandi avec la géologie dont elle est devenue le plus puissant auxiliaire.

Après avoir longtemps considéré les fossiles comme de simples jeux de la nature, on les étudia de plus près, on en forma des collections, et l'opinion dominante au dix-huitième siècle fut que les fossiles avaient été déposés par le déluge que raconte Moïse. Werner, le premier, enseigna que les divers terrains géologiques se distinguent par les fossiles différents qu'ils contiennent ; mais il faut arriver à Lamarck et à Cuvier pour reconnaître que les espèces fossiles diffèrent des espèces actuellement vivantes et que celles des roches les plus anciennes représentent des espèces éteintes. Lamarck signale le fait dans son *Histoire des animaux sans vertèbres,* et Cuvier dans ses *Recherches sur les ossements fossiles;* tous deux sont les véritables fondateurs de la science paléontologique, qui doit son nom à de Blainville.

Il y avait des siècles que l'on connaissait en Europe les restes d'éléphants fossiles et que les savants discutaient à leur sujet. Les uns les regardaient comme des os de géants humains ; d'autres, qui en avaient reconnu la nature véritable, les attribuaient

aux éléphants amenés par Annibal ou par les Romains.
Cuvier examina ces restes d'éléphants fossiles et les
reconnut comme provenant d'espèces qui n'existaient
plus. Cette découverte, qu'il confirma par l'examen
d'autres animaux fossiles, lui fit entrevoir la théorie
de la terre sous un aspect entièrement nouveau, et
il publia ses idées dans son célèbre *Discours sur les
Révolutions du globe* (1812). Il admet que le globe
terrestre, frêle ballon roulant dans l'espace, est soumis à d'effroyables cataclysmes, à des révolutions
subites détruisant par intervalles tout ce qui a vie sur
la terre, et nécessitant une création nouvelle d'êtres
nouveaux, plus en rapport avec le nouvel état du
globe. Tout le monde sait l'histoire des ossements
fossiles découverts dans les carrières des environs de
Paris, de leur examen par Cuvier, et de la restauration
faite par lui des étranges animaux qui ont vécu dans
le bassin parisien.

Linné rangeait les fossiles parmi les minéraux;
Cuvier leur assigna leur place véritable en les classant
à côté des espèces encore existantes; il est le premier
qui ait prouvé que la terre fut autrefois habitée par
une succession de différentes séries d'animaux. Toutefois, il a manqué de hardiesse scientifique ou, tout
au moins, il s'est trompé en admettant l'universalité
du déluge de Moïse, les cataclysmes soudains suivis
de créations nouvelles, en niant l'ancienneté de
l'homme sur la terre et la mutabilité des espèces.
Mais ces erreurs, que l'absence de documents explique, ne doivent pas empêcher d'admirer l'homme
qui a le premier tracé la route où nous marchons au-

jourd'hui et d'honorer la mémoire du fondateur de cette science comme une des gloires françaises.

Les recherches de Lamarck sur les fossiles invertébrés, bien qu'elles aient peu attiré l'attention, ne sont pas moins importantes. Par la comparaison des espèces fossiles avec les espèces actuellement vivantes, il a reconnu que les coquilles fossiles des couches inférieures du bassin de Paris appartiennent pour la plupart à des espèces éteintes, et que celles des diverses couches sont fort différentes les unes des autres.

Les travaux de Lamarck ont opéré une révolution complète dans la conchyliologie et les conclusions qu'il en a tirées forment la base de la biologie moderne.

En 1811, James Parkinson, en Angleterre, achevait son grand ouvrage sur les *Restes organiques du monde antédiluvien,* et, en 1823, Buckland publiait ses *Reliquiæ diluvianæ,* ouvrage dans lequel il expose les résultats de ses propres observations sur les fossiles trouvés dans les cavernes, les fissures et les alluvions de l'Angleterre. Ces faits sont fort importants pour la science, bien qu'il les attribue tous à l'action des eaux du déluge.

Parmi les continuateurs les plus éminents de Cuvier pour l'étude des vertébrés fossiles, nous placerons en première ligne Agassiz, dont le grand ouvrage sur les poissons fossiles a fait époque dans la science. Le mérite de cet ouvrage, remarquable par la fidélité des descriptions et des figures, consiste encore plus dans l'importance des conclusions qui en découlent.

Agassiz, le premier, a fait voir qu'il existe un rapport marqué entre l'ordre dans lequel les poissons se succèdent dans les couches et leur développement embryonnaire. Ce point est maintenant regardé comme une des preuves les plus fortes en faveur de l'évolution des êtres, bien que celui qui l'a établi en tirât une conclusion diamétralement opposée.

Nous citerons encore : en France, les *Recherches sur les reptiles fossiles,* de Geoffroy Saint-Hilaire (1831); l'*Ostéographie,* de Blainville; l'*Exploration du midi de la France,* par de Serres et Christol; le *Traité de paléontologie,* de Pictet; enfin les travaux de Gervais, de Lartet qui, le premier, fait connaître le singe fossile, mis en doute par Cuvier.

En Angleterre, König, Conybeare, Mantell, Buckland, nous révèlent ces reptiles extraordinaires auxquels ils ont donné les noms d'*ichthyosaure,* de *plésiosaure,* d'*iguanodon,* de *mégalosaure;* puis Richard Owen, disciple de Cuvier, enrichit les diverses branches de la paléontologie et fait connaître ces oiseaux gigantesques qui ont autrefois vécu à la Nouvelle-Zélande (dinornis, épiornis). En Allemagne, Sömmering, Kamp, Jean Muller, Hermann von Meyer ont publié d'excellents travaux.

Pour les invertébrés fossiles, après Lamarck, en France, Deshayes, Desmoulins, de Blainville en poursuivent l'étude systématique, et, en 1844, paraît la *Paléontologie française* de d'Orbigny, qui contient la description détaillée des mollusques et des rayonnés des différents terrains géologiques; l'*Histoire naturelle des crustacés fossiles,* de Brongniart et Desmarets, fait encore autorité sur cette matière, ainsi que les travaux de d'Archiac, de Cotteau et de Milne Edwards.

En Angleterre, Sowerby publie son *Mineral conchyliology of Great Britain* (1830); Morris, le *Catalogue des fossiles anglais* (1854). En Allemagne, les travaux d'Ehrenberg sur les organismes microscopiques jettent une vive lumière sur divers points importants de la paléontologie et démontrent l'importance des infiniment petits de la nature. Barrande, Nilsson, Nordman, Pusch et une foule d'autres ont contribué au progrès de cette branche de la science.

En 1828, Adolphe Brongniart inaugurait, en France, l'étude des végétaux fossiles. Dans son *Tableau des genres végétaux et fossiles*, il montre que les plantes inférieures ou cryptogames dominaient dans les terrains primitifs ; les conifères et les cycadées, d'une organisation plus compliquée, dans les terrains secondaires ; puis enfin, les formes végétales supérieures dans les terrains tertiaires. Lindley et Hutton font paraître, en 1837, la *Flore fossile de la Grande-Bretagne*, et, en 1845, Unger donne sa *Chloris Protogœa* et ses *Genera et species plantarum fossilium* (1850).

De tous ces travaux, il résulte que, en partant des terrains les plus anciens pour remonter aux plus récents, les organismes végétaux ou animaux vont toujours en se perfectionnant, de telle sorte que les formes supérieures n'apparaissent qu'en dernier lieu ; que les fossiles des terrains les plus anciens appartiennent tous à des espèces éteintes, et que les dépôts les plus récents contiennent seuls les restes d'animaux qui vivent encore sur le globe.

Résumant les travaux de ses devanciers, Alcide d'Orbigny entreprit de donner un traité complet de la paléontologie française ; mais il ne put terminer cette œuvre et n'en publia qu'une partie, fort importante d'ailleurs.

Alcide d'Orbigny naquit en 1802, près de la Rochelle, où son père exerçait la médecine. Celui-ci, naturaliste zélé et instruit, entretenait avec Cuvier une correspondance active, et c'est à lui que la ville de la Rochelle doit, en grande partie, la fondation de son musée. C'est donc au bord de la mer et au milieu des collections scientifiques que d'Orbigny passa son enfance, et qu'il puisa de bonne heure le goût des voyages et de l'histoire naturelle. A l'âge de vingt-deux ans, il débutait par un ouvrage très intéressant sur les foraminifères, et, bientôt après, sur la recommandation de Cuvier, le gouvernement lui confiait une mission scientifique dans l'Amérique du Sud. Il partit en 1826, toucha au Brésil, alla à Buénos-Ayres et à Montevideo, remonta le Parana, visita la Patagonie, doubla le cap Horn, débarqua au Chili, explora le Pérou et surtout la Bolivie. Après un voyage de près de huit années, il revint en France, rapportant des collections immenses et précieuses.

Il publia les résultats de son voyage de 1834 à 1847, en neuf volumes in-folio. « Cet immense ouvrage, a dit Élie de Beaumont, présente dans son cadre presque encyclopédique une des monographies les plus étendues qu'on ait données d'aucune région de la terre. » De ce voyage, il rapportait beaucoup de manuscrits précieux, trente-six vocabulaires de langues d'Amérique, sept mille espèces d'animaux, dont un grand nombre étaient nouvelles, deux mille cinq cents espèces de plantes, une quantité considérable de croquis et de dessins. Ses observations sur les peuplades américaines sont, de l'avis des hommes les plus compétents, l'un des plus remarquables travaux qui aient été publiés sur les races humaines.

C'est au milieu des solitudes des pampas que d'Orbigny conçut le projet de publier la *Paléontologie française*, c'est-à-dire la description et la figure de tous les animaux fossiles de notre pays. A son retour, d'Orbigny se mit résolument à l'œuvre ; il parcourut la France entière, examinant les couches, relevant des coupes, recueillant des fossiles. Pendant plus de quinze ans, il se consacra tout entier à la paléontologie française, prodiguant pour cette œuvre son temps, son intelligence, son argent, et mourut à la peine en 1857, quatre ans après sa nomination à la chaire de paléontologie du Muséum d'histoire naturelle. Ce magnifique ouvrage, composé de seize volumes, comprend la description et la figure d'environ trois mille mollusques et rayonnés découverts dans les terrains secondaires de la France.

Outre ses nombreux mémoires sur les céphalopodes, les nautiles, les ptérocères, les foraminifères, les crinoïdes, etc., d'Orbigny a donné : son *Prodrome de paléontologie* en trois volumes (1849), dans lequel il répartit, dans les divers étages qu'il admettait, les dix-huit mille mollusques et rayonnés connus de son temps, et son *Cours de paléontologie et de géologie stratigraphique* en trois volumes (1852). Dans

ce dernier ouvrage, il a cherché à montrer que les
temps géologiques avaient été partagés en un grand
nombre d'époques distinctes, caractérisées par des
espèces spéciales. Personne plus que lui n'a mis en
relief les changements que le monde organisé a subis
pendant les âges géologiques. Sans doute les découvertes faites après lui ont modifié sur plusieurs points
les résultats de ses travaux; mais c'est là le sort commun des œuvres scientifiques, et ses vastes ouvrages
resteront pour attester une grande intelligence et un
travail opiniâtre.

D'Orbigny laissa sa chaire et son enseignement en
bonnes mains, dans celles de D'ARCHIAC (DESMIERS DE
SAINT-SIMON, vicomte). Né à Reims en 1802, il sortit
de Saint-Cyr comme officier de cavalerie, et quitta la
carrière militaire après la révolution de 1830 pour se
livrer aux lettres et aux sciences. Il s'adonna surtout
à la géologie et publia une suite de mémoires et d'ouvrages qui le firent admettre à l'Académie des sciences
en 1857. La même année, il succéda à d'Orbigny dans
la chaire de paléontologie du Muséum d'histoire naturelle. Le 23 décembre 1868, il disparaissait de son
domicile, sans cause connue, et l'on retrouvait son
corps dans la Seine, à Meulan, le 30 mai suivant.

La science doit à d'Archiac d'importantes monographies qui se distinguent par la précision et l'érudition; tels sont ses *Mémoires sur les sables et grès
moyens tertiaires* (1837), son *Discours sur l'ensemble
des phénomènes qui se sont manifestés à la surface
du globe* (1840), *Description géologique du département de l'Aisne* (1843), *Études sur la formation cré-*

tacée *des versants sud-ouest, nord et nord-ouest du plateau central de la France* (1843); la description des *Fossiles nummulitiques de Bayonne et de Dax,* et celle des *Fossiles crétacés du Tourtia de Belgique ;* ses *Études géologiques sur les départements de l'Aude et des Pyrénées-Orientales* (1858) ; mais ses ouvrages les plus importants, ceux auxquels il doit surtout sa réputation, sont ses recherches d'érudition ; son *Histoire de la paléontologie stratigraphique* et son *Histoire des progrès de la géologie* (1860), ouvrage en huit volumes in-8°, édité par la Société géologique de France, et qui montre d'une manière frappante les progrès de la géologie et de la paléontologie pendant un demi-siècle. Dans cette tâche délicate de distribuer des critiques ou des louanges à tous ses devanciers, d'Archiac a toujours montré la plus grande impartialité scientifique, ne jugeant que les idées et jamais les personnes ; il a rendu un service signalé aux savants français en leur faisant connaître les travaux publiés à l'étranger.

« D'Archiac était un type d'honneur et de justice, dit M. Gaudry, qui fut son aide avant d'occuper sa chaire ; nous aimions sa franchise d'ancien militaire, sa conversation où se manifestait si énergiquement la haine du mal, la passion du bien. Son bienveillant sourire nous semblait indiquer un homme heureux ; sa mort nous a causé un étonnement et un chagrin profonds. »

VII

ANTHROPOLOGIE ET TRANSFORMISME.

Les prétendus géants. — L'homme témoin du déluge. — Les silex taillés prouvant l'ancienneté de l'homme. — Boucher de Perthes. — Lartet. — Prichard. — Virey. — Retzius. — Broca. — Gratiolet. — Embryogénie : Von Baër. — Serres. — Milne Edwards. — Agassiz. — Sars. — Le transformisme : Lamarck et Darwin. — Conclusion.

A différentes reprises, la découverte d'ossements d'éléphants ou de mastodontes a donné lieu aux histoires fabuleuses de la mise à nu de cadavres d'anciens géants. La plus célèbre est celle du squelette que, sous Louis XIII, le chirurgien Mazurier voulut faire passer pour celui de Teutobochus, ce roi des Cimbres que combattit Marius, et qui aurait eu 25 pieds de haut ! Plus tard, au commencement du siècle dernier, un savant suisse, Scheuchzer, annonça qu'il avait découvert près du Rhin un squelette fossile humain, *homo diluvii testis*, comme il le nomma. Ce prétendu témoin du déluge fit grand bruit, jusqu'à ce qu'on reconnût sa nature réelle, grâce à l'anatomie comparée : c'étaient les restes d'une salamandre gigantesque, dont on retrouva plus tard des squelettes entiers.

Cuvier ayant réduit à néant les faits invoqués avant lui en faveur des géants primitifs de l'espèce humaine et des hommes témoins du déluge, crut pouvoir contester l'existence de l'homme antédiluvien, au moins en Europe, et sa contemporanéité avec des espèces animales perdues. Il alla même plus loin, et prétendit que celui des mammifères dont l'organisation se rapproche le plus de l'homme, le singe, ne se trouvait pas dans les terrains antérieurs au *diluvium*. Mais des débris fossiles de quadrumanes ont été trouvés depuis à plusieurs reprises, non seulement dans le sud de l'Asie et de l'Amérique, mais dans les terrains tertiaires de l'Angleterre et de la France, et plus récemment en Grèce, où M. Gaudry les a recueillis en grand nombre. Les disciples directs de Cuvier restèrent fidèles à ses doctrines, et, comme il arrive toujours lorsqu'une autorité bien établie a prononcé, les découvertes postérieures n'obtinrent pas d'eux l'attention qu'elles méritaient; on les regarda comme des erreurs dont le maître avait déjà fait justice, et il fut décrété que ces faits étaient purement accidentels et ne prouvaient rien contre l'apparition toute récente de l'homme sur la terre.

Mais aujourd'hui il n'en est plus ainsi; des faits nombreux et incontestables prouvent que l'homme a laissé des traces de son passage à une période géologique antérieure à la nôtre, et qu'il est infiniment plus vieux qu'on ne le croyait au temps de Cuvier. Déjà, en 1797, un archéologue anglais, John Frère, avait découvert à Hoxne, dans le comté de Suffolk, sous des couches de terrain quaternaire, des armes en silex mêlées à des ossements d'animaux appartenant à des espèces éteintes. Ce sont surtout les cavernes qui ont fourni le plus grand nombre de preuves à l'appui de la thèse de l'homme fossile. En

1823, le géologue anglais Buckland se prononçait affirmativement pour la contemporanéité des ossements humains trouvés par lui dans la grotte de Kirkdale avec ceux de l'hyène et de l'ours des cavernes. En 1826, un géologue français, Tournal, publiait les découvertes qu'il venait de faire dans une caverne du département de l'Aude, où il avait trouvé des ossements d'aurochs et de renne travaillés de main d'homme, et quatre ans après, M. de Christol découvrait dans les cavernes du Gard et de l'Hérault des restes humains associés à des os d'ours, d'hyène et de rhinocéros. Tous ces faits si frappants furent réunis et discutés par Marcel de Serres, professeur à la Faculté des sciences de Montpellier, dans son *Essai sur les cavernes*. En 1833, Schmerling constata des faits analogues dans des cavernes des environs de Liège, et il en retira, entre autres débris précieux, un crâne humain qui fit sensation sous le nom de *crâne d'Engis*. Les recherches de Lund, d'Agassiz, dans les cavernes de l'Amérique, donnèrent des résultats semblables; ce dernier trouva au Soumidouro des ossements humains mêlés aux squelettes des grands animaux quaternaires de l'Amérique du Sud, le megatherium, le mylodon, le megalonyx.

En Suède et en Danemark, on trouve sur les rivages de la mer, en amas souvent considérables, des coquilles de diverses sortes, mélangées de débris d'os de mammifères, d'oiseaux, de poissons, et, parmi ces débris, des silex taillés plus ou moins grossièrement. Ces amas, qui forment parfois de véritables collines, sont désignés dans le pays sous le nom peu harmonieux de *Kjœkkenmoeddings,* qui signifie rebuts de cuisine, et ce sont en effet les résidus des repas de la population préhistorique de ces contrées. C'est par l'étude de ces matériaux, vrais musées zoologiques des anciens âges, que les savants archéologues scandinaves, Thomsen, Nilsson, Worsaae, Steenstrup, Forchhammer et d'autres ont réussi à établir une succession chronologique de périodes préhistoriques qu'ils ont appelées les âges de pierre, de bronze et de fer, ainsi nommés d'après les matières qui, chacune à leur tour, ont servi à la fabrication des instruments.

En 1858, à la suite des fouilles exécutées à Torquay, en Devonshire, sous la direction de la Société royale de Londres, il se fit un changement soudain dans l'opinion des géologues et des archéologues anglais. Cette conversion eut pour effet d'amener en Picardie Falconer, Prestwich, Evans, Flower, Lyell, etc., qui vinrent examiner le résultat des recherches de Boucher de Perthes sur le diluvium de la Somme.

Depuis longtemps déjà, Boucher de Perthes avait émis l'idée que, s'il y avait eu des hommes avant la grande et subite révolution dont la terre avait été victime, suivant l'expression de Cuvier, on devait en retrouver les traces. Ces traces, il les signalait dans les silex taillés, enfouis dans le *diluvium* et souvent au-dessous. Il attendit vingt ans que l'on voulût bien examiner ses preuves et discuter ses raisons. L'exploration des sables et des graviers de la Somme lui procura une quantité considérable de pierres taillées en forme de hache et de coin, témoignages matériels de l'industrie primitive de l'homme. Déjà plusieurs fois Boucher de Perthes avait trouvé, mêlés à ces premiers instruments, des débris humains, mais sans pouvoir convaincre ses contradicteurs, lorsque, en 1863, il découvrit la célèbre mâchoire de Moulin-Quignon, dont l'authenticité fut enfin reconnue par les savants officiels.

BOUCHER DE PERTHES (Jacques DE CRÈVECOEUR) était né à Rethel (Ardennes), le 10 décembre 1788, d'une famille dont l'illustration remonte aux croisades. Maître d'une belle fortune, il put se livrer à son goût pour la littérature et l'étude des antiquités. Il débuta par des tragédies. En 1839, parut son ouvrage : *De la création, essai sur l'origine et la progression des êtres,* cinq volumes in-8°, qui souleva quelques discussions dans le monde savant ; puis il publia les *Antiquités celtiques et antédiluviennes* (1847), en un volume in-8° avec planches, ouvrage dans lequel il fait connaître ses recherches et sa découverte des produits de l'industrie humaine avant le déluge.

Dès l'année 1839, Boucher de Perthes, la pioche à la main, fouillait les anciens tombeaux, les tourbières, les couches du diluvium dans le département de la Somme ; il y trouvait, à 6, 8 et 10 mètres de profondeur, des cailloux, des silex taillés et façonnés en forme de hache, de couteau, de pointes de flèche, grossièrement travaillés, mais que la main de l'homme seule pouvait avoir façonnés. Il se dit que si ces pierres travaillées par l'homme se trouvaient dans un terrain vierge, elles étaient aussi vieilles que ce terrain, et que, par conséquent, l'homme qui avait fabriqué l'instrument était antérieur au cataclysme qui avait formé la couche. En outre, il trouvait, avec ces silex, des ossements d'animaux éteints, reconnus par Cuvier lui-même comme fossiles ; donc l'homme avait été leur contemporain ; donc l'homme fossile existait.

Ce raisonnement était indiscutable, et son auteur en accumulait les preuves dans son livre des *Antiquités celtiques et antédiluviennes*. Il y donnait l'histoire détaillée des fouilles, le lieu, la date, les témoins, la description des couches, leur détermination géologique, la nomenclature des ossements fossiles et des objets trouvés, leur reproduction par le dessin.

Cette œuvre curieuse souleva des controverses assez vives ; mais son auteur n'obtint pas l'enquête qu'il sollicitait. Cependant, plein de foi dans son idée, il continua ses fouilles, accumula ses preuves, porta ses recherches dans toute l'Europe et réunit la collection d'antiquités préhistoriques la plus rare et la plus curieuse. (C'est cette collection qui, donnée par lui plus tard à l'État, forma le noyau du magnifique musée d'antiquités celtiques de Saint-Germain.) Il ajouta alors un second volume à son ouvrage (1857).

Cependant, devant cette insistance, plusieurs géologues anglais et français consentirent enfin à se rendre sur les lieux et à examiner par eux-mêmes les faits avancés. Flower, Prestwich, Ch. Lyell, de la Société royale de Londres ; Constant Prévost, le docteur Rigollot, Gaudry, Lartet, étudièrent les terrains, reconnurent la présence des silex taillés dans le diluvium avec les ossements fossiles d'animaux disparus.

Enfin, la découverte de la mâchoire humaine dans le
diluvium de Moulin-Quignon, le 28 mars 1863, établissait l'existence de l'homme fossile. Le but de ses
efforts était donc atteint, et il ne tarda pas à être cor-
roboré par de nombreuses découvertes. Chevalier de
la Légion d'honneur depuis 1831, Boucher de Perthes
fut fait officier en 1863, après le don de ses collections d'antiquités.

Outre les ouvrages cités plus haut, on a de lui le
récit des nombreux voyages qu'il accomplit : *Voyage
à Constantinople par l'Italie, la Sicile et la Grèce, et
retour par la mer Noire, les provinces danubiennes,
l'Autriche et la Prusse* (1856), deux volumes in-12;
Voyage en Danemark (1858), *Voyage en ·Russie,
Lithuanie, Pologne, Silésie,* etc. (1859), et un *Voyage
en Espagne et en Algérie.* On lui doit encore divers
mémoires sur les antiquités de Picardie. Il était président de la Société d'émulation d'Abbeville. Boucher
de Perthes est mort en 1865.

A la suite des fouilles de Torquay et de sa visite au
diluvium de la Somme, sir Charles Lyell vint affirmer,
avec son immense autorité, devant la Société royale
de Londres, l'existence de l'homme post-pliocène. Le
célèbre géologue anglais réunit les preuves qu'il avait
rencontrées dans les deux hémisphères de l'ancienneté du genre humain ; il les groupa en un seul fais-
ceau et, après trois ans de recherches incessantes, il
publia son livre *The geological evidence of the antiquity
of man,* dont la deuxième édition, traduite par Chaper,
sous le titre : *l'Ancienneté de l'homme prouvée par la
géologie,* a été enrichie de notes et augmentée d'un

Précis de paléontologie humaine (1870) par le savant professeur E. Hamy.

Si Boucher de Perthes a été l'un des initiateurs de l'anthropologie préhistorique, c'est à Édouard Lartet que revient l'honneur de l'avoir constituée à l'état de science.

Né à Castelnau-Barbarens, dans le Gers, le 15 avril 1801, Édouard LARTET fit ses études au collège d'Auch et fut prendre ses titres universitaires à Toulouse, où il se fit recevoir licencié en droit. Venu à Paris pour y faire son stage, il consacra tous ses loisirs aux choses de la science, suivit les cours, et vit s'ouvrir dans son esprit, par ses lectures incessantes, des horizons nouveaux. La découverte des ossements fossiles de la colline de Sansan, en 1834, surexcita sa curiosité et lui révéla sa vocation. Dès lors, le droit fut abandonné pour la paléontologie. Il explora avec ardeur cette colline merveilleuse où les êtres les plus divers se trouvaient réunis, et en exhuma des ossements précieux pour l'histoire des âges passés.

Sa première note sur les fouilles de Sansan, publiée en 1835 dans le *Bulletin de la Société géologique,* fit sensation dans le monde savant, à ce point que Lartet fut chargé, par le ministre de l'instruction publique, de faire de nouvelles recherches destinées à enrichir les galeries du Muséum. Le résumé de tous ces travaux fut consigné dans la *Notice sur la colline de Sansan,* publiée en 1851. La colline de Sansan a fourni une faune abondante, appartenant au terrain tertiaire moyen ou miocène. Mais ce qui rendait surtout cette faune intéressante, c'est qu'elle contenait le premier singe qui eût été rencontré à l'état fossile; on lui donna le nom de *Protopithecus antiquus*. Cette découverte, qui portait une grave atteinte au système de Cuvier accepté de presque tous, eut un grand retentissement.

En 1856, Lartet soumettait de nouveau à l'Académie des sciences une *Note sur un grand singe fossile*, découvert à Saint-Gaudens (Haute-Garonne), et lui donnait le nom de *Dryopithecus*. La même année, Albert Gaudry rapportait de l'Attique plusieurs squelettes de singes fossiles, d'espèces nouvelles. Ce qu'il avait fait pour les singes, Lartet devait aussi le faire pour l'homme dans une suite de monographies consacrées à ses recherches sur les cavernes. En 1860, dans une communication faite à l'Académie : *Sur l'ancienneté géologique de l'espèce humaine dans l'Europe occidentale,* il constate la contemporanéité de l'homme et des animaux disparus des derniers temps géologiques. Ce mémoire contenait surtout la description de la fameuse grotte d'Aurignac. L'auteur y soulevait la question des origines de l'humanité, et ce travail restera, sans doute, comme une des œuvres les plus ingénieuses de notre époque.

On objectait à Boucher de Perthes que le mélange actuel d'objets de fabrication humaine avec les restes de mammifères disparus ne prouvait pas la stricte contemporanéité de l'homme et de ces animaux. Lartet l'avait bien compris, et il s'occupa à constater des traces non équivoques d'une action humaine quelconque sur les os mêmes des animaux enfouis avec les silex travaillés dans les alluvions quaternaires. Ses recherches furent couronnées de succès et il établit d'une manière irréfutable la coexistence de l'homme et des mammifères, aujourd'hui disparus, en présentant des os de rhinocéros, d'aurochs, de magacéros, etc., entaillés à l'état frais par l'instrument tranchant de l'homme primitif. Dès lors était fondée la paléontologie humaine.

Lartet a donné, en outre, une foule de notes et de mémoires sur divers fossiles, entre autres une excellente *Monographie des éléphants fossiles*, où il prouve la contemporanéité de l'homme avec le mammouth d'une manière irréfutable, en décrivant une plaque d'ivoire fossile sur laquelle était gravé un mammouth parfaitement reconnaissable à sa trompe, ses grandes défenses et sa longue crinière. En juin 1868, il présentait à l'Institut un de ses mémoires les plus importants au point de vue philosophique : *Sur quelques cas de progression organique vérifiables dans la succession des temps géologiques*. La mort le surprit travaillant au plus important de ses ouvrages : les *Reliquiæ aquitanicæ*, entrepris en collaboration avec le savant anglais Christy, et résumant tout ce que l'on connaissait alors sur les temps préhistoriques. Lartet a enrichi plusieurs musées, entre autres celui de Saint-Germain, d'une quantité de pièces rares et curieuses.

Aussi obligeant et serviable que généreux, il aimait à venir en aide à tous les travailleurs et leur prodiguait ses conseils, son temps, son savoir et ses échantillons ; les maîtres eux-mêmes aimaient à prendre ses avis, car il était la première autorité sur les questions paléontologiques et préhistoriques, et tous étaient les amis de cet homme savant et modeste.

Les fouilles de Sansan avaient fait nommer Lartet chevalier de la Légion d'honneur; il fut fait officier en 1867, et, cette même année, présida à Paris le congrès international d'archéologie et d'anthropologie préhistoriques. Nommé à la chaire de paléontologie du Muséum en 1869, il fut empêché par les événements d'en prendre possession, et la mort vint le ravir à ses nombreux amis, le 28 janvier 1871, avant qu'il eût pu commencer son cours.

L'anthropologie est, de toutes les branches des sciences naturelles, celle qui s'est développée la dernière; comme science spéciale elle appartient tout entière au dix-neuvième siècle, et a pris, dans ces derniers temps, une importance considérable. Elle traite de l'homme et des races humaines tant au point de vue moral qu'au point de vue physique, et embrasse tout ce qui a rapport à l'homme, à son origine, à son histoire.

Buffon avait, le premier, consacré deux volumes à l'*Histoire de l'homme*. Après lui, Blumenbach, dont nous avons déjà parlé comme anatomiste et physiologiste, publiait sa thèse : *Sur les variations du genre humain* (1775), et, à partir de 1790, ses *Decades craniorum,* ouvrage dans lequel il donne la description des crânes de sa riche collection. Camper donnait, en 1791, sa dissertation : *Sur les différences que présente le visage dans les races humaines.* Les grands

voyages qui se multipliaient alors firent affluer les
documents sur les races éloignées, et l'on commença
à étudier anatomiquement les caractères que présen-
taient les diverses races.

Après la grande question de la fixité des espèces,
il s'en était présenté une autre qui n'avait pas moins
passionné les esprits. L'école classique ou orthodoxe,
à la tête de laquelle était Cuvier, soutenait l'unité de
l'espèce humaine et la variabilité des *races* sous l'influence des milieux et des croisements ; on la nom-
mait monogéniste. L'école adverse ou polygéniste,
qui comptait dans ses rangs Virey, Bory de Saint-
Vincent, Desmoulins, admettait la pluralité des
espèces dans le genre humain et divers centres d'origine ; opinion contraire au dogme. Cuvier, qui s'ef-
forçait toujours de concilier la science avec les traditions bibliques, s'appuyant sur ce fait qu'on n'avait
trouvé jusqu'alors, à l'état fossile, ni les restes de
l'homme ni même ceux du singe, soutenait que l'apparition de l'homme sur la terre était toute récente et
ne remontait qu'à six ou sept mille ans. Mais, d'un
autre côté, pour prouver que l'espèce était inflexible,
il avait invoqué les peintures et les sculptures des
monuments égyptiens qui remontaient à plus de
quarante siècles et sur lesquels étaient parfaitement
figurés les types caucasien et nègre, ainsi que les
animaux vivant actuellement en Égypte.

Les polygénistes faisaient remarquer, non sans
raison, que s'il avait suffi d'une vingtaine de siècles
pour transformer le blanc en nègre ou le nègre en
blanc, on ne voyait pas pourquoi le même change-

ment ne pourrait s'opérer dans les autres groupes naturels et amener des différences spécifiques. Il semblait, en effet, qu'il fallût abandonner ou la théorie de l'immutabilité des espèces ou celle du monogénisme, l'une contredisant l'autre.

Les écrits s'échangèrent des deux côtés; Prichard publia ses *Recherches sur l'histoire physique de l'homme* (1826) en faveur du monogénisme, ouvrage très riche en documents; Virey et Desmoulins firent paraître, le premier, l'*Histoire naturelle de l'homme*, et le second les *Races humaines*. En dehors de la discussion parurent quelques bonnes monographies, parmi lesquelles nous citerons l'*Homme américain*, d'Alcide d'Orbigny (1839). La conformation du crâne devint surtout l'objet de travaux importants; en 1839 parurent les *Crania americana*, de Morton, qu'il fit suivre des *Crania ægyptiaca* (1844); puis vinrent l'*Atlas de cranioscopie*, de Carus (1845), les *Crania britannica*, de J.-B. Davis et J. Thurnam (1856-1865), les *Crania selecta*, de von Baër (1857), les *Crania helvetica*, de MM. His et Rütimeyer (1864); les *Crania germaniæ meridionalis occidentalis*, de Ecker (1865), le *Thesaurus craniorum*, de J.-B. Davis (1865), enfin et surtout les *Crania ethnica*, de MM. de Quatrefages et Hamy (1873-1880).

Le premier, en Suède, Retzius divisa les crânes en longs et courts (dolichocéphales et brachycéphales).

Fils d'André Retzius, élève et ami de Linné, et lui-même naturaliste distingué, André-Adolf Retzius, né le 13 octobre 1796, à Lund (Suède), fit ses études dans sa ville natale et à Copenhague. Il fut nommé,

en 1820, professeur à l'École vétérinaire de Stockholm, puis, en 1824, professeur d'anatomie et de
physiologie à l'Institut Carolin et à l'Académie des
beaux-arts (1839).

Ses premiers travaux, publiés pour la plupart dans
les *Archiv für Anatomie und Physiologie* de J. Müller,
concernent l'anatomie de l'homme et l'anatomie comparée. Plus tard, il s'adonna avec passion à l'anthropologie et à l'ethnographie (*Division des races d'après
l'indice céphalique*, etc.). Ses œuvres ethnologiques
et anthropologiques ont été réunies dans un volume
posthume publié en 1864, en suédois, puis traduites
en allemand et éditées avec un grand luxe par son
fils Magnus-Gustav Retzius, éminent anatomiste lui-
même, sous le titre : *Ethnologische Schriften von An-
ders Retzius.* Stockholm, 1864, in-4°. Retzius mourut
le 18 avril 1860.

Jusque-là, cependant, l'anthropologie n'existait
pas à l'état de science distincte ; ses efforts étaient
isolés, elle n'avait pas de programme. Il devenait
urgent de centraliser toutes les études afférentes à
l'histoire naturelle de l'homme et de ses races. Ce fut
le rôle de la *Société d'anthropologie,* fondée à Paris
en 1859, sur l'initiative de l'éminent professeur de
la Faculté de médecine Paul Broca, auquel se réunirent aussitôt plusieurs savants, nommément : Isidore
Geoffroy-Saint-Hilaire, Gratiolet, de Quatrefages,
Dareste, Ch. Robin, Béclard, etc. Londres, New-York,
Saint-Pétersbourg, Florence, Berlin, Vienne, suivirent cet exemple.

L'époque de la fondation de la Société d'anthropologie de Paris coïncida avec deux événements de la plus haute importance : la confirmation publique de la découverte de Boucher de Perthes, qui reportait à une époque incalculable l'antiquité de l'homme, et la publication du livre de Darwin sur l'*Origine des espèces*, qui contribua à donner à la science de l'homme une vive impulsion.

Le fondateur de l'École d'anthropologie française, Paul BROCA, était né à Sainte-Foy-la-Grande, dans la Gironde, le 28 juin 1824. Il était fils d'un médecin. Il fit de bonnes études, obtint des succès dans les sciences mathématiques et se destina à l'École polytechnique. Mais, pour satisfaire au désir de son père, il vint à Paris faire ses études médicales.

Après deux années de travail, il obtenait au concours le titre d'interne des hôpitaux de Paris, et, en 1849, celui de docteur en médecine. Il fit d'abord, à l'École pratique, des cours de chirurgie et de médecine opératoire qui rendirent son nom populaire parmi les étudiants; puis, en 1853, il sortit le premier au concours d'agrégation et fut nommé professeur de clinique chirurgicale à la Faculté de médecine de Paris. Il s'occupa avec ardeur de l'enseignement qui lui était confié, et publia en même temps des travaux importants d'anatomie pathologique. Ses *Recherches sur les maladies des os et des cartilages,* sur le *Rachitisme*, son *Anatomie pathologique du cancer,* son *Traité des anévrismes*, son *Traité des tumeurs,* sont devenus classiques. Ses études sur le cerveau sont des plus remarquables, et c'est à ses observations que l'on doit la localisation de la faculté du langage articulé dans la troisième circonvolution du lobe frontal.

La position indépendante que lui créa un riche mariage lui permit de se livrer tout entier à son goût pour les sciences; il consacra dès lors ses dernières années à l'anthropologie. Ses efforts contribuèrent largement à développer cette science, à qui M. de Quatrefages avait appliqué, pour la première fois, la méthode des naturalistes. Il provoqua la fondation de la Société d'anthropologie, dont la première séance eut lieu le 19 mai 1859, et en fut nommé secrétaire général, fonctions qu'il conserva jusqu'à sa mort.

Il eut beaucoup de peine à fonder un enseignement public; il y parvint cependant à force d'énergie et d'activité, et inaugura l'École d'anthropologie, dont il fut le directeur, dans le local de l'École pratique de la Faculté de médecine, le 15 décembre 1876. Ce cours eut un grand succès et fut très suivi par les étudiants, qu'y attiraient la parole chaude et brillante, l'abondance et la hardiesse des pensées du savant professeur. Les Chambres lui votèrent une subvention de 20 000 francs, et Broca fonda l'un des plus grands musées et l'une des plus riches bibliothèques anthropologiques connus.

Élu membre de l'Académie de médecine en 1866, il fut fait chevalier de la Légion d'honneur en 1868, officier en 1879, et nommé sénateur en 1880. Dans le banquet que lui offrirent ses amis à cette occasion, il prononça ces mots en quelque sorte prophétiques : « Mes amis, je suis trop heureux! Tous les rêves d'ambition que peut faire un homme qui a consacré sa vie à l'étude se sont réalisés pour moi, et si j'étais aussi superstitieux que les anciens, je considérerais ma nomination au Sénat comme le présage d'une grande catastrophe, peut-être même comme un présage de mort. » Quelques mois après, le 9 juillet, il mourait de la rupture d'un anévrisme, à l'âge de cinquante-six ans, au moment où tout se réunissait pour lui promettre une carrière politique brillante, succédant à une carrière scientifique qui n'était pas sans éclat.

Le nombre des mémoires d'anthropologie publiés par Broca est considérable. Il débute par des *Considérations générales sur les recherches anthropologiques*, et par des *Instructions craniologiques et craniométriques*, qui marquent une ère nouvelle dans l'étude de l'homme. Déjà il avait lu à la Société de biologie, dont il était membre, des travaux importants *Sur la topographie cranio-cérébrale*, *Sur les centres olfactifs*, *Sur la nomenclature cérébrale*, *Sur les plis cérébraux de l'homme et des primates*. Il avait publié une suite de mémoires sur l'*Hybridité animale et végétale* et sur celle de l'homme en particulier, qui avaient fait sensation. Il y prouvait que, contrairement à la doctrine des monogénistes, beaucoup de croisements entre espèces distinctes donnaient naissance à des hybrides très vivaces et féconds pendant un nombre infini de générations : tels le chien et le loup ou le chacal, le bouc et la brebis, le bison et la vache, l'alpaca et la vigogne, le lièvre et le lapin, et beaucoup d'autres. Il y établissait les conditions de l'homœogénésie et distinguait divers degrés dans l'hybridité; enfin, il y constatait que certains croisements humains étaient moins féconds que la plupart de ceux opérés entre espèces voisines, mais différentes d'animaux. On lui doit de fortes études sur l'*Ethnologie de la France,* sur *la Race celtique ancienne et moderne,* sur l'*Origine des races de l'Europe.*

L'apport de Broca, dans l'étude des questions préhistoriques, est considérable; ses conférences sur *les Troglodytes de la Vézère* et sur *les Races fossiles de l'Europe occidentale* eurent un grand retentissement. On peut dire que Broca fut le véritable inventeur de la craniométrie, par les soins qu'il mit à déterminer tous les points de repère de ces mensurations, et par le nombre d'instruments qu'il inventa pour appliquer sa méthode des indices, qui a rendu possible tant de progrès dans toutes les branches de l'anthropologie descriptive. On lui doit encore des mémoires importants sur les *Caractères physiques de l'homme préhistorique* et sur *les Primates,* parallèle anatomique entre l'homme et les singes.

L'anthropologie eut aussi dans Gratiolet un fervent adepte. Ami et compatriote de Broca, dont il ne partageait cependant pas toutes les idées, il se montra toujours dirigé par l'amour de la science et de la vérité. Écrivain élégant, non moins qu'observateur habile et philosophe profond, il fut malheureusement enlevé encore jeune à ses amis et à la science. Il avait à peine cinquante ans lorsque la mort le surprit brusquement au milieu de ses travaux, qui déjà lui avaient acquis une haute réputation.

Louis-Pierre GRATIOLET était né le 6 juillet 1815 à

Sainte-Foy-la-Grande (Gironde). Fils d'un médecin,
il se fit recevoir docteur ; mais, porté vers les sciences
naturelles, il entra au Muséum d'histoire naturelle
comme préparateur, puis passa aide-naturaliste. Son
talent le fit bientôt distinguer, et il fut nommé suppléant de de Blainville dans la chaire d'anatomie
comparée. Ce ne fut qu'en 1863 qu'il obtint une position digne de son mérite : il fut appelé à occuper la
chaire d'anatomie et de physiologie comparées, devenue vacante à la Sorbonne par la mort d'Isidore
Geoffroy Saint-Hilaire, et soutint vaillamment l'éclat
de ce bel enseignement. A une érudition profonde,
Gratiolet joignait une facilité et une élégance d'élocution, une abondance d'idées neuves, qui en faisaient un professeur hors ligne.

Les travaux de Gratiolet ont eu principalement
pour objet l'anatomie du cerveau et les rapports qui
existent entre nos facultés et la structure et le développement de cet organe. Son *Mémoire sur les plis
cérébraux de l'homme et des primates* fut couronné en
1854 par l'Académie des sciences. Il y démontre que
le développement du cerveau est complètement diffé-
rent entre l'homme et le singe, et conclut que l'homme
ne peut avoir une origine simienne. Son *Traité de la
physionomie et des mouvements d'expression* est une
fine analyse, où les faits sont habilement amenés par
d'ingénieuses déductions. Enfin, son *Anatomie comparée du système nerveux considéré dans ses rapports
avec l'intelligence* (1858) est regardée comme son
chef-d'œuvre. Il y démontre que les hémisphères
cérébraux sont le siège et l'organe immédiat de l'in-

telligence ; que la grandeur du cerveau ne doit pas être appréciée, comme on le fait en général, relativement au volume du corps, mais relativement au volume du noyau de l'encéphale et du bulbe de la moelle. La connaissance intime de l'anatomie du cerveau l'amène à cette conviction que le genre humain constitue dans le règne animal un groupe séparé, et y occupant une place tout à fait distincte.

Gratiolet fut un des membres fondateurs de la Société d'anthropologie, et il y a rempli un rôle actif et brillant jusqu'à sa mort, arrivée le 16 février 1865.

L'embryologie est devenue aujourd'hui une des plus importantes parties de l'histoire des animaux, et elle a jeté de vives lumières sur plus d'une question capitale pour la zoologie méthodique et pour la philosophie des sciences naturelles.

Nous avons vu que, suivant une hypothèse soutenue par Leibnitz, Haller, Bonnet et Cuvier lui-même, l'être vivant était tout entier contenu dans le germe ; que toutes ses transformations consistaient dans un accroissement de ses parties et dans le fait que des organes, d'abord invisibles, devenaient peu à peu apparents. Cette théorie, que contredisaient les faits, eut force de loi jusque dans la première moitié de ce siècle, et fut renversée par une science nouvelle : l'embryogénie.

Déjà, en 1759, Gaspard-Frédéric Wolff avait, dans sa *Theoria generationis,* combattu cette thèse, et proclamé que le développement de l'embryon des animaux n'est qu'une suite de formations nouvelles d'or-

ganes, et qu'on ne retrouvait dans l'œuf aucune trace
de la forme définitive de l'organisme. Mais ces idées,
attaquées par Haller, passèrent inaperçues, et il était
réservé aux beaux travaux de von Baër, sur l'embryogénie des vertébrés, de les faire triompher.

Karl-Ernst von Baer, né le 28 février 1792, à Piep,
en Esthonie, était fils d'un conseiller provincial. Il eut
pour précepteur un jeune médecin qui lui inspira le
goût des sciences naturelles. Il alla faire ses études
médicales à Dorpat et y obtint le diplôme de docteur,
en 1814. Il se rendit à Wurzbourg pour y étudier
l'anatomie comparée ; puis à Berlin, où il fréquenta les
salles de dissection. Il obtint en 1818, à Kœnigsberg,
la place de prosecteur à l'Institut anatomique, dont
il devint directeur en 1825, après y avoir professé la
zoologie.

Appelé en Russie en 1834, il remplit pendant trente
ans les fonctions de professeur de zoologie et d'anatomie à l'Académie de Saint-Pétersbourg. Au bout de
ce temps, il retourna à Dorpat, et y finit ses jours.
La mort le surprit la plume à la main, le 28 novembre 1876, dans sa quatre-vingt-cinquième année.

Les principaux travaux de von Baër ont rapport à
l'embryogénie comparée, dont il est regardé comme
le fondateur. Il eut la gloire de prouver que le mode
de reproduction des mammifères est identique à celui des autres animaux, en découvrant l'ovule chez
l'homme et les mammifères, et en démontrant qu'il
existe dans l'ovaire avant la conception. Tout être
vivant, dit-il, provient d'une cellule primitivement
identique, l'œuf primordial ; il s'édifie par formation

progressive ou épigénèse, par suite de la prolifération de cette cellule primitive, formant des cellules nouvelles, qui se différencient de plus en plus et s'associent en cordons, en tubes, en lames, pour arriver à constituer les différents organes. Ces études du développement embryogénique renversèrent définitivement la doctrine de la préexistence des germes.

L'un des représentants les plus éminents de l'école philosophique fondée en France par Geoffroy Saint-Hilaire est Serres, qui enrichit les sciences zoologiques de travaux considérables sur l'embryogénie et la physiologie.

Né à Clairac (Lot-et-Garonne), le 28 décembre 1787, Étienne-Renaud-Augustin SERRES était fils d'un médecin, qui le destina à suivre la même profession. Il vint terminer ses études à Paris, et se fit recevoir docteur en médecine en 1810. Deux ans après, il était nommé inspecteur de l'Hôtel-Dieu, puis chef des travaux anatomiques de l'amphithéâtre central. Ses travaux de physiologie et d'embryogénie lui acquirent bientôt une réputation qui lui valut le titre de médecin en chef de la Pitié (1822).

Nommé, la même année, membre de l'Académie de médecine, il entra à l'Académie des sciences en 1828, et fut fait chevalier de la Légion d'honneur à la suite de son beau travail sur l'*Anatomie comparée du cerveau dans les quatre classes des animaux vertébrés*, deux volumes in-8°, avec atlas, qui fut couronné par l'Académie des sciences. En 1839, il fut appelé à succéder à Flourens dans la chaire d'anatomie comparée du Muséum. Nommé président de l'Académie

des sciences en 1841, il fut fait officier de la Légion
d'honneur, puis commandeur en 1846. Il mourut en
1866, dans sa quatre-vingtième année, léguant au
Muséum ses collections d'ossements fossiles et d'anatomie comparée.

Esprit fin et médecin éminent, Serres aimait à
s'élever au-dessus de l'observation ordinaire des faits
et à chercher les lois de l'organisme. Dans la mémorable controverse qui s'éleva entre Cuvier et Geoffroy
Saint-Hilaire, il prit parti pour ce dernier et contribua
au développement de ses doctrines par ses ouvrages
sur les *Lois de l'ostéogénie* et sur l'*Anatomie comparée du cerveau dans les quatre classes d'animaux vertébrés*. Marchant sur les traces d'Étienne et d'Isidore
Geoffroy, il publia des travaux remarquables sur la
tératologie. Ses écrits sur l'*Organogénie* sont en faveur de l'unité de composition et du transformisme.
Il y démontre que l'évolution de l'embryon d'une
espèce figure successivement tous les degrés inférieurs de la série zoologique qui se termine à cette
espèce. La série animale n'est qu'une longue chaîne
d'embryons jalonnée d'espace en espace, et arrivant
enfin à l'homme.

« Le règne animal tout entier, dit-il, n'apparaît
plus en quelque sorte que comme un seul animal qui,
en voie de formation dans les divers organismes,
s'arrête dans son développement, ici plus tôt, là plus
tard, et détermine ainsi, à chaque temps de ses inter-
ruptions, par l'état même dans lequel il se trouve
alors, les caractères distinctifs et organiques des
classes, des familles, des genres, des espèces. » (*Prin-*

cipes d'organogénie, 1842, in-8°). On doit, en outre, à Serres, un grand nombre de mémoires et d'articles insérés dans les *Annales des sciences naturelles* et dans celles du Muséum.

Parmi les savants du dix-neuvième siècle, auxquels la zoologie est redevable de ses progrès, il faut citer au premier rang Henri MILNE EDWARDS, né à Bruges, le 23 octobre 1800. Il était le vingt-neuvième enfant de William Edwards, riche planteur de la Jamaïque, qui quitta l'île à la suite des événements politiques de 1795, pour aller se fixer en Belgique. Le jeune Milne Edwards fut élevé par son frère aîné, William Edwards, physiologiste distingué et auteur d'ouvrages estimés sur l'ethnologie et la linguistique, qui le firent admettre à l'Académie des sciences morales et politiques. Une éducation toute scientifique, les relations de son frère et la lecture des œuvres de Buffon, dont on lui avait fait don, développèrent en lui le goût de l'histoire naturelle. Il vint à Paris pour étudier la médecine, tout en suivant assidûment les cours du Muséum, où professaient alors Cuvier, Lamarck et Geoffroy Saint-Hilaire.

Reçu docteur en 1823, il ne s'adonna pas à la pratique médicale, mais à l'enseignement. Nommé d'abord professeur d'histoire naturelle au lycée Henri IV, il se fit bientôt connaître par ses *Recherches sur les crustacés* (1828), qui obtinrent le prix de physiologie, puis par des *Éléments d'histoire naturelle* (1835), et son *Cours élémentaire de zoologie* (1850), ouvrages restés classiques, son *Histoire naturelle des*

HENRI MILNE EDWARDS

D'APRÈS UNE PHOTOGRAPHIE DE M. E. LADREY

COMMUNIQUÉE PAR M. ALP. MILNE EDWARDS.

crustacés (1837 à 1841), trois volumes in-8°, qui lui ouvrirent les portes de l'Académie des sciences.

Appelé à l'une des chaires de zoologie du Muséum (insectes et crustacés), il succéda à Isidore Geoffroy Saint-Hilaire dans celle de mammalogie en 1861. Officier de la Légion d'honneur depuis 1847, il fut nommé commandeur, et directeur suppléant du Jardin des plantes en 1864, puis membre du conseil supérieur de l'instruction publique. La haute position qu'occupa Milne Edwards ne fut due qu'aux services qu'il rendit aux sciences naturelles et au mérite de ses travaux aussi importants que nombreux, et ses ouvrages élémentaires ont rendu son nom populaire.

Les recherches de Milne Edwards se sont surtout portées sur les invertébrés ; l'un des premiers, il comprit que, pour connaître l'histoire de ces animaux, il fallait aller les étudier sur place. Il fit dans ce but de nombreuses excursions sur les côtes, et ne craignit pas d'explorer le fond de la mer et les roches sous-marines revêtu du scaphandre. Cet exemple a eu depuis de nombreux imitateurs, et a donné l'impulsion à la zoologie marine si cultivée de nos jours et à laquelle on doit des découvertes de la plus haute importance. Les résultats de ces travaux se trouvent consignés dans ses *Recherches pour servir à l'histoire du littoral de la France,* dans son *Histoire des coralliaires,* trois volumes in-8° (1858-1860), et dans un très grand nombre de mémoires insérés dans les *Annales des sciences naturelles*, dont il dirigea la partie zoologique à partir de 1834.

L'œuvre de Milne Edwards est éminemment philosophique ; au delà des faits particuliers, il cherche toujours les faits généraux ; il fait toujours marcher de front la description extérieure et l'anatomie, l'étude de la fonction et celle de l'organe. C'est en se plaçant à ce dernier point de vue qu'il a été conduit à formuler le principe de la division du travail physiologique, principe qui a éclairé d'un jour tout nouveau quelques-unes des questions les plus difficiles de la zoologie, et en vertu duquel le perfectionnement des animaux est d'autant plus grand que la spécialisation des parties qui servent à l'accomplissement des fonctions est plus complète.

Bien qu'il ne se soit jamais prononcé en faveur du transformisme, le savant zoologiste lui a souvent fourni des arguments ; c'est ainsi que, dans ses *Considérations sur quelques principes relatifs à la classification naturelle*, il exprime cette idée que : « Les affinités zoologiques sont proportionnelles à la durée d'un certain parallélisme dans la marche des phénomènes embryogéniques chez les divers animaux, de sorte que les êtres en voie de formation cesseraient de se ressembler d'autant plus tôt qu'ils appartiennent à des groupes distinctifs d'un rang plus élevé dans le système de nos classifications naturelles, et que les caractères essentiels, dominateurs de chacune de ces divisions résideraient, non pas dans quelques particularités de formes organiques permanentes chez les adultes, mais dans l'existence plus ou moins prolongée d'une constitution primitive commune, du moins en apparence. » Dans la discussion académique sur les titres de Darwin, il déclare qu'on ne doit pas trop insister sur le mot *espèces,* parce que nous ne savons pas ce que sont les espèces ; il y a seulement des *formes,* et le grand mérite de Darwin, est d'avoir démontré que ces formes pouvaient varier de la façon la plus notable. Milne Edwards a d'ailleurs résumé l'ensemble de ses vues scientifiques dans son *Introduction à la zoologie générale,* et dans ses remarquables *Leçons sur la physiologie et l'anatomie comparées de l'homme et des animaux* (1857-1881), quatorze volumes in-8°, où il présente le tableau détaillé de la science actuelle. On lui doit en outre une édition de l'*Histoire des animaux sans vertèbres* de Lamarck, avec notes et suppléments.

Comme professeur, Milne Edwards se distinguait surtout par une clarté et une précision excessives ; il prodiguait les expériences et les préparations qu'il faisait avec une grande habileté. De plus, dessinateur émérite, il reproduisait sur le tableau avec une facilité merveilleuse et une vérité étonnante les animaux ou les détails dont il parlait.

Henri Milne Edwards mourut le 29 juillet 1885, ayant eu la double satisfaction de voir son fils Alphonse Milne Edwards lui succéder dans sa chaire de mammalogie au Muséum et s'asseoir à côté de lui à l'Académie des sciences, où l'ont appelé ses beaux travaux de zoologie et de paléontologie, notamment ses *Recherches sur les oiseaux fossiles.*

Bien que disciple et collaborateur de Cuvier, Agassiz trouve ici sa place par suite du rôle militant qu'il a rempli dans la question du transformisme. Louis Agassiz naquit en 1807, à Motier, au bord du lac de

Morat, où son père était pasteur. Destiné d'abord au commerce, il montra pour les études, et surtout pour l'histoire naturelle, une si grande aptitude, que son père l'encouragea dans cette voie. Après avoir étudié à Zurich, à Heidelberg et à Munich, il obtint à vingt-deux ans les diplômes de docteur en philosophie et de docteur en médecine, et publia la description des poissons que le voyageur naturaliste Spix avait rapportés du Brésil. Deux ans après, la ville de Neufchâtel créait, à son intention, une chaire d'histoire naturelle ; il avait alors vingt-cinq ans. Il occupa cette chaire pendant quatorze ans, et ce fut durant cette période qu'il écrivit ses *Recherches sur les poissons fossiles* (1833-1842), en quinze volumes in-4° avec quatre cents planches. Cette œuvre considérable lui demanda dix années de travail, pendant lesquelles il dut examiner, comme il le dit lui-même dans sa préface, plus de vingt mille exemplaires de poissons fossiles disséminés dans les musées et les collections.

Cuvier en fit le plus grand éloge et en adopta les principes, et l'Académie des sciences lui décerna son grand prix. Agassiz ne se borna pas d'ailleurs aux espèces éteintes ; il entreprit, en collaboration avec Carl Vogt, une *Histoire naturelle des poissons d'eau douce de l'Europe* (1839-1845), trois volumes avec soixante-deux planches ; l'anatomie et l'embryogénie tiennent, dans cet ouvrage, une place très importante. Ses études paléontologiques se portèrent ensuite sur les échinodermes : *les Échinodermes fossiles de la Suisse* et *Monographie des échinodermes vivants ou fossiles,* puis sur les *mollusques fossiles.*

LOUIS AGASSIZ

D'APRÈS UNE PHOTOGRAPHIE DE M. COLEMAN
COMMUNIQUÉE PAR M. ALEXANDRE AGASSIZ.

Entraîné par la direction de ses études zoologiques à s'occuper de géologie, il émit, sur l'ancienne extension des glaciers, sur le rôle qu'ils ont joué, des idées qui, d'abord combattues, sont généralement admises aujourd'hui. Dans le but de les confirmer par des observations suivies, il passa, pendant plusieurs années de suite, la belle saison sur les points les plus élevés des Alpes suisses, en compagnie de Desor, et publia le résultat de ses observations sous le titre d'*Études sur les glaciers,* Neufchâtel (1840), in-folio avec trente-deux planches, qu'il fit suivre du *Système glaciaire ou Recherches sur les glaciers,* Paris (1847), avec atlas. Il constata et mesura sur le glacier de l'Aar, à 2700 mètres au-dessus du niveau de la mer, que ce glacier descendait en moyenne de 75 mètres par an, et se reformait supérieurement par des couches de neige fondues et congelées de nouveau, qu'on nomme *névés;* que la température constante des glaciers est à zéro degré, et qu'ils ont occupé, à une époque reculée, une étendue beaucoup plus considérable que de nos jours.

En 1846, Agassiz partait pour l'Amérique. Il resta pendant deux ans à Boston, où il fit des cours et des conférences, puis se rendit à Cambridge (Massachusetts), où on lui offrait la chaire d'histoire naturelle ; mais il n'y avait dans l'établissement ni collections ni laboratoires, ces deux conditions indispensables au travailleur, et ce fut à force d'énergie et d'habileté, et avec l'aide de généreux donateurs, qu'il parvint à fonder le musée de zoologie comparée de Cambridge, devenu l'un des établissements les plus importants du monde entier. L'activité scientifique d'Agassiz était telle qu'il faisait encore des conférences de tous côtés et trouvait moyen, entre temps, de voyager au lac Supérieur ou d'aller explorer les récifs de la Floride. Mais tant de travaux finirent par ébranler sa santé, et il dut, pendant près de deux ans, suspendre tout travail (1852-1853).

En 1857, le gouvernement français lui offrit la chaire de paléontologie, alors vacante, du Muséum d'histoire naturelle ; mais il la refusa, ne voulant ni quitter l'Amérique, sa patrie d'adoption, ni abandonner la poursuite de ses recherches, et la réalisation du musée dont il avait mûri le plan. Cette tâche, il la remplit jusqu'à la fin de sa vie avec une ardeur que la maladie seule pouvait diminuer de temps à autre. A cette époque (1857 à 1862), il publia ses *Contributions to the natural history of the United States of America*, en quatre volumes. En 1865, il entreprit son voyage au Brésil ; ce voyage, qui dura quinze mois, s'accomplit sous les plus heureux auspices ; il fut partout accueilli, fêté, secondé chaleureusement, ainsi qu'il se plaît à le reconnaître dans ses lettres, et rapporta au musée de Cambridge des collections considérables. Il publia en 1870 les résultats de son voyage : *Scientific results of a Journey in Brazil* et *Geology and physical Geography of Brazil*. Il fit ensuite une expédition maritime ayant pour but la recherche des animaux des grandes profondeurs, sur lesquels il donna d'importantes observations. Ce fut là son dernier effort ; épuisé par un surmenage intellectuel continu, il s'éteignit à l'âge de soixante-six ans (1873).

Outre les ouvrages cités plus haut, Agassiz a donné un nombre considérable de notes, mémoires ou monographies, dont la nomenclature seule occupe huit pages dans le volume biographique que lui a consacré sa veuve, Mme Élisabeth Agassiz (1887) ; on y trouve également sa correspondance avec les savants les plus illustres : Cuvier, Humboldt, Élie de Beaumont, Lyell, Milne Edwards, etc.

Agassiz est un des naturalistes qui ont marché avec le plus d'ardeur dans les voies ouvertes par Cuvier. Il a combattu le transformisme et maintenu la fixité des espèces, bien qu'il ait constaté, dans ses travaux d'embryogénie et de paléontologie, que l'état embryonnaire des animaux supérieurs est figuré essentiellement dans les individus adultes des types inférieurs. Bien plus, dans sa comparaison des organismes fossiles avec les organismes actuellement vivants, il reconnaît des états permanents de formes que traversent seulement les organismes contemporains pour s'élever rapidement plus haut ; ce sont pour lui des types embryonnaires. Ailleurs, certains traits d'organisation indiquent l'apparition prochaine de groupes jusque-là inconnus, et les types qui les présentent ont ainsi le caractère des types prophétiques. D'autres fossiles enfin, réunissant en eux des caractères qu'on ne trouve aujourd'hui que disséminés chez des êtres d'ailleurs éloignés les uns des autres, constituent pour lui des types synthétiques. Or, il est évident, disent les transformistes, que ces différents types embryonnaires, prophétiques, synthétiques, ne font que diminuer les distances qui séparent les organismes actuels, que resserrer les liens de parenté, un peu lâches en apparence, qui les unissent.

Vers 1835, Sars étonna le monde savant en lui révélant l'étrange mode de développement de la famille des méduses, procédant des polypiers, dont on avait fait jusqu'alors deux classes distinctes.

Sars (Michaël), né à Bergen en 1805, était fils d'un capitaine au long cours. Après avoir achevé ses études à Christiania, il choisit pour carrière le ministère évangélique. Successivement pasteur à Kinn et à Manger, localités situées sur le littoral, il s'éprit du spectacle de la mer et de ses merveilles, source intarissable d'observations intéressantes. Il explora les grèves rocheuses, étudia les mœurs et le développement des animaux marins, et publia plusieurs mémoires qui, par l'exactitude des descriptions et la précision des détails, attirèrent l'attention du monde savant. Il découvrit et décrivit plusieurs espèces nouvelles de zoophytes, de mollusques et d'annélides, reconnut la singulière transformation des méduses : polypes pendant les premières phases de leur existence, méduses dans la dernière période de leur vie ; ce que nul n'avait soupçonné avant lui. Sars reconnut également avant tous les autres les premiers états des échinodermes si connus sous le nom d'étoiles de mer (astéries), et les phases embryonnaires des mollusques nus. En 1846, il publia la première partie de sa *Faune du littoral de la Norvège,* dont la suite ne parut que dix ans plus tard ; puis un travail important sur les restes fossiles de la période quaternaire en Norvège.

Sars fut nommé professeur de zoologie à Christiania, en 1856, et mourut le 22 octobre 1869, à l'âge de soixante-quatre ans.

Nous avons exposé les idées de Lamarck sur la variabilité et la descendance commune des espèces. Venu trop tôt, ce grand naturaliste n'a été qu'un précurseur ; mais depuis sa mort la science a grandi, et les faits accumulés ont jeté un jour nouveau sur des généralisations qui ne pouvaient être comprises par ses contemporains. Malgré les travaux de Geoffroy Saint-Hilaire, de Bory de Saint-Vincent, de Léopold de Buch, de von Baër, de Serres, etc., la théorie de la descendance était repoussée par presque tous les naturalistes, et la croyance à l'immutabilité de l'espèce était générale, quand parut, en 1859, le livre célèbre de Darwin.

Charles-Robert DARWIN, dont les doctrines, connues sous le nom de *darwinisme* ou de *transformisme,* ont provoqué, dans ces derniers temps, de si bruyants débats, naquit à Shrewsbury, dans le Shropshire, le 12 février 1809. Son père, Robert-Waring Darwin, était médecin dans cette ville et jouissait d'une réputation scientifique assez grande pour être admis comme membre dans la Société royale de Londres, et son grand-père, Érasme Darwin, qui appartenait également à ce corps savant, s'était fait connaître comme naturaliste, médecin et poète. Il avait même publié un livre fort remarqué à l'époque de son apparition (1796), la *Zoonomie,* traité sur les lois de la vie animale, où il professait des doctrines se rapprochànt, à certains égards, de celles de son petit-fils.

Charles Darwin fit ses premières études à Shrewsbury; mais il fut envoyé, à l'âge de seize ans, à l'Université d'Édimbourg, où il passa deux ans, et enfin
au célèbre Christ's College, de Cambridge, où le professeur Henslow développa en lui ses goûts innés
pour l'histoire naturelle. A peine avait-il passé ses
examens et pris ses grades (1831), qu'il lui advint le
grand événement qui le lança définitivement dans la
voie qu'il devait suivre avec tant de succès.

Le gouvernement britannique ayant décidé une
expédition scientifique autour du monde, fit armer,
dans ce but, un brick de dix canons, le *Beagle*, dont
le commandement fut confié au capitaine Fitzroy,
officier très distingué comme savant. Celui-ci demanda
qu'on lui adjoignît un naturaliste pour recueillir et
conserver les animaux et les plantes découverts dans
le voyage, et le professeur Henslow saisit cette occasion de recommander son élève, le jeune Darwin,
dont il appréciait les heureuses qualités.

Charles Darwin avait vingt-deux ans; il accepta
avec enthousiasme l'occasion qui se présentait de
voir le monde, et partit à bord du *Beagle*, le 27 décembre 1831. Le voyage dura cinq années, pendant
lesquelles il visita le Brésil, la Terre de Feu, les côtes
occidentales de l'Amérique du Sud, les îles de l'océan
Pacifique, l'Australie, pays le mieux faits pour développer les forces latentes de son esprit et lui suggérer
les graves problèmes biologiques. Pendant ces cinq
années, Darwin accumula un nombre incalculable
d'observations et d'idées, dont il publia un résumé

dans un ouvrage ayant pour titre : *Voyage d'un naturaliste autour du monde* (Londres, 1840), et l'on peut dire que ses idées évolutionnistes sont déjà là en germe. Peu après son retour, il fut nommé membre de la Société royale de Londres, puis secrétaire de la Société géologique.

En 1839, il épousa sa cousine du côté maternel, miss Emma Wedgwood, petite-fille du célèbre potier anglais, et alla se fixer à Down-House, dans le comté de Kent. C'est là que Darwin passa le reste de sa vie, au milieu de ses collections, de son jardin, de sa famille, et occupé de ses travaux scientifiques. Pendant vingt ans, il rassembla patiemment les matériaux du monument qui fut le couronnement de sa vie et réfléchit sur le problème de l'évolution des êtres organisés.

Toutefois, il ne resta pas inactif pendant ces vingt années et enrichit tour à tour chacune des branches de l'histoire naturelle. Il publia d'abord son mémoire sur les *Récifs de corail*, et « ce traité seul, dit le professeur Geikie, l'aurait placé au premier rang des investigateurs de la nature »; puis, en 1846, ses *Observations géologiques sur l'Amérique du Sud;* en 1854, il donna son magnifique travail sur les *Cirripèdes;* puis enfin, en 1859, son livre devenu célèbre : *De l'origine des espèces,* dans lequel il s'efforce de prouver que toutes les espèces animales ou végétales, passées et actuelles, descendent par voie de transformations successives de quelques types originels et peut être d'un archétype primitif unique; que la vie s'est d'abord montrée sur la terre sous une

forme simple, d'où sont sorties, par une série ininterrompue de modifications successives, toutes les
formes, si complexes soient-elles, que nous révèle
l'étude de la nature. C'est cette théorie de développement graduel des formes spécifiques qui porte
le nom de *théorie de l'évolution* ou *du transformisme*.

Plusieurs naturalistes avaient, avant Darwin, pensé
que les êtres vivants sont liés généalogiquement
entre eux, et il suffit de citer les noms de Buffon, de
Lamarck, d'Étienne et d'Isidore Geoffroy Saint-
Hilaire, de Bory de Saint-Vincent, de Léopold de
Buch, de Gœthe, pour ne mentionner que les morts.
C'étaient au fond leurs opinions sur le degré de variabilité des êtres vivants et sur leur origine qui divi-
saient Cuvier et Geoffroy Saint-Hilaire, et firent
éclater entre ces deux hommes de génie la brillante
discussion dont l'Académie des sciences de Paris a
gardé le souvenir.

Cependant, l'opinion de Cuvier prévalut, et la doctrine du transformisme semblait tombée dans l'oubli,
lorsque l'idée nouvelle de la *sélection naturelle*,
apportée par Darwin dans son livre *De l'origine des
espèces*, lui donna une nouvelle vie. Les ouvrages qui
suivirent ne sont que le développement et la preuve
des principes proclamés dans ce livre ; il y répond aux
objections faites à sa théorie.

Comme Lamarck, Darwin soutient la variabilité de
l'espèce ; à l'appui de cette opinion, il invoque l'existence d'espèces douteuses et l'impossibilité d'établir
une séparation bien nette entre l'espèce et ses sub-

CHARLES DARWIN

D'APRÈS UN PORTRAIT DE M. CHARLES JACOTIN.

divisions qu'on appelle *races* ou *variétés*. C'est une distinction purement relative, basée sur une différenciation plus ou moins marquée, que cette différenciation s'accentue davantage dans une forme regardée comme une variété, et celle-ci deviendra une espèce. « On peut donc, dit Darwin, considérer une variété bien prononcée comme une espèce naissante. »

Recherchant les procédés par lesquels s'opèrent les changements que subissent les espèces, il étudie les variations produites par l'action de l'homme chez les espèces domestiques : *De la variation des animaux et des plantes sous l'action de la domestication.* L'art des éleveurs et des horticulteurs consiste à faire choix des individus les mieux doués, sous le rapport de telle ou telle qualité qu'on recherche en eux. On choisit ainsi et l'on réserve pour la reproduction, pendant une série de générations successives, ceux qui présentent au plus haut degré le caractère qu'il s'agit de développer. L'accumulation, répétée par voie d'hérédité, de différences primitivement très faibles, amène, au bout d'un certain temps, des modifications telles que les formes ainsi obtenues seraient regardées, par un naturaliste qui les rencontrerait à l'état sauvage, comme des espèces distinctes. C'est là la sélection par l'homme ou *sélection artificielle,* basée, comme on le voit, sur ces deux propriétés fondamentales des animaux et des végétaux : la variabilité et l'hérédité.

Darwin se demande s'il existe dans la nature un procédé analogue à la sélection, et il le trouve dans les conditions d'existence auxquelles les êtres vivants sont soumis, conditions qui déterminent une *sélection naturelle* comparable à celle par laquelle l'homme modifie si profondément les espèces domestiques.

La théorie de cette sélection naturelle forme la partie essentielle de l'œuvre de Darwin et constitue véritablement le *darwinisme*. La sélection naturelle est la conséquence d'un fait général et incontestable que l'auteur désigne par l'expression de lutte pour l'existence (*struggle for life*), c'est-à-dire les difficultés de tout genre que rencontrent, pour vivre et se reproduire, les êtres organisés, dont la plupart périssent au début même de l'existence ! Il ne peut en être autrement ; car, si tous les germes produits réussissaient à se développer, la multiplication des individus vivants serait telle, que la nourriture et l'espace leur manqueraient bientôt. Il faut donc que beaucoup d'entre eux succombent sous des influences diverses.

« C'est, dit Darwin, la doctrine de Malthus appliquée aux règnes animal et végétal, agissant avec toute sa puissance, et dont les effets ne sont mitigés ni par un accroissement artificiel de nourriture, ni par des entraves restrictives apportées à la reproduction. » Tout organisme doit donc lutter dès sa naissance contre une foule d'influences ennemies ; la vie est pour lui un combat incessant dans lequel il succombera s'il n'est pas suffisamment armé ou s'il est placé dans de mauvaises conditions. Dans cette concurrence à laquelle sont soumis tous les êtres organisés, la victoire appartient évidemment aux individus

les mieux doués, à ceux qui ont sur leurs rivaux une
supériorité quelconque. Les autres, moins bien partagés, doivent succomber, et c'est ce résultat nécessaire et fatal de la lutte pour l'existence que Darwin
a appelé du nom de *sélection naturelle* ou *survivance
du plus apte*.

Or, l'avantage auquel les individus favorisés ont
dû de triompher dans la lutte, est transmis par eux à
leurs descendants, en vertu de la loi d'hérédité, et
parmi ceux-ci, les mieux dotés, c'est-à-dire chez qui
la même particularité sera le plus développée, l'em-
porteront à leur tour sur leurs compétiteurs. Il s'en-
suit qu'à chaque génération cette particularité s'ac-
centuera davantage et atteindra, au bout d'un certain
temps, une importance suffisante pour différencier à
un haut degré les organismes ainsi modifiés de leurs
premiers parents.

La lutte pour l'existence intervient donc comme le
ferait l'éleveur ou le cultivateur, par la sélection artificielle, et a pour conséquence le perfectionnement de
l'être par rapport aux conditions de milieu où il se
trouve. Non seulement ces variations vont grandis-
sant de génération en génération, mais la différenciation de forme qui en résulte s'accroît encore par la
production de modifications secondaires qu'elles en-
traînent à leur suite, en vertu de la corrélation qui
unit les organes entre eux. C'est là ce que Darwin
désigne sous le nom de *variation corrélative*. « J'en-
tends par cette expression, dit-il, le fait que les différentes parties de l'organisation sont, dans le cours
de leur croissance et de leur développement, si inti-

mement liées entre elles, que lorsque de légères
variations en affectent une et s'accumulent par sélection naturelle, d'autres se modifient aussi. »

Diverses influences se combinent, en outre, à la
sélection naturelle pour modifier les organismes, en
mettant en jeu leur faculté d'adaptation au milieu
dans lequel ils vivent; telles sont les conditions d'ali-
mentation, de climat, celles qui tiennent aux habitudes, à l'usage et au défaut d'usage des parties. Les
exemples de ce genre sont nombreux. C'est ainsi que
Darwin a constaté que, chez les canards domestiques,
les os des ailes sont moins développés que chez les
canards sauvages, tandis que ceux des pattes le sont
davantage; et cela vient de ce qu'ils se servent beaucoup moins des unes et beaucoup plus des autres. La
sélection naturelle a une puissance infiniment plus
grande que la sélection pratiquée par l'homme. Elle
s'exerce pendant la durée de périodes géologiques
d'une incalculable longueur et atteint à des effets
prodigieux par l'accumulation des résultats. La condition essentielle de cette puissance, c'est le temps,
et Darwin insiste avec force sur la lenteur extrême
avec laquelle agit la sélection naturelle. Si l'homme a
réussi à faire varier dans les proportions les plus
étendues les espèces dont il a fait ses compagnes
habituelles, et cela dans un petit nombre d'années,
que n'a pu faire la nature dans des milliers de
siècles ?

La transformation lente des organismes, tel est
donc le résultat général des influences diverses que
les êtres vivants subissent dans la nature. Cette trans-

formation ne suit pas une marche uniforme dans tous les cas. Elle s'opère suivant des directions différentes et donne lieu à l'apparition d'un nombre plus ou moins grand de formes, dont les unes s'éteignent et dont les autres deviennent le point de départ de variations nouvelles. Les formes ainsi produites vont donc en s'écartant toujours davantage les unes des autres et de la souche primitive, et elles atteignent, au bout d'une longue série de générations, un degré de différenciation suffisant pour constituer ce qu'on appelle des espèces distinctes. Les rapports de ressemblance qu'on remarque entre les espèces et qu'on désigne sous le nom d'*affinités naturelles,* s'expliquent par le lien commun de descendance qui les unit. Ces affinités vont en diminuant en même temps que le degré de parenté s'éloigne, d'où la formation de ces groupes subordonnés les uns aux autres, genres, familles, etc., dont se compose la classification. Celle-ci n'est, en réalité, rien autre chose que l'arbre généalogique des êtres vivants.

Darwin a trouvé de nombreuses preuves à l'appui de sa doctrine dans l'embryologie et la paléontologie. Un des résultats les plus remarquables fournis par l'embryologie est celui de l'identité d'origine des êtres vivants, qui tous ont pour point de départ la cellule.

Quand on compare les embryons d'animaux répondant à un même type d'organisation, on est frappé de la ressemblance qu'ils présentent pendant les premières périodes de leur développement. Les embryons de mammifères, d'oiseaux, de lézards, de serpents, etc., sont tellement semblables entre eux aux premiers états de leur développement, tant dans leur ensemble que par le mode d'évolution de leurs parties, qu'un habile naturaliste ne saurait les distinguer. L'embryon suit une marche progressive dans le cours de son développement, et celui-ci reproduit dans ses phases successives et sous forme transitoire des dispositions qui, à l'état permanent, caractérisent les groupes inférieurs du même type. « L'histoire de l'évolution individuelle est une répétition courte et abrégée, une récapitulation en quelque sorte de l'histoire de l'évolution de l'espèce.

L'examen des restes fossiles tirés des couches sédimentaires qui entrent dans la composition de l'écorce terrestre, montre que les formes organiques anciennes diffèrent de celles qui vivent actuellement, et l'on constate, d'une manière générale, que les formes éteintes s'éloignent d'autant plus des formes actuelles qu'elles sont plus anciennes et que, des premières aux dernières, l'organisation va en se compliquant et se perfectionnant de plus en plus. Cette loi du progrès des êtres dans le temps, admise par tous les paléontologistes, s'accorde entièrement avec la théorie de Darwin.

« Toutes les lois essentielles établies par la paléontologie, dit-il, proclament clairement que les espèces sont le produit de la génération ordinaire, les formes anciennes ayant été remplacées par des formes nouvelles et améliorées, elles-mêmes le résultat de la variation et de la survivance du plus apte. »

On doit à Darwin de nombreux travaux dans les grandes divisions de l'histoire naturelle ; tous les géologues connaissent ses observations sur la géologie de l'Amérique du Sud, sur les îles volcaniques, sur la structure des îles madréporiques, et l'on met au nombre des plus importantes découvertes en botanique celles qu'il a publiées dans ses mémoires : *De la fécondation des orchidées par les insectes* (1870), *Des mouvements et des habitudes des plantes grimpantes* (1875), *les Plantes insectivores* (1875), sur le polymorphisme et sur le croisement des diverses espèces, etc. La plupart de ces ouvrages, et notamment celui *De l'origine des espèces*, ont été traduits dans toutes les langues. Ce dernier l'a été en français plusieurs fois, sans compter les innombrables interprétations auxquelles il a donné lieu. Ce livre, qui obtint, dès son apparition, un succès immense, et dont plusieurs éditions furent épuisées en quelques mois, est un des plus savants et en même temps des plus lucides et des plus logiques de notre époque. Son curieux mémoire sur les *Vers de terre* fut son dernier travail.

Charles Darwin expira dans les bras de son fils, le 18 avril 1882, après une courte, mais pénible maladie. Des regrets universels accueillirent cette perte dans tous les pays civilisés, et l'Angleterre, pour rendre à la mémoire du grand naturaliste philosophe l'honneur dû à son mérite, lui donna un tombeau dans l'abbaye de Westminster.

Nature d'élite, aussi heureusement doué du côté des qualités morales que de celles de l'esprit, Darwin était non seulement un des plus savants naturalistes de notre époque, un observateur sagace et profond, un philosophe dans la véritable acception du mot; c'était encore un grand et noble cœur, plein de générosité, d'affection, de sincérité et de modestie. Il fut aimé et admiré de tous ceux qui le connaissaient, et ses adversaires eux-mêmes se sont toujours plu à reconnaître sa loyauté et sa courtoisie, bien que quelques-uns n'aient pas toujours suivi son exemple.

En admettant que l'hypothèse de Darwin ne soit pas l'expression exacte de la vérité, on ne peut nier qu'elle contienne une idée grande et hardie qui permet d'expliquer et de rattacher les uns aux autres des phénomènes de la vie organique regardés jusqu'alors comme absolument inexplicables. Elle aura eu ce mérite de faire naître une foule d'idées nouvelles, de constater des faits nouveaux, de suggérer un grand nombre de travaux importants. C'est une hypothèse féconde en résultats, et cela seul doit mériter à son auteur la reconnaissance des savants. Il faut d'ailleurs être un homme de génie pour avoir pu donner une vie nouvelle à des idées que des hommes comme Lamarck et Geoffroy Saint-Hilaire n'avaient pu sauver de l'oubli.

Le livre de Darwin sur l'*Origine des espèces* est venu raviver avec une force nouvelle la discussion de l'immuabilité des espèces et du transformisme. Depuis trente ans que Darwin a prononcé le nom de sélection naturelle, la pensée scientifique semble avoir complètement changé de direction. Reconstituant les faunes et les flores des temps passés, dont on retrouve les débris ensevelis dans les couches géologiques, la paléontologie fournit à la science les données les plus inattendues. De même que l'hypothèse des révolutions du globe s'est effondrée, celle des créations successives tombe devant les faits. Des faunes et des flores diverses se succèdent à la surface du globe à mesure qu'il poursuit son évolution, mais aucune d'elles n'apparaît ou ne disparaît en bloc. Les espèces s'éteignent une à une et naissent une à une, de telle sorte que leur ensemble subit insensiblement dans le cours des âges une incessante transformation. Ces faits ont fait admettre que les animaux et les plantes qui existent de nos jours ont un rapport génétique avec ceux d'un passé lointain, et le naturaliste qui n'attribue plus aux espèces une importance prédominante, cherche entre elles des rapports qui lui permettent de trouver le lien par lequel le présent se rattache au passé.

Les idées de Darwin ont rapidement fait leur chemin, et l'on peut dire qu'aujourd'hui la grande majorité des naturalistes les a adoptées. Leurs principaux représentants sont : en Angleterre, Wallace, Huxley, Egerton, Bell, Woodward ; en Allemagne, Carus, Hœckel, Barande, Zittel ; en France, Martins, Gaudry, Alphonse Milne Edwards, Edmond Perrier, de Saporta ; van Beneden, en Belgique ; Pictet et Rutimeyer, en Suisse ; Bianconi et Sismonda, en Italie ; Dana, Newberry, en Amérique.

Parmi les adversaires de Darwin, le plus remarquable par l'autorité de son nom, par son savoir, son impartialité et la courtoisie de sa discussion, fut M. DE QUATREFAGES, membre de l'Institut, professeur d'anthropologie au Muséum d'histoire naturelle, récemment enlevé à la science et à la vénération de tous ceux qui l'ont connu.

Jean-Louis-Armand de Quatrefages naquit le 10 février 1810 à Berthezène, petit village situé dans la vallée de Valleraugue, en pleine montagne des Cévennes, où son père, issu d'une ancienne famille attachée à la Réforme, possédait une propriété. Il reçut la première instruction d'un jeune pasteur protestant, puis il entra au collège de Tournon, où il devint l'élève favori du mathématicien Sornin. Il suivit ce dernier à Strasbourg, lorsqu'il fut nommé professeur d'astronomie à la Faculté des sciences de cette ville, et s'adonna d'abord aux sciences mathématiques dont il acquit le doctorat à l'âge de dix-neuf ans. Puis il obtint, au concours, la place de préparateur de chimie et de physique à la Faculté de médecine.

En même temps, pour obéir au désir de son père, il commença, à Strasbourg, ses études médicales et passa sa thèse de docteur en 1832. Il alla peu après rejoindre sa famille établie à Toulouse pour y exercer la médecine, et fonda, dans cette ville, un *Journal de médecine et de chirurgie*. Travailleur infatigable et porté par ses goûts vers l'histoire naturelle, il accepta le cours de zoologie à la Faculté des sciences, et y créa, avec ses propres ressources, un petit musée. Ce fut à cette époque qu'il publia ses premiers mémoires sur *l'anatomie et l'embryologie des Mollusques*

ARMAND DE QUATREFAGES

D'APRÈS UNE PHOTOGRAPHIE DE M. TRUCHELUT
COMMUNIQUÉE PAR SON FILS, M. L. DE QUATREFAGES.

d'eau douce (Lymnées, Planorbes et Anodontes), dans les *Annales des sciences naturelles.*

Mais, bientôt, le jeune savant, ne trouvant pas le champ assez vaste pour ses travaux et sa noble ambition, résigna ses fonctions et vint s'installer à Paris, près de ce Jardin des Plantes où il devait professer plus tard avec tant d'éclat. Accueilli par le savant Milne-Edwards, en qui il trouva un protecteur et un ami, de Quatrefages se mit avec ardeur au travail. Il se fit recevoir docteur ès sciences naturelles et s'adonna principalement à l'étude des animaux inférieurs de la faune maritime qu'il allait étudier chaque année sur les côtes de l'Océan et de la Méditerranée. Il publia sur l'anatomie et la physiologie de ces animaux, un grand nombre de mémoires qui appelèrent sur lui l'attention des savants, et ses excursions sur le littoral fournirent à sa plume élégante le sujet d'une série d'articles intéressants dans la *Revue des Deux Mondes*, articles qu'il réunit plus tard en deux volumes sous le titre de : *Souvenirs d'un naturaliste,* charmant ouvrage qui le fit connaître du public lettré.

Nommé, en 1850, professeur d'histoire naturelle au lycée Napoléon, il fut appelé, deux ans après, à occuper le fauteuil devenu vacant à l'Académie des sciences par la mort de Savigny, et, en 1855, il fut désigné pour professer, au Muséum, l'anthropologie, science à laquelle il imprima une impulsion toute nouvelle. Ses prédécesseurs dans cette chaire, Portal, Flourens et Serres, n'avaient considéré l'homme qu'au point de vue de l'anatomie et de la physiologie, de

Quatrefages y appliqua la méthode des naturalistes et ne laissa dans l'ombre aucune des questions que soulève l'histoire naturelle de notre espèce. C'est dans l'application rigoureuse des méthodes scientifiques qu'il a cherché la solution de ces problèmes parfois si violemment controversés, et sans jamais s'écarter de la sincérité calme et de la courtoisie qui caractérisaient sa discussion. Aussi le considère-t-on, avec W. Edwards et Broca, comme l'un des fondateurs de cette science.

Spiritualiste convaincu, mais recherchant avant tout la vérité, et d'une loyauté incontestable, de Quatrefages proclamait qu'en matière de science on devait soigneusement laisser à l'écart toutes les questions religieuses et philosophiques, et n'admettre que l'expérience et l'observation; ligne de conduite qu'il a toujours suivie. Sa parole claire, facile, élégante, sa méthode sûre et consciencieuse lui acquirent le renom d'un professeur éminent. Sa dialectique serrée, son style pur et plein d'attrait, sa bonne foi, sa bienveillance et sa déférence, même pour les opinions qu'il ne partageait pas, tout en le laissant un adversaire redoutable par sa science et son raisonnement, faisaient de lui un polémiste dont Darwin a pu dire « qu'il aimait mieux être critiqué par M. de Quatrefages que loué par beaucoup d'autres ».

Le transformisme lui semblait une simple hypothèse, trop souvent contredite par les faits, et il le combattit jusqu'à son dernier jour, mais en rendant hommage au mérite et à la sincérité de Darwin, à la valeur de ses travaux, et, lors de la discussion académique sur les titres du savant naturaliste anglais, il fut, avec Milne-Edwards, l'un de ses ardents défenseurs.

Comme anthropologiste, de Quatrefages est monogéniste [1]. Pour lui, tous les hommes appartiennent à une seule et même espèce ; les différences qui distinguent les groupes humains sont des caractères de races ; ce qui le prouve, c'est que le croisement entre les races humaines les plus diverses s'accomplit sous nos yeux.

« L'espèce humaine s'est montrée sur un point circonscrit du globe qui s'est peuplé successivement par voie de migrations. Dans ces migrations, l'homme, exposé à l'action de milieux nouveaux, ne pouvait que se modifier. Cela même explique la formation d'un certain nombre de races qui, par leur croisement, ont donné naissance à des populations métisses. Les faits de variation et les différences existant chez l'homme de groupe à groupe sont de même nature que ceux constatés de race à race chez les animaux, et, en comparant ces derniers et l'homme, on voit que les limites de variation entre le blanc et le nègre, ces races extrêmes de l'espèce humaine, sont moins étendues que chez les animaux (chiens, pigeons, poules, etc.). »

De Quatrefages fut l'un des premiers à proclamer l'ancienneté de l'homme. Après avoir étudié avec soin les découvertes de Boucher de Perthes, sa conviction fut faite, et il n'hésita pas à faire remonter l'existence de l'espèce humaine à l'époque tertiaire. Chargé par

1. Voir p. 352.

le ministre de l'instruction publique, à l'occasion de l'Exposition de 1867, d'écrire un *Rapport sur les progrès de l'anthropologie*, il fit de ce travail une œuvre remarquable, dans laquelle il résumait clairement les nombreuses discussions auxquelles cette science avait donné lieu dans les derniers temps, et où, sans dissimuler ses opinions monogénistes, il exposait impartialement les opinions contraires à la sienne.

Parmi ses travaux, trop nombreux pour les énumérer tous, nous nous bornerons à citer : *l'Unité de l'espèce humaine*, les *Métamorphoses de l'homme et des animaux*, les *Polynésiens et leurs migrations*, la *Race prussienne*, *Charles Darwin et ses précurseurs français*, les *Émules de Darwin*, *Hommes fossiles et Hommes sauvages*, les *Pygmées*, les *Crania ethnica*, magnifique ouvrage avec atlas, rédigé avec la collaboration du docteur Hamy, lui-même membre de l'Institut. Enfin, sa dernière production, *l'Introduction à l'étude des races humaines*, est une œuvre magistrale qui résume ses doctrines, et dans laquelle il groupe, d'une manière claire et précise toutes les données recueillies jusqu'à ce jour relativement à l'anthropologie. Dans ce beau livre, qui sert d'introduction à la *Bibliothèque ethnologique*, comprenant l'histoire des races humaines, c'est-à-dire un tableau complet de l'humanité, le savant professeur répartit ces races si nombreuses et si variées dans un cadre méthodique, permettant de comprendre à la fois les similitudes qui les rapprochent et les différences qui les distinguent.

M. de Quatrefages est mort, le 12 janvier 1892,

dans sa quatre-vingt-deuxième année. Il était membre de l'Académie des sciences et de l'Académie de médecine, membre de la Société royale de Londres, de la Société impériale des naturalistes de Moscou, et commandeur de la Légion d'honneur. La France a perdu en lui un beau caractère et un grand savant doué du véritable esprit scientifique.

Dans la seconde moitié de ce siècle, les sciences naturelles ont subi une transformation profonde. De purement descriptives qu'elles étaient, elles sont devenues explicatives. Du temps de Linné et de Buffon, on se bornait à définir, d'après leurs caractères extérieurs, les diverses espèces de plantes et d'animaux. Cuvier leur fit faire un grand pas en élargissant le champ des recherches anatomiques. Puis, Lamarck et Geoffroy Saint-Hilaire s'efforcèrent, par des voies différentes, de pénétrer les lois de la formation des êtres vivants. Dans cette voie féconde se sont élancés avec ardeur les naturalistes de notre époque, qui, dans l'étude du monde vivant, cherchent son explication.

L'ère des conceptions métaphysiques est passée pour faire place à celle de l'observation et de l'expérimentation, qui, seule, peut fournir à l'homme le fil conducteur au moyen duquel il pourra remonter à travers les âges jusqu'à son origine.

Le dix-neuvième siècle peut, à juste titre, s'appeler le siècle des sciences, car il a vu s'accomplir des progrès immenses. Chaque année, pour ainsi dire, nous a apporté quelque conquête nouvelle, non de ces conquêtes qui ne laissent derrière elles que des ruines et des pleurs, mais de celles, plus pacifiques, qui augmentent la prospérité matérielle des peuples et rendent l'homme de plus en plus maître de la nature.

Il y a moins d'un siècle, la chaleur n'avait pas été convertie en puissance mécanique universelle; les chemins de fer n'existaient pas; Niepce et Daguerre n'avaient pas obligé la lumière du soleil à devenir l'instrument docile de l'art, la photographie n'était pas soupçonnée. L'électricité, simple jouet alors, n'avait donné ni les batteries puissantes qui dissocient les composés les plus rebelles, ni la galvanoplastie qui moule les métaux sans le secours du feu, ni les phares brillants, ni la télégraphie électrique, ni le téléphone, ni le phonographe, ces deux merveilles du monde moderne, ni la lumière électrique, ni l'appareil formidable de Ruhmkorff, rival de la foudre.

Ces mouvements, ces échanges, ces transformations, qui agitent la matière à la surface du globe; ce circuit toujours en action qui nourrit les plantes aux dépens de la terre, les animaux aux dépens des plantes, et qui restitue au sol, par la dépouille des animaux, ce qu'il avait perdu; ces harmonies de la nature, que, tous, nous connaissons maintenant, il y a cent ans, les plus grands génies eux-mêmes ne les soupçonnaient pas.

La géologie n'avait inspiré que des romans; l'écorce du globe n'avait pas été explorée; l'histoire de sa formation, de ses révolutions, de sa flore et de sa

faune antiques, n'avait pas encore trouvé ses historiens.

Aujourd'hui, l'humanité a le droit de dire que la
nature physique et les forces auxquelles elle obéit
n'ont plus de secrets qu'elle ne connaisse ou ne soit
appelée à connaître un jour. L'histoire de la terre n'a
plus rien de mystérieux pour elle; elle assiste à ses
premiers âges et reconstitue les populations primitives
qu'elle a nourries. Son œil pénètre la profondeur de
l'univers; elle calcule la place de chaque astre et la
courbe dans laquelle il doit se mouvoir. Au moyen de
l'analyse spectrale, ses savants peuvent dire de quels
éléments chimiques sont composés ces astres, ces
étoiles, qui décorent la voûte céleste.

Où s'arrêteront son pouvoir et sa science?

ADDENDUM

Les sciences naturelles ont encore récemment éprouvé une grande perte dans la personne de Richard Owen, que le nombre et la valeur de ses travaux en anatomie et en paléontologie ont placé au rang des plus illustres naturalistes. Le savant Humboldt le regardait comme le plus grand anatomiste des temps modernes, et ses compatriotes l'ont proclamé le *Cuvier de l'Angleterre*.

Né à Lancastre en 1804, Richard Owen fit ses études à l'Université d'Édimbourg. Après quelques années passées comme enseigne dans la marine anglaise, il prit ses grades universitaires et vint se fixer à Londres comme chirurgien. Il s'adonna aux sciences naturelles, principalement à l'anatomie, et publia dans les revues scientifiques anglaises de l'époque divers mémoires qui attirèrent l'attention. Reçu en 1828 membre du Collège des chirurgiens de Londres, il fut nommé conservateur du musée en 1833. Il entreprit alors de compléter et de cataloguer ces belles collections fondées par Hunter, et y consacra plusieurs années. Cet ouvrage considérable, en cinq volumes in-4° (*Descriptive and illustrated catalogue of the physiological series of comparative anatomy*, 1833-1840), contient, outre la nomenclature raisonnée de tous les spécimens anatomiques et physiologiques du musée, un aperçu d'histoire naturelle générale, ainsi que des considérations et des observations remarquables sur les animaux fossiles.

Les études d'Owen ont porté sur presque tout le règne animal ; on lui doit l'anatomie de l'orang, du chimpanzé et des marsupiaux, des recherches fort curieuses sur quelques mollusques rares ou peu connus (céphalopodes, brachyopodes). Mais de tous les travaux dus à ce savant, les plus importants sont ceux qui touchent à l'histoire des vertébrés fossiles, et qui l'ont placé à la tête des paléontologistes de son temps. Il y compare les espèces disparues aux espèces actuellement vivantes, leur assigne leur place dans l'échelle animale et décrit un grand nombre de fossiles nouveaux.

Outre son *Histoire des mammifères et des oiseaux fossiles de la Grande-Bretagne* (in-8°, 1846) et son *Histoire des reptiles fossiles* (in-4°, 1849), on lui doit de nombreux mémoires où sont décrits le *mylodon*, le *megatherium*, le *notosaurus*, les gigantesques oiseaux (*dinornis*, *palapteryx*), qui ont vécu autrefois à la Nouvelle-Zélande. Il reconnut dans les singulières empreintes de pieds marquées sur le grès rouge les traces d'un monstrueux batracien, le *labyrinthodon*. Sous le titre d'*Odontography*, ce savant zoologiste a publié (2 vol. in-8°, 1840) un magnifique ouvrage sur les dents des poissons. En étudiant la structure intime de ces organes, il est arrivé à montrer qu'on peut reconnaître la famille, souvent le genre et parfois même l'espèce du poisson dont on ne possède qu'un fragment de dent. On lui doit encore des *Leçons d'anatomie comparée* (1842), *De la parthénogenèse, Classification des mammifères ; Instructions pour recueillir et conserver les animaux ; Les mammifères fossiles de l'Australie,* etc., etc.

Richard Owen eut la bonne fortune de voir ses travaux récompensés par une belle réputation et par de grands honneurs. Il avait succédé en 1836 au célèbre Charles Bell, dans la chaire de physiologie et d'anatomie du Collège des chirurgiens de Londres. Docteur à l'Université d'Oxford, associé étranger de notre Académie des sciences, membre de presque toutes les sociétés savantes de l'Europe, directeur du département de l'histoire naturelle au Musée britannique, chevalier de l'ordre du Mérite de Prusse, il fut fait chevalier de l'ordre du Bain, en juin 1873, par la reine d'Angleterre, qui lui accorda en même temps pour résidence, sa vie durant, l'hôtel de New-Graan, où il est décédé le 19 décembre 1892.

Alphonse-Louis-Pierre Pyrame de Candolle, fils de l'illustre botaniste Augustin Pyrame de Candolle, et qui a si noblement continué les travaux et les enseignements de son père, s'est éteint à Genève, le 4 avril 1893, dans sa quatre-vingt-septième année.

Né le 27 octobre 1806, à Paris, pendant un séjour temporaire de ses parents, Alphonse de Candolle passa son enfance à Montpellier, où son père occupait la chaire de botanique à la Faculté de médecine. En 1814, il revint à Genève avec ses parents, et y fit ses études. Il s'adonna d'abord à la jurisprudence et se fit recevoir docteur en droit en 1829. Mais bientôt il sacrifia la carrière de la magistrature à son goût pour les sciences ; il débuta par quelques mémoires de botanique, et surtout par sa remarquable *Monographie des campanulées*. Nommé d'abord, en 1831, professeur suppléant à l'Université de Genève et administrateur adjoint du Jardin botanique de cette ville, il remplaça définitivement son père dans la chaire de botanique en 1835. La même année, il publia son *Introduction à l'étude de la botanique* (2 vol. in 8°), ouvrage de haute portée et non moins recommandable par la profondeur des vues que par son esprit de méthode.

Ses travaux le firent admettre dans la plupart des sociétés savantes étrangères, et, en 1851, il fut élu membre correspondant de l'Académie des sciences de Paris. Ce fut en 1855 qu'il fit paraître sa *Géographie botanique raisonnée* (2 vol. in-8°), l'œuvre magistrale de sa carrière scientifique. Dans cet ouvrage, Alphonse de Candolle ne se borne pas à décrire la végétation des divers pays, les différentes zones botaniques, c'est à un point de vue tout nouveau qu'il envisage cette partie de la science. Il recherche non seulement les causes de la distribution actuelle des végétaux dans les diverses régions, mais encore en quoi elle se relie aux conditions géographiques antérieures qui nous sont révélées par la géologie, et concourt ainsi à la recherche de l'un des plus grands problèmes de la science et de la philosophie modernes : celui d'établir la succession des êtres organisés sur le globe. Il y aborde, en effet, les questions de l'hérédité des formes et de l'influence des milieux.

Dans son *Origine des plantes cultivées*, il montre une profonde érudition, s'adressant pour établir ses preuves non seulement à la botanique, mais aussi à l'archéologie, à la paléontologie, à l'histoire et à la linguistique. Il fait pour les plantes cultivées ce que Isidore Geoffroy Saint-Hilaire a fait pour les animaux domestiques. Il démontre, par exemple, l'origine américaine du maïs, connu vulgairement sous le nom de *blé de Turquie*, recherche l'origine du lin cultivé et découvre qu'on en a employé plusieurs espèces au tissage; il indique le pêcher comme originaire de la Chine, contrairement à l'opinion répandue, et des documents plus récents l'ont établi d'une manière incontestable.

En même temps, Alphonse de Candolle continuait l'œuvre commencée par son père. Celui-ci avait entrepris un travail considérable : le *Prodromus systematis naturalis regni vegetabilis*, ayant pour but la description et la classification de toutes les plantes connues, avec leurs variétés, la synonymie des auteurs, les citations iconographiques, etc. Mais de Candolle comptait déjà en 1840 quatre-vingt mille espèces, et le nombre s'accroissait tous les jours. A sa mort, en 1841, sept volumes seulement avaient paru. Son fils poursuivit l'œuvre et la mena jusqu'au dix-septième et dernier volume, qui terminait l'étude des plantes dicotylédones. Plus tard, en 1878, il reprit avec son fils Casimir la publication des *Suites au prodrome*, comprenant la description des monocotylédones. Ses descriptions botaniques sont des modèles de concision et d'exactitude, et appelé en 1867 à présider le congrès scientifique international à Paris, il rédigea les lois de la nomenclature et les exposa dans un volume intitulé la *Phytographie*, paru en 1880.

Outre ses travaux de botanique. qui ont universellement établi sa réputation, Alphonse de Candolle a abordé avec la même supériorité les sujets les plus variés. Dans un livre paru en 1873, l'*Histoire de la science et des savants depuis deux siècles*, il envisage sous toutes ses faces la question de l'hérédité dans la société humaine. Cet ouvrage eut un grand succès et suscita quelques polémiques. On pourrait encore citer de lui plus de cinquante mémoires ou articles de journaux et de revues sur des questions juridiques, économiques, statistiques ou politiques.

Fait chevalier de la Légion d'honneur dès 1852, le savant botaniste genevois fut nommé en 1874, à la mort d'Agassiz, associé étranger de l'Institut de France, l'une des distinctions les plus appréciées des savants du monde entier, et qui consacre la haute valeur scientifique du récipiendaire.

« Alphonse de Candolle aurait pu se poser, à bon droit, comme un novateur dans une partie importante de la science, dit un de ses biographes, M. Gaston Bonnier; il n'en fit rien, et ne crut jamais être un chef d'école. On ne voyait chez lui aucune trace de la morgue du professeur. Dans ses lettres comme dans ses causeries, il était aussi simple qu'il était bon; loin de faire montre de son grand savoir, il préférait se servir de son interlocuteur pour chercher à apprendre quelque chose de plus. Encourageant pour les jeunes, toujours prêt à rendre service à ceux qui l'entouraient, sans aucune jalousie pour ceux de son temps, qu'il savait parfaitement apprécier, plein de courtoisie dans la discussion, il laisse aux savants l'exemple bien rare de la vraie simplicité et de la modestie sans affectation. »

Alphonse de Candolle laisse deux fils, Casimir et Lucien, dont l'aîné continue la tradition de sa famille et a publié depuis 1860 d'importants mémoires d'anatomie, de physiologie et de botanique systématique.

TABLE DES NOMS

TABLE DES MATIÈRES

410 TABLE DES MATIÈRES.

IV

LES SCIENCES NATURELLES ET LA PHILOSOPHIE
AU DIX-NEUVIÈME SIÈCLE.

V

LES SCIENCES NATURELLES ET LA PHILOSOPHIE
AU DIX-NEUVIÈME SIÈCLE (SUITE).

VI

GÉOLOGIE ET PALÉONTOLOGIE.

VII

ANTHROPOLOGIE ET TRANSFORMISME.

Paris. — Typographie A. HENNUYER, rue Darcet, 7.

A. HENNUYER, IMPRIMEUR-ÉDITEUR

47, RUE LAFFITTE, PARIS

DICTIONNAIRE POPULAIRE

ILLUSTRÉ

D'HISTOIRE NATURELLE

COMPRENANT

L'ANATOMIE, LA PHYSIOLOGIE, LA GÉOLOGIE, LA PALÉONTOLOGIE

LA BOTANIQUE, LA ZOOLOGIE, L'ANTHROPOLOGIE

LA MINÉRALOGIE

avec les applications de ces sciences

A L'AGRICULTURE, A LA MÉDECINE, AUX ARTS

ET A L'INDUSTRIE

SUIVI DE

LA BIOGRAPHIE DES PLUS CÉLÈBRES NATURALISTES

Par J. PIZZETTA

Officier de l'Instruction publique, lauréat de l'Institut.

AVEC UNE INTRODUCTION

Par M. Edmond PERRIER

Membre de l'Académie des sciences,
Professeur de zoologie au Muséum d'histoire naturelle.

*Cet ouvrage a été honoré de souscriptions des Ministères de l'Instruction publique,
de l'Agriculture et de la Marine.
Il est admis par les diverses Commissions du Ministère de l'Instruction publique
pour les bibliothèques des lycées, des écoles normales,
les bibliothèques pédagogiques et scolaires, et les bibliothèques populaires,
communales et libres.*

Un fort volume in-4° à deux colonnes de 1200 pages, orné de 1750 gravures
dans le texte. Prix : broché, 25 francs ; relié, 30 francs.

M. Pizzetta a eu l'heureuse idée de faire sous forme de dictionnaire un livre qui peut répondre à la plupart des questions que
peuvent à cet égard se poser les élèves de nos lycées et aussi les
gens du monde. En moins de 1200 pages, il a su faire tenir une
quantité considérable de renseignements puisés aux meilleures
sources, qui permettent en quelques instants de combler toutes
les lacunes de la mémoire, toutes celles des notes prises en

classe. La forme du dictionnaire économise un temps précieux par suite du classement de toutes les matières par ordre alphabétique; elle fournit à l'enseignement didactique un complément des plus utiles. Le dictionnaire de M. Pizzetta contient un grand nombre d'illustrations qui sont du plus grand secours pour l'intelligence du texte.

De ce dernier, M. Pizzetta n'est pas absolument seul responsable; afin de s'entourer de toutes les garanties, il a soumis les épreuves de ce livre à plusieurs membres de l'enseignement supérieur, qui les ont étudiées de la manière la plus attentive.

L'ouvrage a paru à tous les hommes compétents suffisamment au courant de la science pour mériter une bonne place parmi les meilleures œuvres de vulgarisation.

Nous n'hésitons pas, pour notre part, à le signaler à l'attention des élèves et des chefs d'établissements secondaires, auxquels il s'adresse d'une manière toute particulière.

Edmond PERRIER.

Ouvrage couronné par l'Académie française

PLANTES ET BÊTES

CAUSERIES FAMILIÈRES SUR L'HISTOIRE NATURELLE

Par J. PIZZETTA

Un volume grand in-8° jésus, illustré de 150 gravures sur bois et de 6 planches coloriées. Prix : broché, 12 fr.; relié toile, tranche dorée, 16 fr.; relié demi-chagrin, tranche dorée, 18 fr.

Sous ce titre : *Plantes et Bêtes*, M. J. Pizzetta a publié une série intéressante et instructive de *Causeries familières sur l'histoire naturelle*. Nous promenant tour à tour *au bord de la mer*, *à travers champs* et *à travers bois*, il nous en fait connaître les divers hôtes, dont il décrit le caractère distinctif et les propriétés particulières. M. Pizzetta n'est pas un de ces compilateurs superficiels qui se bornent à reproduire ce qu'ils ont recueilli chez d'autres, c'est un savant naturaliste qui joint à ses connaissances positives un sentiment élevé des merveilles de la nature et un aimable talent d'écrivain. Toutes ses qualités sont dans son livre.

(*Extrait du Rapport de M. le Secrétaire perpétuel
sur les concours académiques.*)

DU MÊME AUTEUR :

LES LOISIRS D'UN CAMPAGNARD

Un vol. petit in-8°, illustré de 65 gravures dont 10 hors texte.
Prix : broché, 3 fr. 50; relié toile, tranche dorée, 5 fr.; demi-chagrin, tête dorée, 5 fr. 50

BIBLIOTHEQUE NATIONALE DE FRANCE
3 7531 04126135 6